KB189424

The Principle of Cookery

● 식품의 원리와 원칙을 체계화하여 이해하기 쉽도록 구성

새로운 감각으로 새로 쓴 조리원리

안선정 • 김은미 • 이은정

백산출판사

머리말

산업사회의 발전으로 경제성장과 생활수준이 향상되고 이에 따라 식생활 환경도 다양하게 변화되고 있으며, 조리의 중요성 또한 더욱 부각되고 있다. 인간에게 있어 먹는다는 행위는 생명을 유지시킬 뿐만 아니라 집단의 응집력을 확보해 주는 기본이 된다. 인간은 항상 먹는 행위의 중요함을 강조하는 의식에 둘러싸여 있으며, 각 문화의 독특한 음식은 그 문화의 사회구조와 종교 그리고 미각을 표현한다.

식품을 그대로 섭취하기보다는 조리라는 과정을 거쳐 음식으로 섭취하였으며, 인간은 생존에 필요한 영양소를 섭취함으로써 건강을 유지하고, 식생활의 만족을 위하여 식품재료를 조리조작, 가공처리하여 음식물로서의 가치를 높여주는 모든 방법과 과정을 통하여 식품재료를 생산된 상태 그대로가 아니라 식품이 지닌 특성에 따라 조리, 가공하여 맛있고 먹기 좋게 만들어 즐거움을 느끼며 먹는다.

이 책은 모두 16장으로 구성되었으며, 조리의 기초와 식품의 조리에 적합한 조리조작과 조리과정에서 일어나는 식품의 성분, 조직, 물리·화학적 특성과 변화 등에 대한 원리와 원칙을 찾아내고 이를 체계화함으로써 이해하기 쉽게 구성하였으며, 실생활에 더욱 쉽게 적용할 수 있도록 설명하였다.

또한 현재의 한식조리와 서양조리방법뿐만 아니라 예로부터 전해 내려오는 전통조리법의 특징을 과학적으로 검토하고, 그 원리를 이해함으로써 보다 좋은 조리법을 개발할 수 있게 하며, 식품의 조리·가공·보존·포장 등의 기술을 발전시켜 영양적·심미적·문화적·경제적으로 만족한 식생활을 영위할 수 있도록 도움을 주고자 한다.

따라서 식품영양학, 조리학, 외식경영학을 전공하는 학생들이 식품성분과 조리원리를 이해하는 데 일조하고자 하였으며 체계적으로 공부하는 데 도움이 되기를 바란다.

좋은 책을 만들려는 열정과 의욕을 가지고 집필하였으나 부족한 점이 많으리라 생각한다. 부족한 부분은 계속 수정·보완할 수 있도록 많은 분들의 끊임없는 관심과 아낌없는 조언을 부탁드립니다.

책이 완성되기까지 많은 도움을 주신 진성원 상무님과 편집부 직원분들께 감사의 마음을 전하며, 이 책이 출간될 수 있도록 애써주신 진욱상 백산출판사 사장님께도 진심으로 감사드립니다.

저자일동

차 례

● ● ● ●

01
조리원리의 기초

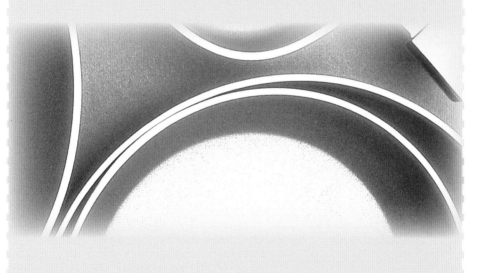

01 조리원리의 기초

조리(cooking)란 에너지가 열원에서 식품으로 전달되어 식품의 분자 배열을 조정하고, 식품의 조직, 향미, 냄새 및 외형을 변화시키는 것이다. Cook은 식품을 먹기 위해 조리하는 사람을 뜻하기도 하고, 가열, 끓이기, 튀기기, 굽기와 같은 조리방법을 통해 만든 식품을 먹기 위해 준비하는 작업을 뜻하기도 한다.

1. 조리의 의미

인간은 생존에 필요한 영양소를 섭취함으로써 건강을 유지하며, 음식물로서의 가치를 높여 식생활을 만족시킨다. 생산된 상태 그대로가 아니라 식품이 지닌 특성에 따라 조리, 가공하여 맛있고 먹기 좋게 만들어 먹는다. 이러한 일련의 과정을 조리라고 한다.

조리는 각 나라의 식생활문화와 밀접한 관계를 가진다. 즉, 식품재료, 조리방법, 조리기구, 식탁차림이나 예절 등이 식생활문화권에 따라 다르기 때문이다. 특히 음식의 기호성은 문화적 색채가 강하여 국가와 지역에 따라 차이가 있으며, 사회·경제적 조건, 생활수준 역시 조리에 큰 영향을 미친다. 이와 같이 조리는 넓은 의미로는 식사계획에서부터 식품재료의 선택, 준비 및 여러 가지 조리조작을 거쳐 식탁에 음식으로 차려지는 모든 과정을 말하고, 좁은 의미로는 식품을 재료로 하여 먹을 수 있는 음식을 만드는 과정을 말한다.

조리의 목적은 식품을 조리할 때 적합한 조리조작과 조리과정에서 일어나는 식품의 성분, 조직, 물리·화학적 특성과 변화 등에 대한 원리·원칙을 찾아내고 이를 체계화하여 식품이 지닌 영양소의 손실을 최대한 줄이는 것이다. 조리를 통해 식품이 지닌 성분이 잘 조화되게 하여 맛과 향미를 돋우고, 기호에 맞게 질감을 조절하여 외관상으로 식욕을 자극하게 한다. 또한 조리하는 식품의 양, 크기, 형태, 조리된 정도, 조리방법, 시간 등을 고려하여 소화되기 쉬운 상태로 만들어주고, 조리용 기구, 온도, 차림새, 교차오염 등을 고려하여 위생적으로 안전한 음식이 되도록 처리하는 것이다.

　또한 조리원리는 현재의 조리방법뿐만 아니라 예로부터 전해 내려오는 전통조리법의 특징을 과학적으로 검토하고, 그 원리를 이해함으로써 보다 좋은 조리법을 개발할 수 있게 하며, 식품의 조리·가공·보존·포장 등의 기술을 발전시켜 영양적·심미적·문화적·경제적으로 만족한 식생활을 영위할 수 있게 한다. 식품·조리·음식의 관계를 간단히 도식화하면 그림 1-1과 같다.

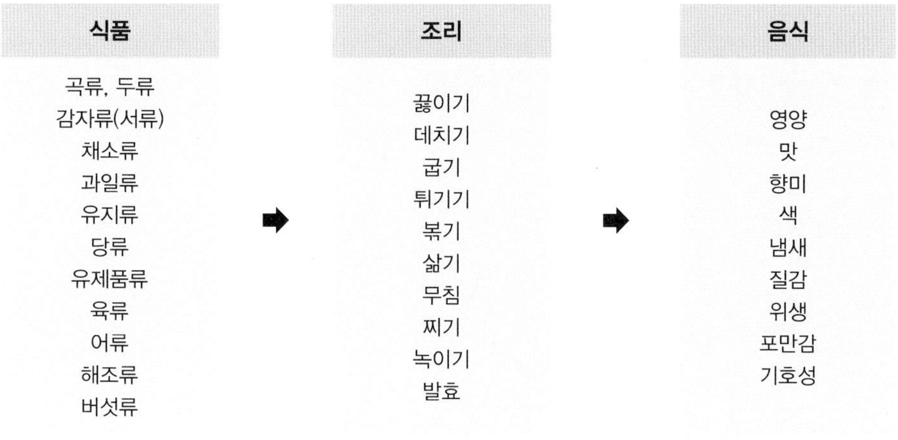

식품		조리		음식
곡류, 두류 감자류(서류) 채소류 과일류 유지류 당류 유제품류 육류 어류 해조류 버섯류	➡	끓이기 데치기 굽기 튀기기 볶기 삶기 무침 찌기 녹이기 발효	➡	영양 맛 향미 색 냄새 질감 위생 포만감 기호성

그림 1-1 》 **식품·조리·음식의 관계**

2. 조리의 기능

　조리는 인간의 식생활에서 영양적·심미적·문화적 기능을 가진다. 이를 좀 더 자세히 살펴보면 다음과 같다.

1) 영양적 기능

　식품은 조리과정을 통하여 독성이 제거되거나 무독한 상태가 되며, 호화와 연화,

단백질 변성 등의 조리과정을 통하여 소화흡수율을 높여줌으로써 영양효과를 증진시킨다. 음식은 하루에 필요한 열량과 영양소를 제공하고, 심신의 건강을 위해 꼭 필요하다. 식사를 통하여 하루의 피로가 풀리고 다음날의 활력이 생기게 된다.

2) 심미적 기능

조리는 여러 과정을 통하여 기호성을 높이고 맛이 좋아지며, 위생적으로 안전하게 된다. 또한 같은 식품재료를 사용하더라도 먹기 좋고 맛있는 음식을 만들어서 보기 좋게 담아 식욕을 돋운다.

3) 문화적 기능

조리는 각 국가와 민족의 문화적 특성에 의해 형성된 독자성을 지닌 식생활문화이자 인류의 역사와 함께 발전되어 온 인류 공통의 문화유산이다. 이러한 각 민족의 전통을 지닌 조리는 시대의 변천에 따라 계속 변화되면서 현대까지 그 독자성을 유지·발전시켜 오고 있다.

3. 조리의 기본조작

1) 계량과 계측

식품이나 조미료를 정확하게 계량하는 것은 조리법의 표준화와 조리작업의 시스템화를 위해 중요하다. 그리고 음식을 만들 때 적절한 조리법과 조리기구를 이용하여 정확한 방법으로 조리해야 맛을 일정하게 유지할 수 있다.

(1) 계량단위

조리하기 위한 식재료의 계량은 조리과정에서의 시작이며 중요한 절차이다. 우리나라에서는 주로 미터법을 사용하고 있으며, 표 1-1은 서양에서 일반적으로 사용되는 무게와 부피를 표준단위로 나타낸 것이다. 미터법에서 부피는 리터(L)로, 무게는 그램(g)으로 나타낸다.

표 1-1 》 미터법으로 바꾼 상용단위

단위	상용단위	미터법
무게	1파운드(lb)	453.6g
	1온스(oz)	28.25g
부피	1갤런(G, gal)	3.8L
	1쿼트(qt)	946.4mL(0.95L)
	1액체 온스(fl oz)	29.6mL

알아보기

서양조리를 할 때 쿼트법 계량기구를 사용하므로 아래 단위를 이해하도록 한다.

1C = 240mL = 8oz = 1/2pt = 1/4qt = 1/16G
1gal = 4qt = 8pt = 16C ≒ 3.8L
1G = 4qt = 8pt = 16C ≒ 3.8L

(2) 계량방법

① 액체

액체식품은 투명 계량컵을 사용하며, 일반적인 액체는 그림 1-2와 같이 컵을 수평상태로 놓고 눈높이를 액체의 아랫면에 일치되게 하여 눈금을 읽는다. 조청, 기름 및 꿀과 같이 점성이 큰 액체는 컵에 가득 채운 후 위를 평평하게 깎아주고, 고추장, 마요네즈, 케첩 등은 공간이 없도록 눌러 담고 위를 깎아 측정한다.

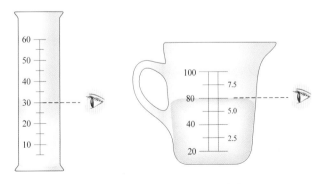

그림 1-2 》 액체의 눈금 읽기

② 가루

밀가루는 입자가 미세하고 균일하지 않아 저장할 때 눌러서 부피가 줄어들기 때문에 반드시 체에 친 후 계량을 한다. 백설탕, 조미료, 전분 같은 가루는 계량컵이나 계량스푼에 덩어리가 없는 상태로 누르거나 흔들지 않고 가득 담은 후 그림 1-3과 같이 윗면이 수평이 되게 깎아서 측정한다. 흑설탕, 황설탕의 경우는 당밀이 남아 있어 서로 달라붙기 때문에 컵에 단단하게 눌러 담은 후 수평으로 깎아서 잰다. 가루 재료는 측정 시 부피를 재는 것보다 무게를 재는 것이 더 과학적이다.

③ 고체

저울로 계량하는 것이 바람직하나 편의상 계량컵이나 스푼으로 잴 수 있다. 버터, 마가린, 쇼트닝의 경우 실온에 두어 반고체상태가 되게 한 후 컵이나 스푼에 꾹꾹 눌러 담아 그림 1-3과 같이 스패튤라로 수평으로 깎아 계량한다. 된장도 빈 공간이 없도록 꾹꾹 눌러 담아서 계량한다.

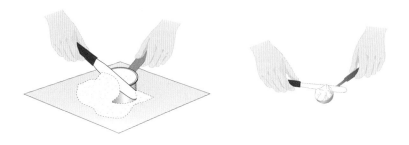

그림 1-3 》》 **가루와 고체의 계량법**

(3) 계량기구

① 부피

부피 측정기구로는 그림 1-4와 같이 계량컵, 계량스푼 등이 있다. 계량컵에는 1컵, 1/2컵, 1/3컵, 1/4컵이 한 세트로 구성되어 있고, 계량스푼은 1큰술, 1작은술, 1/2작은술, 1/4작은술이 한 세트로 구성된 것도 있고, 1큰술의 손잡이가 길게 되어 있고 다른 한쪽 끝에 1작은술이 붙어 하나로 연결된 것도 있다. 계량스푼은 양념이나 조미료 등 컵 분량보다 작은 양을 측정할 때 사용한다.

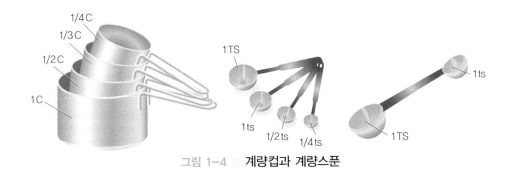

그림 1-4 》 계량컵과 계량스푼

　　영국식 단위인 표준 쿼트법에 의해 제작된 1컵의 표준용량은 240mL이나 미터법을 적용하면 200mL로 한다. 미터법을 기준으로 한 계량컵과 계량스푼의 용량 관계는 표 1-2와 같다. 우리나라에서 많이 사용되는 조미료의 부피에 따른 무게는 표 1-3과 같다.

표 1-2 》 **계량컵, 계량스푼의 용량 관계**

계량단위		부피	기타
1작은술(tea spoon, ts)		5mL	
1큰술(Table Spoon, Ts)		15mL	3작은술
1컵(cup, C)	미터법	200mL	13.3큰술
1컵(cup, C)	쿼트법	240mL	16큰술

표 1-3 》 **조미료의 부피에 따른 무게** (단위 : g)

조미료	1작은술	1큰술	1컵	조미료	1작은술	1큰술	1컵
물, 식초, 술	5	15	200	깨소금	3	8	120
간장, 미림	6	18	230	꽃소금	5	15	200
된장, 고추장	6	18	230	굵은소금	4	12	160
고춧가루	2	6	80	설탕	3	9	120
식용유, 버터	4	13	180	후춧가루	3	9	120
밀가루	3	8	100	다진 마늘 · 파 · 생강	3	9	120
녹말가루	3	9	10	마요네즈	5	14	190
빵가루	1	3	40	케첩	6	18	240

② 무게

저울로 계량할 때는 평평한 곳에 저울을 놓고 바늘이 영에 있는지를 확인한다. 저울 접시의 중앙에 식품을 올려놓고, 저울의 바늘이 정지되었을 때 숫자를 읽는다. 저울은 그림 1-5와 같이 아날로그식과 숫자가 나타나는 디지털식이 있다.

아날로그식 저울   디지털식 저울

그림 1-5 》 **계량 저울**

③ 온도

식품의 가열, 발효 등은 온도와 밀접한 관계가 있으며, 온도계는 그림 1-6과 같이 적외선 온도계, 육류용 온도계, 튀김용 온도계, 제빵용 온도계 등 용도에 따라 다양한 종류가 있다.

조리에 사용되는 온도 단위는 섭씨(℃, the centigrade)와 화씨(℉, the fahren-heit)로 나타낸다. 섭씨는 물의 끓는점을 100℃로 하고, 어는점을 0℃로 구분하여 그 사이를 100등분하여 구분한 것으로 세계에서 공용되는 단위이다. 화씨는 미국에서 많이 사용되며 물의 어는점을 32℉로, 끓는점을 212℉로 하여 이 두 점 사이를 180등분하여 구분한 것이다. 따라서 섭씨온도와 화씨온도는 표 1-4와 같이 환산될 수 있다.

적외선 온도계   육류용 온도계   튀김용 온도계   제빵용 온도계

그림 1-6 》 **온도계의 종류**

표 1-4 》》 **섭씨와 화씨의 비교**

구분	섭씨(℃)	화씨(℉)
계산식	$℃ = \dfrac{5}{9}(℉-32)$ $℃ = \dfrac{(℉-32)}{1.8}$	$℉ = \dfrac{9}{5}℃+32$ $℉ = (1.8×℃)+32$
냉동고	-18	0
냉장고	4	40
와인 저장고(와인셀러)	12~14	53.6~57.2
상온	22	72
물의 어는점	0	32
시머링(simmering)	82	180
끓이기(boiling)	100	212
튀기기(frying)	180	356

④ 당도, 염도, 산도 측정

식품의 당도, 염도, 산도를 측정하는 기구는 그림 1-7과 같이 당도계, 염도계, pH미터가 있다. 당도계는 과일이나 잼의 당도를 측정하며, 염도계는 국이나 김치 국물의 염도를 측정하고, pH미터는 김치의 숙성 정도나 육질을 측정한다.

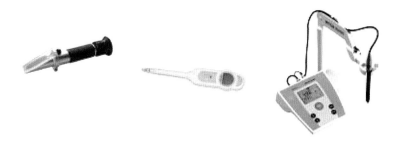

그림 1-7 》》 **당도계, 염도계, pH미터(왼쪽부터)**

2) 씻기

조리를 위생적으로 하기 위하여 가장 먼저 행하는 과정이 씻기이다. 씻는 과정을 통해 불순물이나 유해성분이 제거되도록 한다. 씻을 때에는 흐르는 물에서 씻는 것이 효과적이나 채소나 과일같이 표면에 굴곡이 있는 식품은 물의 표면장력으로 인하여 물만으로는 파인 곳까지 깨끗이 씻기가 어렵다. 이때 중성세제(0.2%)를 사용하기도 하는데, 중성세제를 사용하면 물의 표면장력이 저하되어 식품의 요철부분까지 침투가 가능하여 깨끗이 씻을 수 있게 된다. 씻을 때 같은 양의 물로 한 번 씻는 것보다는 물을 나누어 여러 번 씻는 것이 더 효과적이다.

식품은 가능하면 통째로 씻은 후에 잘라서 조리해야 수용성 영양소의 손실을 줄일 수 있다. 생선은 2~3%의 소금물에 씻는데 비늘, 지느러미, 내장 등을 제거한 후 물에 씻는 것이 좋으며 자른 후에 씻는 것은 피한다. 이는 자른 후에 씻으면 영양소와 맛난 성분이 손실되기 때문이다. 씻기는 위생적 이유 외에 색깔이나 외양을 좋게 하기도 하며, 맛이나 질감을 개선하기도 한다. 예를 들면, 시금치를 데쳐 바로 찬물에 헹구어 색의 변화를 막거나 국수를 삶은 후 찬물에 헹구어 호화를 중지시키는 것이다.

3) 담그기와 불리기

(1) 건조식품의 수분 흡수

곡류, 두류, 생선류, 채소류, 해조류와 같은 건조식품은 물에 담가 말리기 전과 같은 수분 함량으로 흡수시켜 조리를 한다. 건조식품이 수분을 흡수하는 속도는 물의 온도가 높을수록 빠르며, 실온에서의 수분 흡수 정도는 표 1-5와 같다. 식품을 담근 경우에는 용액에 수용성 영양성분과 맛 성분이 용출되므로 필요 이상 담그지 말고, 담근 용액은 그대로 조리에 이용한다.

표 1-5 》 **건조식품의 수분 흡수**

식품	흡수 소요시간	무게 증가(배)	식품	흡수 소요시간	무게 증가(배)
냉동건조두부	4~5분	6~7	쌀	50~60분	1.2~1.3
건표고버섯	20~30분	4~5	대두	15~20시간	2~3
건미역	20~30분	6~7	팥	15~20시간	2~3
무말랭이	50~60분	4~5	건홍합	50~60분	3

(2) 식품 성분의 침출

우엉, 고사리, 고비를 물에 담가 놓으면 쓴맛, 떫은맛, 아린맛 등을 제거할 수 있다. 자반고등어, 염장식품을 그대로 조리하면 짠맛이 강하므로 물에 담가 지나친 염분을 용출시켜 조리하는 것이 좋다. 저농도(1.5%식염수)의 소금물을 사용하면 삼투압의 작용으로 염분이 효과적으로 제거된다.

(3) 식품의 변색 방지

감자, 사과, 우엉, 연근은 공기 중에 놓아두면 갈변할 수 있다. 이는 공기 중의 산소에 의해 식품 내에 존재하는 폴리페놀 산화효소(polyphenol oxidase)가 폴리페놀화합물을 산화시킨 결과이다. 따라서 물에 담가 산소를 차단함으로써 갈변을 막을 수 있다.

(4) 기타

고기의 핏물을 빼기 위해 물에 담그거나, 피클과 장아찌의 보존성을 높이기 위해 식초나 소금물에 담근다. 또한 양상추와 같은 채소는 찬물에 담가 아삭거리는 물리적 성질을 향상시키기 위해 물에 담근다.

4) 썰기

썰기를 하면 불필요한 부분의 제거와 먹기 좋은 모양이나 크기로 만들고, 식품을 자르면 표면적이 커져 가열할 때 열전도율이 높아지므로 조리시간이 단축되며, 조미료의 침투가 촉진된다. 또한 썰기를 잘 하면 먹기에 편리하고 외관과 맛이 좋아진다.

썰 때에는 식품의 특성을 파악해야 한다. 고기처럼 섬유의 방향이 있는 경우에는 섬유의 방향과 직각으로 썰어야 섬유 길이가 짧아져 연하게 느껴진다. 그러나 질기더라도 치아에 닿는 질감을 느끼고자 할 때나 채썰기를 할 때에는 섬유의 방향과 평행으로 자르기도 한다.

일반적으로 사용되는 썰기의 방법은 표 1-6에 제시하였다.

표 1-6 >> 다양한 썰기 방법

모양	한국	일본	서양	중국
	통썰기	와기리	rondelle	
	반달썰기	한게쓰기리	half moon	
	막대썰기	효오시기키리	batonnet	타오
	얄팍썰기	고구치기리	thin slicing	
	어슷썰기	나나메기리	diagonal	새피엔
	채썰기	센기리	julienne	쓰
	은행잎썰기	이초오기리		
	골패쪽썰기	단자쿠기리		
	깍둑썰기	사이노메기리	dice	띵
	깎아썰기	사사가키	shred	
	다지기	미진기리	chopping	모
	돌려깎아 썰기	가쓰라무키		
	마구썰기	란기리		마얼, 투얼

자료 : 한국식품조리과학회(2007), 조리과학용어집, 교문사

5) 으깨기, 갈기, 다지기

① 으깨기(mashing)

감자나 달걀의 재료를 익혀서 고운 입자로 만드는 방법으로 뜨거울 때 고운체에 내려서 으깨기도 하고 수저로 으깨기도 한다.

② 갈기(grinding)

블렌더(blender)나 그라인더(grinder)를 이용하여 미세한 입자로 만드는 것으로 쌀가루, 미숫가루, 후춧가루, 고춧가루 등을 만들 때 사용한다.

③ 다지기(mincing, chopping)

마늘, 생강 등을 아주 작은 조각으로 자르는 것이다. 민싱(mincing)은 초핑(chopping)보다 더 작은 조각으로 자르는 것이다.

6) 섞기와 젓기

섞기와 젓기에는 다양한 방법이 있다. 서양조리에서는 젓기(beating), 믹싱(mixing), 블렌딩(blending), 폴딩(folding), 휘핑(whipping), 크림화(creaming)라는 각각의 독특한 섞기 방법들이 있다.

젓기는 재료가 부드러워질 때까지 아래위로 젓거나 휘저어 주는 것을 말한다.

믹싱은 서로 다른 2개 이상의 재료를 잘 섞는 것을 말한다.

블렌딩은 두 개 이상의 재료들을 스푼, 블렌더(blender, 그림 1-8)로 모두 합쳐질 때까지 충분히 섞는 것으로 믹싱보다 더 잘 섞이게 하는 것을 말하며, 혼합 시 블렌더를 사용하여 더 잘 섞이게 한다.

폴딩은 달걀흰자 거품 같은 가벼운 혼합물을 무거운 재료에 혼합하는 방법으로 가벼운 혼합물을 무거운 재료에 넣고 손이나 큰 스푼이나 스패튤라로 위, 아래, 바닥을 긁어 잘 혼합되도록 하는 것이다.

휘핑은 거품기로 세차게 혼합하여 공기가 달걀흰자나 생크림과 같은 식품에 주입되게 하는 것이다. 테이블 믹서는 그림 1-9와 같이 휩(whip)을 사용한다.

크림화는 혼합물이 부드러운 크림성으로 될 때까지 재료를 쳐서 혼합하는 방법으로 테이블 믹서 사용 시 패들(paddle)을 사용한다. 제과제빵에서 버터와 설탕을 혼합할 때 패들을 사용해서 크림화 방법으로 혼합하면 설탕이 버터와 잘 섞여 설탕입자가 보이지 않게 된다.

그림 1-8 》 블렌더(blender, 좌)와 푸드 프로세서(food processor, 우)

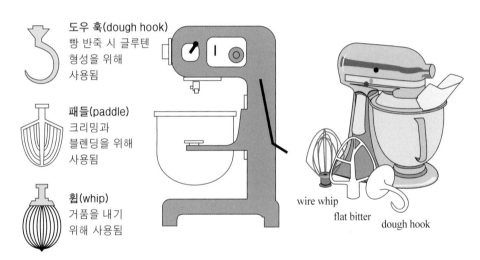

도우 훅(dough hook)
빵 반죽 시 글루텐
형성을 위해
사용됨

패들(paddle)
크리밍과
블렌딩을 위해
사용됨

휩(whip)
거품을 내기
위해 사용됨

wire whip

flat bitter

dough hook

그림 1-9 》 상업용 테이블 믹서(수직형 믹서, 좌)와 소형 테이블 믹서(우)

 알아보기

폴딩(folding) 동작이 무엇인가요?

달걀흰자의 거품을 낸 것과 달걀흰자보다 무거운 재료를 혼합할 때 달걀흰자 거품을 무거운 재료에 붓는다. 스푼이나 고무 스패튤라로 그릇의 밑에서 위로 올리고, 가운데, 그리고 그릇의 바닥을 둘러서 골고루 혼합한다. 이때 달걀흰자의 거품이 꺼지는 것을 막기 위해 휘젓는 것을 피해야 한다.

- 달걀흰자의 거품을 내서 스펀지케이크 반죽(batter)에 폴딩 동작으로 골고루 섞이게 하면 공기가 들어가 완성된 스펀지케이크를 잘랐을 때 고운 입자의 면이 나오게 된다.
- 거품 낸 생크림을 갈아 놓은 닭고기에 폴딩 동작으로 혼합한 후 익히면, 부드럽고 고운 질감의 치킨무스를 만들 수 있다.

7) 냉각과 냉장

　냉각(cooling)은 식품의 온도를 내리는 것으로 자연 바람으로 식히는 경우와 냉수, 냉장고 또는 냉동고에 넣어 식히는 경우가 있다. 식품의 온도를 낮출 때는 식품 주위의 열전도율이 높고 식품과의 온도차가 클 때, 식품의 표면적이 넓을수록 빨리 식으므로 조리하자마자 바로 넓게 펼쳐서 식힌다. 찬물보다는 얼음물에 담그는 것이, 또 식품의 크기가 작고 얇은 것이 냉각속도가 빠르다. 냉각의 목적에 따른 조리 예는 표 1–7과 같다.

　냉장(refrigeration)은 5℃ 이하의 냉장고에 보관하는 것으로 상하기 쉬운 재료는 3℃ 전후를 유지한다. 온도계를 냉장고의 가장 따뜻한 곳에 설치하고, 5±1.5℃ 범위를 유지하도록 한다. 익힌 음식과 날 음식은 별도의 냉장고에 보관하도록 하고, 만일 냉장고가 1개라면 조리된 음식은 냉장고의 위칸에 보관하도록 한다. 개봉한 통조림류는 깨끗한 용기에 담아 개봉한 날짜, 원산지와 제조업체를 표시하여 냉장 보관하도록 한다.

표 1–7 》 **냉각의 목적과 조리 예**

냉각의 목적	조리 예
맛의 향상	과일은 차게 했을 때 맛이 증가
미생물의 번식 억제	일반 음식물의 냉장 보관, 육수 냉각
효소와 성분의 반응 억제	녹색 채소(시금치, 브로콜리 등)를 데친 후 얼음물에 담그면 클로로필라아제(chlorophyllase)에 의한 클로로필의 파괴를 억제
응고 및 성형	젤라틴, 젤리, 족편
촉감 및 질감 향상	샐러드용 채소
향기 및 기체 성분의 보존	와인, 맥주, 청량음료

8) 냉동

　냉동(freezing)은 식품을 0℃ 이하로 냉각시켜 수분을 동결시킨 것으로 식품보존법 중 하나이다. 식품을 냉동하면 미생물의 발육을 저지하고 식품의 효소작용을 억제한다. 냉동고의 온도는 −18℃ 이하를 유지하도록 한다. 저장을 목적으로 식품을 냉동할 때에는 미세한 얼음 결정을 위해 −40℃ 이하에서 급속 동결시켜야 한다. 서서히 냉동하면 얼음 결정의 크기가 커져 조직이 파괴되고 해동 시 유출물이 많아져 냉동

전의 상태로 복원되기 어렵다.

냉동할 때에는 해동할 때 편리하도록 1회 사용분량씩 개별 포장하여 냉동하는 것이 편리하다. 생선은 깨끗이 손질한 후 냉동하고, 채소류는 데친 후에 냉동한다.

9) 해동

해동(thawing, defrosting)은 냉동한 식품을 원상태로 하기 위해 녹이는 조작이다. 해동을 거치면서 여러 가지 식품의 변화를 일으키게 된다. 육류와 닭고기는 냉장고 안에서 천천히 해동하면 식품 표면과 중심부의 온도차가 적어 해동 시 유출량이 적고 위생상 안전하다.

해동방법은 표 1-8과 같이 완만해동법과 급속해동법이 있으며, 식품의 종류에 따라 그 방법을 선택한다. 완만해동법은 냉장고 또는 흐르는 물에서 천천히 해동하는 방법으로 육류, 어류, 과일에 주로 이용된다. 급속해동법은 전자레인지를 이용하여 해동하는 방법과 냉동식품, 얼린 반조리 또는 조리된 식품 등을 그대로 가열 조리하여 해동과 조리가 동시에 이루어지게 하는 방법이다. 해동은 사용할 만큼만 해동하고 바로 조리에 이용하도록 하며 다시 냉동하지 않도록 한다.

표 1-8 >> **식품의 해동방법**

해동방법		해당 식품
완만 해동법	냉장고 안에서 해동	● 덩어리 고기는 해동하는 데 24시간 이상 걸리므로 하루 전에 해동함 ● 해동해야 할 식품을 냉장고의 맨 아래칸에 둠
	흐르는 물에서 해동	● 21℃ 이하의 흐르는 물에서 2시간 이내에 해동하도록 함
급속 해동법	전자레인지 해동	● 해동 후 바로 조리하도록 함 ● 부피가 큰 식품에는 바람직하지 않음
	가열해동	● 냉동채소, 냉동감자, 해산물(새우), 햄버거 패티 등과 같은 식품은 조리하면서 바로 해동이 이루어짐 ● 골고루 익었는지 확인하도록 함

02
조리매체와 방법

02 조리매체와 방법

1. 조리와 열

식품을 조리하기 위해 가열하면 식품의 구성성분은 여러 가지 물리적·화학적 변화를 일으키며, 분자운동이 활발해져서 온도가 상승하고, 열이 전달되어 열에 의한 조리가 이루어진다. 열에 의한 화학적 변화로는 캐러멜화·갈색화·덱스트린화 등이 있으며, 물리적 변화로는 호화·연화·젤라틴화 등이 있다. 또한 열은 식품의 맛, 향미, 질감의 변화뿐 아니라 세균, 곰팡이 등과 같은 미생물의 살균도 할 수 있다.

1) 열의 이동

(1) 전도(conduction)

전도는 그림 2-1과 같이 물체가 열원에 직접 접촉되었을 때 열이 그 물체를 따라 이동하는 것으로 분자의 운동에너지가 이웃하는 분자를 통하여 전달되는 것이다. 용기의 바닥에서 열을 흡수하면 바닥 가까운 부분에서 분자들의 진동이 일어난다. 이런 빠른 분자운동은 가까운 분자들과 충돌하여 분자들이 움직이게 된다. 즉, 찬 물체가 전도에 의해 데워지려면 열원에 의해 냄비바닥이 직접 데워지고 바닥으로부터 데워진 냄비는 옆과 윗부분으로 열이 전달되어 그릇 전체가 뜨거워지는 것이다. 이와 같이 전도에 의해 열이 뜨거운 쪽에서 찬 쪽으로 전달된다.

열전도는 열이 전달되는 정도를 말하며 물질에 따라 다르다. 열전도율이 높은 것은 열을 빨리 전달하는 대신에 보온성이 적고, 열전도율이 낮은 것은 온도가 상승하기 어려운 대신 보온성이 좋다. 대개 금속은 열을 잘 전도하는 성질이 있다. 따라서 국을 빨리 끓이기 위해서는 열전도율이 높은 금속용기를 쓰는 것이 좋고, 반대로 보온을 하기 위해서는 열전도율이 낮은 용기를 쓰는 것이 좋다.

(2) 대류(convection)

대류는 그림 2-1과 같이 밀도가 높은 곳에서 낮은 곳으로 이동하는 것으로 기체나 액체가 가열되면 밀도가 감소하여 위로 올라가고 찬 부분은 아래로 내려가서 다시 가열되는 것을 말한다. 대류에 의한 열의 전달은 공기, 물, 기름 등을 통하여 이루어진다. 이와 같이 아래에서 위로 다시 위에서 아래로 흐름이 생기고, 이 흐름에 의해 매체 전체가 같은 온도가 된다. 전열기 위에 있는 냄비의 음식을 저어주는 것은 식품에 열이 일정하게 분포하는 것을 도와주기 위함이다. 수프나 국요리, 찜, 시머링, 튀김, 굽기 등의 조리가 대류를 이용한 조리법이다. 대류에 의해 열이 전달되는 속도는 복사나 전도의 중간 정도이다.

알아보기

국을 끓일 때 열이 전달되는 경로는 무엇인가요?

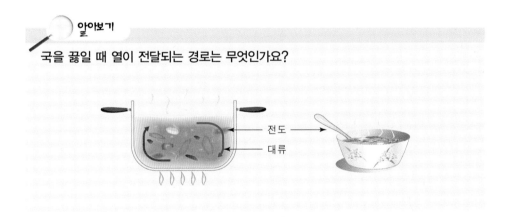

(3) 복사(radiation)

복사는 그림 2-1과 같이 물체에 직접 열을 전달하는 것을 말하며, 복사열의 전달은 열의 급원에서 목적물까지 아무런 장애물 없이 직접 전달되므로 속도는 전도나 대류보다 빠르다. 조리방법에는 브로일링(broiling), 토스팅(toasting), 직화구이, 전자레인지 요리 등이 있다.

조리에 사용되는 복사열은 가스, 숯, 장작, 석탄 등의 불꽃을 직접 이용하는 것, 또는 토스트나 오븐에서 오는 직접적인 전열을 이용하는 것이다. 복사열에 의해 음식이 데워지기 위해서는 복사에너지가 흡수되어야 하는데 표면이 검고 거친 것이 희고 반질반질한 것보다 열을 잘 흡수하여 조리온도를 신속히 높여주기 때문에 조리시간이 단축된다. 검은색 용기, 유리용기, 파이렉스 용기가 알루미늄 용기보다 조리시간을 단축시켜 준다.

복사열은 식품 표면을 뚫지 못하므로 식품의 외부는 복사에 의해 가열되고 내부는 전도에 의해 조리된다.

그림 2-1 》 전도, 대류, 복사(왼쪽부터)

알아보기

오븐요리에서 열은 어떻게 전달될까요?

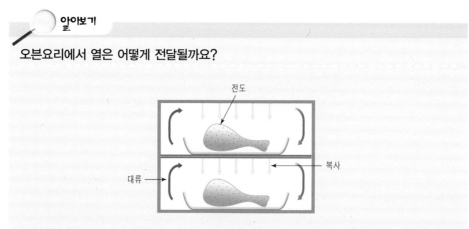

오븐 속의 공기는 대류에 의해 뜨거워지고 뜨거운 공기는 열전도에 의해 용기와 식품으로 전달된다. 오븐의 내벽에서 반사되는 복사에 의해 용기가 가열된다.

- 스테이크를 브로일(broil)할 경우 : 전도와 복사에 의해 조리됨
- 수프 : 전도와 대류에 의해 조리됨

(4) 극초단파(microwave)

극초단파는 공기, 물, 진공 등을 쉽게 통과하여 열을 전달하기 때문에 이를 이용한 조리는 열의 전달매체가 필요하지 않고 어느 형태의 열원보다 신속하게 전달되므로 조리시간이 단축된다.

전자레인지는 915MHz 또는 2,450MHz 파장의 마그네트론(magnetron)에서 발생된 전자파가 식품에 투과될 때 식품 중의 수분이 1초에 24억 5천만 번의 진동에 의한 마찰열을 발생시켜 가열되는 조리기구이다. 따라서 전자레인지 내부나 그릇은 찬 상태이나 음식은 가열되어 있다. 그런데 그릇이 따뜻한 것은 식품과의 접촉 때문이다. 그리고 열이 내부에서 발생하기 때문에 표면이 타거나 갈변되지 않는다.

전자레인지 내부구조는 그림 2-2와 같다. 전자레인지 위의 마그네트론은 극초단파가 발생하는 곳이며, 도파관(waveguide)은 극초단파를 방출하는 안테나 역할을 하며, 냉각팬(stirrer)은 극초단파가 각 방향으로 음식물에 투과될 수 있도록 확산시켜 주는 역할을 한다. 오븐 바닥에 있는 턴테이블(turn table)은 극초단파가 반사하여 다시 음식물에 흡수될 수 있도록 설치한 것이다. 전자레인지 벽의 마감재료는 스테인리스스틸로 되어 있어서 극초단파를 전부 반사하며, 오븐의 문은 이중처리되어 문을 열었을 때 극초단파가 형성되지 않도록 안전장치가 되어 있다. 수분은 극초단파를 흡수하나 종이, 유리, 자기, 플라스틱 등은 투과하며 금속은 반사한다. 따라서 전자레인지용 용기는 유리, 도자기, 플라스틱, 종이 등이 적합하며 금속은 적합하지 않다. 주의할 점은 전자파에 노출되지 않도록 하고, 가열 후 전원스위치를 끈 뒤에 문을 열도록 하며, 조리 중에는 2미터 이상 떨어지도록 한다.

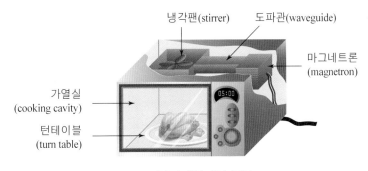

그림 2-2 》 **전자레인지의 구조**

알아보기

MHz(megahertz)가 무엇일까요?

헤르츠(hertz, 기호 Hz)는 SI단위계*의 주파수 단위로 전자기학 분야에서 업적을 남긴 독일 물리학자 하인리히 루돌프 헤르츠(Heinrich Rudolf Hertz)를 기리기 위하여 이름 붙여진 것이다.

1Hz는 SI 기본 단위로 표현하면 $1s^{-1}$이고, 1Hz는 '1초에 한 번'을 의미한다. 즉 100Hz는 1초에 100번을 반복 혹은 진동함을 뜻한다. 이 단위는 주기적으로 반복되는 모든 것에 쓰일 수 있으며, 매우 간단한 예로 정확히 맞는 시계의 초침은 1Hz로 똑딱거린다.

1kHz는 10^3Hz를 나타내는 주파수의 단위이고, 1MHz는 10^6Hz를 나타내는 주파수의 단위이다.

*SI단위계 : meter, kilogram, second를 기본으로 하는 MKS 단위로부터 파생된, 일관성 있고 합리적인 단위계이다.

(5) 인덕션(Induction)

인덕션은 그림 2-3과 같이 조리기기 상부의 표면 바로 아래 고주파수의 유도감응코일을 이용한 것으로 조리기기 상판(top plate)은 매끈한 세라믹물질로 만들어져 있으며, 자기전류(magnetic current)가 유도코일에 의해 발생되어 철을 함유한 금속성 조리기구가 기기 상부에 놓이게 되면 자기 마찰에 의해 데워지게 되는 것이다. 즉, 상판 아래 동선의 코일을 설치하고 전류를 흐르게 하면 이 전기에너지가 자력선으로 바뀌어서 자장이 발생한다. 여기에 전기저항이 높은 금속을 두면 자력선이 금속을 통과할 때 소용돌이 모양의 전류가 발생하며, 그 저항에 의해 냄비 밑에서 열이 발생하는 원리이다.

전자조리기에는 고주파형(20kHz)과 저주파형(50, 60Hz)이 있다. 고주파형에는 밑이 평평한 철, 법랑, 스테인리스스틸 냄비가 이용된다. 알루미늄은 전기저항이 작기 때문에 발열되기 어렵다. 저주파형에는 전용 냄비가 사용된다. 기기의 표면은 그대로 차가운 상태로 있으면서 조리기구만 가열되며 가열된 조리기구는 신속히 음식으로 열을 전달하게 된다. 사용가능한 조리기구들은 무쇠나 마그네틱 스테인리스스틸, 에나멜(법랑)을 입힌 강철로 만들어진 것이며, 비철물질로 만들어진 용기는 사용할 수 없다. 가열속도는 빠르고, 열의 세기는 다양하게 조절할 수 있으며, 닦기가 쉽고 표면이 뜨거워지지 않으므로 국물이 기기 표면에서 타지 않는 장점이 있다.

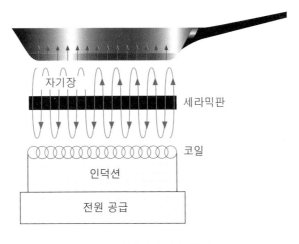

그림 2-3 》》 인덕션레인지의 원리

2) 열전달매체

(1) 공기

가열된 공기를 이용하는 조리는 로스팅(roasting), 베이킹(baking), 브로일링 (broiling) 등 주로 오븐을 사용하는 것이고, 실외용 그릴에서 조리하는 건열조리방법이다. 식품 표면은 뜨거운 공기에 접촉되나 대개의 경우 내부는 물이 열전달에 사용된다. 구이에는 복사열도 관여한다.

(2) 물

물은 공기보다 좋은 전도체로 열을 신속히 전달하므로 조리 시 매체로 널리 이용된다. 물을 매체로 하여 조리하는 방법에는 끓이기, 찜, 달걀 삶기, 채소 데치기 등의 습열조리법이 있다. 물은 천천히 끓거나 펄펄 끓거나 그 온도에는 차이가 없이 100℃에서 끓는다. 또한 공급되는 열량이 많고 열이 신속히 전달되면 끓는 속도는 더 빨라지고 물의 증발은 증가한다. 따라서 소량의 물을 끓일 때 물의 증발을 막으려면 되도록 표면적이 적은 두꺼운 냄비에 뚜껑을 닫고 사용해야 한다.

(3) 수증기

수증기가 식품 표면에 접촉되면 열이 전달되는데 식품은 대개 수증기보다 온도가 낮으므로 수증기는 식품 표면에서 응축되고 이때 수증기가 보유하고 있던 기화열이 방출된다. 찜은 수증기를 조리에 이용하는 습열조리방법이다. 수증기의 온도는 물의 끓는 온도와 동일하나 압력이 증가되면 끓는점은 상승한다. 이러한 원리를 이용한 압력솥은 밀폐된 내부에서 수증기압이 상승하고 물의 끓는점이 더 높아져 일반 솥보다 가열이 훨씬 빨라진다.

알아보기

압력솥 뚜껑에 있는 밸브는 무슨 작용을 하나요?

뚜껑에 있는 조절장치 밸브는 조리과정에서 증기를 일부 방출시켜 온도를 조절한다.

(4) 기름

기름은 가열할수록 온도가 상승하고, 튀김온도는 보통 150~180℃이므로 다른 어떤 조리매체보다 조리시간이 단축된다. 따라서 기름은 볶기, 부치기, 튀기기 등에서 열전달매체가 된다. 이러한 조리과정에서 열은 전도에 의하여 열원으로부터 팬을 통하여 기름에 전달된다. 전달된 열은 대류되어 열이 고르게 분산되고, 식품이 기름에 접촉하게 되면 전도에 의하여 열이 전달된다.

3) 가열용 기구

가열용 기구에는 가스레인지, 전기오븐, 전자레인지, 인덕션레인지 등이 있으며, 각각의 장단점은 표 2-1과 같다. 또한 가스버너의 구조는 그림 2-4와 같다.

표 2-1 》》 가열용 기구의 장단점

특징\n열원	장 점	단 점
가스레인지	● 점화가 간단하고 원하는 화력을 즉시 얻음\n● 최고 온도가 높음\n● 온도 상승이 빠름\n● 화력 조절이 연속적이고 간단함\n● 에너지 단가가 비교적 낮음	● 폭발의 위험이 있음\n● 유독성
전기오븐	● 무해함\n● 자동조절이 가능함\n● 온도조절이 완만함	● 최고도달 온도가 낮음\n● 온도 상승이 느림\n● 에너지 단가가 비쌈
전자레인지	● 가스나 전기보다 빨리 조리됨\n● 재가열과 해동이 빠름	● 가열이 고르지 않음\n● 사용할 수 있는 용기가 제한되어 있음\n[유리, 종이, 금속테가 없는 도자기, 세라믹, 전자레인지용 플라스틱용기(내열온도 120℃ 이상) 등]\n● 금속용 용기는 전자파를 반사하여 식품 가열이 안 되고 마그네트론에 손상을 입힐 위험이 있음
인덕션레인지	● 열 손실이 적음\n● 상판이 타거나 국물이 넘쳐도 타지 않음\n● 안전함	● 사용할 수 있는 용기가 제한됨

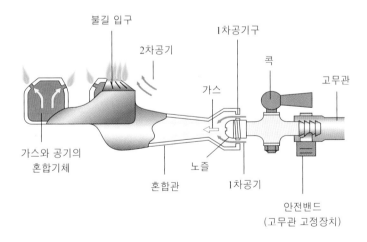

그림 2-4 》》 가스버너의 구조

2. 조리방법

조리방법은 표 2-2와 같이 생으로 먹는 생식조리법과 가열과정을 거쳐 익히는 가열조리법이 있다. 가열조리법에는 습열조리법, 건열조리법, 복합조리법 등이 있다.

표 2-2 》 기본조리방법(basic cooking skill)의 분류

조리법			예
생식 조리법	열을 사용하지 않고, 생으로 먹는 것을 말함		샐러드, 생선회, 육회
가열 조리법	습열조리법(moist-heat cooking)		시머링(simmering), 끓이기(boiling), 포칭(poaching), 찌기(steaming), 데치기(blanching)
	건열조리법 (dry-heat cooking)	기름을 사용하지 않는 건열조리법	로스팅(roasting), 그릴링(grilling), 브로일링(broiling), 팬브로일링(panbroiling), 베이킹(baking)
		기름을 사용한 건열조리법	소테잉(sauteing), 스터프라잉(stir-frying), 팬 프라잉(pan-frying), 딥프라잉(deep-frying)
	복합조리법(combination cooking)		브레이징(braising), 스튜잉(stewing)
	전자레인지(microwave)		
	훈연법(smoking)		
	기타 : 그라탱(gratin), 글레이즈(glaze), 파피요트(papillote), 파쿡(parcook), 프왈레(poêlé)		

1) 생식조리법

식품을 가열하지 않고 먹는 방법으로 채소나 과일을 생으로 먹거나 신선한 육류, 어류, 패류를 가열하지 않고 회로 먹는 것이다. 재료의 신선도와 위생적인 처리가 필요하다.

2) 가열조리법

식품을 가열하면 단백질, 전분 등의 식품성분이 변화되어 외관, 향, 맛의 변화가 일어난다.

가열조리의 효과는 다음과 같다. 첫째, 음식에 열을 가함으로써 미생물이나 병원

균 및 기생충, 독소 등이 제거되어 위생적이고 안전한 음식이 된다. 최고로 신선한 생선은 회로 먹고, 그 다음은 구이로 먹고, 덜 싱싱한 생선은 간장과 향미채소를 넣어 조림을 해서 먹을 수 있다. 둘째, 전분성 식품의 경우 소화가 잘 되게 한다. 예를 들면 쌀, 감자, 고구마를 익히는 것이다. 셋째, 식품의 조직을 부드럽게 하고, 음식의 질감, 맛, 향미가 좋아진다. 예를 들면 호박은 전을 해서 먹거나, 된장찌개에 넣어 먹으면 부드럽고 향미가 좋아진다.

(1) 습열조리법

습열조리법은 시머링(simmering), 끓이기(boiling), 포칭(poaching), 찌기(steaming), 데치기(blanching)가 있다.

① 시머링

시머링은 끓기 직전의 액체온도(95~98℃)를 유지하는 것이다. 재료를 시머링하는 액체에 넣고 익히는 조리방법으로 육수, 설렁탕, 곰탕, 수프, 국 등을 조리할 때 많이 사용하는 조리법이다. 시머링은 식품의 조직을 부드럽게 해서 맛난 성분을 증가시키고, 단백질을 응고시키며, 불미성분의 제거, 전분의 호화, 지방의 제거, 살균, 소독 등의 목적이 있다.

② 끓이기

끓이기는 재료를 액체에 잠기게 하여 100℃ 이상에서 조리하는 방법으로 찬물에 넣어 끓이는 방법과 끓는 물에 넣어 끓이는 방법이 있다.

가. 찬물에 넣어 끓이기

감자나 당근같이 단단한 식품을 찬물에 넣어 수분을 흡수해서 익게 하거나 고기를 넣고 맛 성분을 우려내어 국물의 맛을 낼 때에는 처음부터 찬물에 넣어 끓인다.

나. 끓는 물에 넣어 끓이기

채소, 파스타, 라면 등을 빨리 익도록 하거나 식품 고유의 색을 선명하게 유지하고 비타민의 손실을 최소화하기 위해 끓는 물에 넣어 끓이기 시작한다. 또한 수육을 만들 때도 고기를 끓는 물에 넣어 근육 표면의 단백질을 응고시킴으로써 수용성 물질이 용출되는 것을 막아 수육의 맛을 좋게 한다. 고기를 맛나게 익히려면 끓는 물에서 시작하고, 국물 맛을 좋게 하려면 찬물에 넣고 끓이기 시작한다.

시머링과 끓이기를 비교하면 그림 2-5와 같다.

그림 2-5 》 시머링(좌)과 끓이기(우)

③ 포칭

포칭은 서양조리에서 많이 사용되는 조리방법으로 재료를 시머링하는 액체에 넣어 조리하는 방법이다. 그림 2-6, 표 2-3과 같이 적은 양의 액체에 포칭하는 방법과 많은 양의 액체에 포칭하는 두 가지 방법이 있다.

가. 적은 양의 액체에 포칭(shallow-poaching)

식품을 깊이가 낮은 팬에 놓고 액체를 부은 뒤 위를 기름종이로 덮어 시머링하여 익히는 조리법으로 재료가 익은 후 건져내고, 남은 액체는 졸여서 소스로 사용한다. 서양의 대표적인 요리 예로 솔모르네(sole mornay)가 있는데 이것은 흰살생선을 포칭하여 모르네 소스(mornay sauce)를 끼얹은 요리이다. 여기서 솔(Sole)은 넙치를 의미하며, 모르네 소스는 베샤멜 소스(bechamel sauce)에 다진 치즈를 넣어 만든 것이다.

나. 많은 양의 액체에 포칭(submerge-poaching)

식품을 액체에 완전히 담가 익히는 조리법으로 남은 액체를 이용하지 않는다. 생선, 해산물을 익히거나 수란을 만드는 데 이용된다.

그림 2-6 》 포칭의 방법

표 2-3 》 적은 물에 포칭하는 방법과 많은 물에 포칭하는 방법 비교

구분	적은 물에 포칭	많은 물에 포칭
물의 양	식품의 반 정도가 잠길 물이 필요	식품이 완전히 잠길 물이 필요
크기	작은 도막의 재료	큰 도막의 재료
소스	액체를 졸여서 소스를 만듦	소스는 따로 만듦
완성	오븐에서 포칭을 끝냄	스토브 위에서 조리가 완성됨
가니쉬	가니쉬가 조리 중에 포함됨	가니쉬가 따로 조리됨
뚜껑 여부	팬 위를 기름종이로 덮음	뚜껑 없이 조리됨

포칭, 시머링, 끓이기는 액체에서 조리되는 공통점이 있으나, 표 2-4와 같이 사용되는 재료 및 조리온도는 각각 다르다.

표 2-4 》 포칭, 시머링, 끓이기의 분류

구분	포칭	시머링	끓이기
사용재료	연한 부위 (어패류, 닭가슴살, 등심)	고기의 질긴 부위	각종 재료
온도	70~85℃ (160~185℉)	85~93℃ (185~200℉)	100℃ (212℉)
모습	희미하게 비침	거품이 가끔 일어남	거품이 거세게 일어남

④ 찌기

찌기는 끓는 물이나 액체의 수증기를 이용하여 재료를 익히는 조리방법으로 식품의 형태를 유지할 수 있고 맛이나 영양성분의 손실이 적다. 간접적인 가열이므로 시간이 다소 오래 걸리고, 에너지가 가장 많이 든다. 채소류, 생선류, 수조육류 등 다양한 재료를 이용하며 서양조리에서는 200~250℃에서 찌고, 우리나라 전통의 찐떡은 100℃의 수증기로 찐다.

⑤ 데치기

데치기는 요리하기 전의 준비작업으로 과일이나 채소의 껍질을 무르게 하기 위해 아주 짧은 시간 동안 끓는 물이나 기름에 넣고 재료를 익히는 조리법이다. 끓는 물에 과일이나 채소를 잠깐 넣은 후 얼음물에 넣어 과일이나 채소가 더 익는 것을 막거나, 육질을 단단하게 하거나, 복숭아나 토마토의 껍질을 느슨하게 하거나 색깔과 맛

을 더할 때 쓰는 조리법이다. 고기류의 잡냄새를 없애거나 미리 끓여서 불순물이 생기지 않도록 할 때 이용하기도 한다. 시금치, 취나물, 각종 채소류, 육류 덩어리 등은 식품의 10배 정도로 물을 넣어 데친다.

알아보기

'shock into the water'라는 용어로 보아 채소가 기절한다는 뜻인가요?

채소를 끓는 물에 넣고 체에 밭쳐 물기를 빼낸 후 얼음물에 넣어 더 이상 조리되지 않도록 하는 용어이다. 끓는 물에 있던 채소가 얼음물로 들어가니, 채소입장에서는 쇼크(충격, 기절)라고 할 수 있다.

(2) 건열조리법

건열조리법에는 로스팅, 그릴링, 브로일링, 팬브로일링, 베이킹, 소테, 스터프라잉, 팬프라잉, 딥프라잉이 있으며, 그릴링과 브로일링은 직화구이이다.

① 로스팅

로스팅은 서양조리의 대표적인 조리법으로 식품을 오븐이나 쇠꼬챙이에 꿰어 불 위에서 바로 익히는 방법이다. 긴 꼬챙이에 식품을 꽂아 오븐 속에서 꼬챙이를 돌려가며 익힐 수도 있다. 로스팅에 사용되는 고기는 부드럽고, 마블링(marbling)이 잘 된 큰 부위가 적당하다. 다 익은 재료는 오븐에서 꺼내 실온에 두어 여열로 요리하는데 이것을 캐리오버 쿠킹(carryover cooking)이라고 한다.

② 그릴링

그릴링은 그림 2-7과 같이 열원이 아래 있어서 복사열로 재료를 익히는 방법이다. 연료로 가스, 전기, 석탄, 나무, 숯이 사용된다. 고기, 생선, 채소류를 그릴에 올려 150~250℃에서 조리한다. 참나무나 숯을 태워 조리할 경우 재료에 향이 배어 향미가 한층 좋아진다. 그릴판이 아주 뜨거워야 고기가 달라붙지 않는다.

③ 브로일링

브로일링은 그림 2-7과 같이 복사열을 위에서 내려 식품을 조리하는 방법으로 브로일러(broiler)나 샐러맨더(salamander, 그림 2-8)를 이용하는데, 280~300℃의 고온에서 조리할 수 있다.

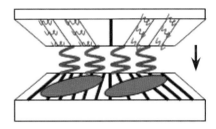

그림 2-7 》》 **그릴링(좌)과 브로일링(우)**

그림 2-8 》》 **브로일러(좌)와 샐러맨더(우)**

④ 팬브로일링

고기를 아주 뜨거운 프라이팬에 기름을 넣지 않고 익힌 후 빠져나오는 기름을 제거하면서 익히는 방법이다. 한 면이 갈색이 된 후에 다른 면을 익혀 갈색이 되게 한다. 이 방법은 그릴이나 브로일러가 없는 가정에서도 쉽게 할 수 있고, 조리시간이 절약된다.

⑤ 베이킹

베이킹은 오븐을 사용하여 음식을 익히는 방법으로 복사와 대류로 음식이 조리된다. 스테이크를 그릴에서 대각선 모양을 내고 내부를 더 익힐 때, 그라탱(gratin), 제과나 제빵 등에 사용된다.

⑥ 소테

소테는 불어로서 'to leap or jump(껑충 뛰다)'의 뜻이다. 스토브(stove) 위에 팬을 놓고 소량의 기름을 두른 후 달구어 재료를 넣고 단시간에 조리하는 방법이다. 소테팬에 고기를 소테한 후, 고기를 다른 곳에 두고 남은 고기 찌꺼기에 와인이나 육수로 디글레이즈(deglaze)한 후에 소스를 만들어 사용한다.

소테 시 알맞은 재료의 양은 그림 2-9와 같다.

바람직하지 못함

· 팬에 비해 재료가 너무 많음

바람직함

· 고기 사이에 충분한 공간이 있음

그림 2-9 》》 **소테 시 알맞은 재료의 양**

 알아보기

디글레이즈(deglaze)

로스팅이나 소테 후 팬에 남은 고기의 찌꺼기를 녹이기 위해 와인, 물, 육수를 붓는 것을 말한다. 디글레이징한 것을 소스에 사용한다. 'deglaze with wine'은 '와인으로 디글레이즈를 한다'는 뜻이다.

⑦ 스터프라잉

소테와 유사하나 소테보다는 기름을 넉넉히 사용하여 아주 센 불에서 볶는 조리법이다. 일정한 간격으로 식품을 저으면서 그림 2-10과 같은 웍(wok)을 이용하여 조리한다. 부드럽고 작게 썬 육류, 채소류, 소스나 양념류의 순으로 조리한다. 주로 중식에서 많이 사용되는 조리법이다.

그림 2-10 》》 **웍(wok)**

⑧ 팬프라잉

소테, 스터프라이잉보다는 많은 기름을 사용하고, 딥프라잉보다는 적은 기름을 사용하여 중간 불에서 튀기는 방법이다. 한 면이 튀겨지면 뒤집어서 뒷면을 튀기도록 한다. 가정에서 포크커틀릿을 튀길 때 기름을 많이 넣지 않고 쉽게 사용할 수 있는 튀김방법이다.

⑨ 딥프라잉

끓는 기름에 재료를 넣어 기름에 완전히 잠기게 해서 튀기는 방법이다. 튀기기 전에 빵가루나 밀가루 반죽(batter)을 묻힌다. 튀기기에 좋은 기름은 발연점이 높고, 온도 회복시간이 짧은 것이 좋다. 재료에 양념한 후 밀가루, 달걀물, 빵가루 묻히는 과정을 standard breading procedure라고 한다.

(3) 복합조리법

복합조리법은 혼합조리법이라고도 하며, 건열로 조리한 후에 액체를 넣고 습열을 이용해서 조리하는 방법으로 표 2-5와 같이 브레이징과 스튜잉이 있다.

① 브레이징

브레이징은 프라이팬에 소량의 기름을 넣고 고기의 앞뒤, 양면을 그을린(sear) 후 냄비에 넣고 스톡이나 다른 액체를 고기의 반쯤 잠기게 부어 뚜껑을 덮은 다음 오븐에서 시머링하여 조리하는 방법이다. 고기를 웰던(well-done)으로 완전히 익히고, 큰 덩어리 고기를 얇게 잘라 제공한다. 겉은 약간 바삭거리고, 속은 부드럽게 된다. 사태, 어깨부위, 가슴살 같은 결체조직이 많은 질긴 부위를 장시간 시머링해서 고기를 연하게 하는 조리방법으로 한식의 찜과 비슷하다.

알아보기

시어(sear)
고기의 표면을 고열을 이용해서 갈색이 되게 하는 것

② 스튜잉

스튜잉은 브레이징과 비슷한 조리방법으로 작은 조각의 고기를 단시간 익히는 것이다. 원리는 브레이징과 비슷하나 재료의 크기가 브레이징보다 작고 액체를 재료가 덮일 정도로 사용한다.

표 2-5 》 브레이징과 스튜잉의 비교

구분	브레이징	스튜잉
고기의 크기	큰 덩어리	작은 조각, 한입 크기
액체의 양	고기의 1/2~1/3을 덮음	고기를 완전히 덮음
가니쉬	따로 조리	고기와 조리하거나 따로 조리
소스	체에 거름	체에 거르지 않음
조리장소	오븐	오븐 또는 레인지 위

(4) 전자레인지(microwave)

전자레인지의 가열원리는 전도, 대류, 복사와는 달리 열원이 따로 있지 않고, 식품 내부에서 열을 발생시켜 식품을 가열하는 방식이다. 식품의 조리, 데우기, 해동 시에 많이 사용되며, 전자레인지와 일반 조리방법의 차이점은 표 2-6과 같다.

표 2-6 》 전자레인지와 일반 조리방법의 비교

구분	전자레인지(초단파 조리)	일반 조리
가열시간	매우 짧음	초단파보다는 긺
영양소 파괴	매우 적음	다양함
가열순서	식품부터 뜨거워짐	용기부터 뜨거워짐
갈색화	일어나지 않음	일어남
용기	도자기, 나무, 종이는 가능함 금속성 용기, 알루미늄 호일의 사용이 제한됨	금속성 용기의 사용이 가능함
화력조절	화력조절이 어려워 은근히 졸이는 음식은 어려움	조절이 용이함

(5) 훈연법

식품을 스모크(smoke, 연기)에 노출시켜서 저장성을 높이고 향미를 주는 방법으로 표 2-7과 같이 크게 찬 훈연법(cold smoking)과 더운 훈연법(hot smoking)으로 나눌 수 있다. 스모크는 타는 나무에서 나오는 화학적 분자성분이 액화된 증기로 식품에 스며들게 된다. 스모크 안에는 약 200개의 화학적 혼합물이 있다. 육류에 훈연을 하면 색깔과 향미가 나며, 저장성이 좋아진다.

표 2-7 》 찬 훈연법과 더운 훈연법

구분	찬 훈연법	더운 훈연법
온도	21~38℃(27℃)	71~104℃ 유화된 소시지는 71℃에서 훈제 고깃덩어리는 85℃에서 훈제
특징	식품이 익지 않고, 질감에 약한 탈수현상이 일어남	훈연하는 동안 식품이 익음
종류	훈제연어, 초리조(chorizo) 소시지, 고기를 갈아서 만든 제품	돼지등심, 햄, 삼겹살(베이컨) 가금류(오리, 칠면조, 닭고기) 유화형태의 소시지(프랑크푸르트, 갈릭 소시지)
열원	낮은 온도에서 훈연하므로 추가열원이 필요치 않음	훈연과정에서 식품을 익히기 위해 추가열원이 필요함

(6) 기타

① 그라탱(gratin; gratinée)

음식에 치즈나 버터 조각을 혼합한 빵가루를 뿌리고 오븐 안이나 브로일러 아래 놓아 갈색이 되고 바삭해질 때까지 열을 가하는 방법이다. 'Au gratin'이나 'gratinée'는 이 방법으로 조리된 음식을 말한다. 그라탱팬이나 그라탱 볼로 제작된 그릇은 표면적을 증가시켜 바삭거리는 부분을 많게 한다.

② 글레이즈(glaze)

채소를 익힐 때 소량의 꿀, 설탕, 또는 시럽을 첨가하여 광택과 달콤한 향미를 주는 것이다.

③ 파피요트(papillote)

'En papillote'(불어)는 찜과 비슷한 조리법으로 재료를 기름종이에 싸서 오븐에서 조리하는 것이다.

④ 파쿡(parcook)

저장이나 다른 조리방법 이전에 부분적으로 익히는 조리법으로 블랜칭과 같은 의미이다.

⑤ 프왈레(poêlé)

재료를 그 자체의 즙액으로 조리하는 방법으로 뚜껑을 덮은 후 오븐에 넣어 조리하는 것이다.

3. 조리와 물

식품의 구성성분인 물은 영양소와 여러 물질의 용매로써 작용하고, 조리에서는 열을 전달하는 전도체로서 전분의 호화, 효소의 불활성 등을 일으킨다. 또한 삼투압을 조절하여 식품 내 여러 화학반응에 관여하는 등 물은 조리에 있어서 중요한 작용을 하고 있다.

식품에 포함된 물의 기능과 특성에 대한 내용을 간단히 살펴보면 표 2-8과 같다.

표 2-8 》 식품에 포함된 물의 다양한 기능과 특성

기능	열전달	보통용매	화학반응
특성	식품의 수분가열	용액	이온화
	끓이기 시머링 찌기 스튜잉 브레이징	콜로이드 확산 현탁액 유화	pH변화 염 형성 가수분해 CO_2 방출 식품저장

1) 물의 구조

물분자는 그림 2-11과 같이 산소원자 1개와 수소원자 2개가 결합된 형태로 결합각은 104.5°를 이루고 있다.

분자 내 산소와 수소 사이는 공유결합의 형태이며, 산소의 전기음성도가 수소보

다 커 전자가 약간 산소 쪽으로 치우쳐 있으므로 산소는 약간의 음전하, 수소는 양
전하를 띠게 되어 양극성(dipolar)을 갖는 극성공유결합을 가진다.

그림 2-11 》 **물분자의 구조**

물분자와 물분자 사이에는 물 1분자 안에서 음전하를 띠는 산소와 또 다른 물
분자의 양전하를 띠는 수소 사이에 서로 끌어당기는 약한 결합인 수소결합(그림
2-12)을 하게 된다. 이러한 결합으로 인해 물분자 간에 서로 끌어당겨 달라붙는 형
태를 이루게 되며, 물의 끓는점, 녹는점 등은 분자량이 비슷한 다른 물질에 비해 매
우 높게 된다.

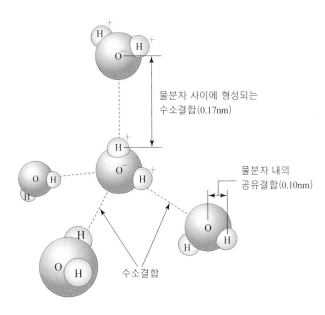

그림 2-12 》 **물분자의 수소결합과 공유결합**

2) 상태에 따른 물의 성질

물은 그림 2-13과 같이 상태에 따라 고체, 액체, 기체가 된다.

(1) 고체

물이 어는 동안 온도는 변화하지 않고 상태만 변화한다. 0℃에서 물이 얼어 고체화되면 물분자의 움직임이 느려지며, 육면체의 결정형태를 가진다. 이때 내부에 공간이 생기고, 부피가 증가되며, 밀도는 낮아진다. 얼음은 물분자 사이의 거리가 가장 가까워져서 물보다 비중이 낮아 물 위에 뜨게 된다.

(2) 액체

물분자는 수소결합에 의해 연결되어 있지만 자유롭게 움직일 수 있으며, 0~100℃에서 액체상태이다. 식품에 존재하는 형태는 용질을 녹일 수 있는 용매로 작용하며, 분자 사이의 수소결합에 의해 일정한 모양을 이루면서 유동성을 갖는다. 4℃에서 밀도가 가장 크며, 부피는 최소가 된다.

(3) 기체

온도가 상승하여 물의 증기압이 대기압보다 커지면 물은 수증기로 기체화된다. 1기압의 대기압에서 끓는점이 100℃이며, 기체화되면서 부피가 많이 증가한다. 물이 끓을 때 공급되는 열은 액체에서 기체로의 상태변화에 사용되므로 물의 온도는 변하지 않는다.

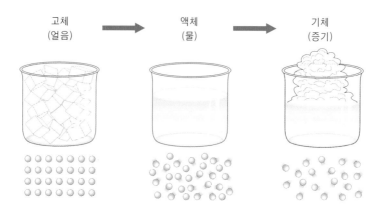

그림 2-13 》 **상태에 따른 물의 변화**

3) 자유수와 결합수

식품의 물은 여러 성분들에 단단히 결합되어 있는 정도에 따라 표 2-9와 같이 자유수(free water, 유리수)와 결합수(bound water)로 존재하게 된다.

자유수는 용질과 거리가 멀어서 결합이 약한 물을 말하며, 용매로 작용하고 쉽게 제거된다. 식품의 성분 중 당류, 수용성 단백질, 수용성 비타민과 같이 물에 녹는 물질들을 녹여 용액상태로 만들거나 전분과 지질 등을 물에 분산시키는 작용을 한다. 또한, 미생물 발육에 필요한 수분을 공급하며 0℃에서 동결된다.

결합수는 단백질, 전분 등에 단단히 결합되어 있는 물을 말한다. 용매로 작용하지 않아 미생물의 발육에 필요한 수분으로 공급되지 않으며, 0℃에서 얼지 않고, 쉽게 기화되거나 제거되지도 않는다.

표 2-9 》》 **자유수와 결합수의 성질**

자유수	결합수
0℃ 이하에서 쉽게 동결됨	0℃ 이하에서 동결되지 않음
용매로 작용함	용매로 작용하지 않음
100℃ 이상 가열하거나 건조 시 쉽게 제거됨	100℃ 이상 가열하거나 건조 시 제거되지 않음
미생물 생육에 필요한 수분을 공급함	미생물 생육에 이용될 수 없음
화학반응에 관여함	화학반응에 관여하지 않음

4) 수분활성도

식품에 존재하는 물의 상태는 여러 화학반응 등에 영향을 주기 때문에 식품의 저장 수명은 수분활성도(Water Activity : AW)의 영향을 받게 된다. 수분활성도는 임의의 온도에서 식품 내 물의 수증기압을 그 온도에서 순수한 물이 가지는 수증기압으로 나눈 비율로 아래의 식과 같이 계산된다.

$$수분활성도(AW) = \frac{식품\ 내\ 물의\ 증기압}{순수한\ 물의\ 증기압} = \frac{P}{P_0}$$

순수한 물의 수분활성도는 1이다. 그러나 보통 식품 속에는 당질, 단백질, 지질 등이 녹아 있으므로 순수한 물보다 수증기압이 낮아 식품의 수분활성도는 1보다 작게 된다. 곡류, 두류 등의 수분활성도는 0.60~0.64이며, 과일, 채소, 생선류 등의 수분활성도는 0.98~0.99이다. 식품 저장에 적당한 수분활성도는 0.7~0.75 정도이다.

식품의 저장성을 높이기 위해서는 건조하거나 탈수하여 수분활성도를 낮추어줌으로써 미생물의 번식을 억제하고, 식품의 변패도 방지할 수 있다.

5) 물의 경도

조리에 사용되는 물은 무기염의 종류에 따라 경수(hard water)와 연수(soft water)로 나눠진다. 경수는 마그네슘이나 칼슘이온 등이 염의 형태로 많이 함유된 물을 말하며, 연수는 무기염들이 거의 존재하지 않는 물을 말한다. 경수는 끓였을 경우 마그네슘, 칼슘이온이 탄산과 염을 이루어 침전됨으로써 연수가 되는 일시적 경수와 침전되지 않는 영구적 경수가 있다. 조리 시 경수는 많은 영향을 주게 되는데 예를 들어 콩을 불릴 때 경수를 사용하면 마그네슘이나 칼슘염에 의해 단백질 변성과 불용성 염을 형성하여 물의 수화를 방해하여 조리 시 연화를 방해한다. 또한, 커피나 차를 마실 때 경수를 사용하면 탄닌과 반응하여 혼탁해진다.

6) 조리 시 물의 분산상태

식품의 구성성분 중 물은 조리에서도 중요한 기능을 한다.

(1) 용액(solution)

용액은 두 가지 이상의 물질이 서로 혼합되어 균질상태(homogeneous)를 이룬 것이다. 예를 들어 소금물은 소금과 물이 혼합되어 소금이 물에 녹아 균질상태가 된 용액으로 소금을 용질(solute)이라 하고 물을 용매(solvent)라 하며 소금물을 용액이라 한다.

(2) 분산용액의 종류

식품의 구성성분은 세포 내의 수분과 함께 분산되어 있다. 분산상태는 식품의 종류에 따라 다르며, 식품에서 나타날 수 있는 분산상태는 물에 고체, 액체, 기체가 분산질로 고르게 펴져 있는 것이다. 소금을 물에 용해시켰을 때 나트륨과 염소이온이 분산질이 된다. 또한 가장 작은 이온 크기부터 몇 백 개의 분자가 붙어 있는 큰 덩어리의 입자들이 분산질로 용액을 형성하기도 한다. 이러한 분산용액은 분산질의 크기에 따라 진용액, 콜로이드용액, 현탁액으로 분류되며, 특성은 표 2-10과 같다.

표 2-10 》 **분산용액의 종류와 특징**

입자의 특성 구분	진용액 (true solution)	콜로이드용액 (colloid solution)	현탁액 (suspension solution)
크기	1nm 이하	1nm~1μm	1μm 이상
분자특성	이온 또는 작은 분자들	거대분자 또는 분자들의 소집단	분자들의 거대집단
운동특성	일정한 분자운동	브라운운동	중력방향 운동
가시성	현미경 관찰 불가	전자현미경 관찰 가능	광학현미경 관찰 가능
안정성	매우 안정	비교적 안정	불안정
조리 예	소금물, 설탕물, 간장, 설탕시럽	우유, 사골국, 묵	전분물, 된장국

① **진용액(true solution)**

진용액은 소금, 설탕과 같이 크기가 작은 분자나 이온이 물에 완전히 용해되는 것을 말한다. 진용액의 종류와 상태는 그림 2-14와 같다.

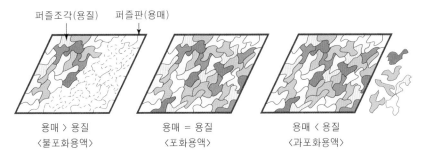

퍼즐조각(용질)　퍼즐판(용매)

용매 〉 용질　　　　용매 = 용질　　　　용매 〈 용질
〈불포화용액〉　　　〈포화용액〉　　　　〈과포화용액〉

그림 2-14 》 **진용액의 종류와 상태**

가. 용해도

용해도는 일정한 온도에서 100g의 용매에 용해하여 포화용액을 만드는 용질의 양을 말한다. 진용액은 용질의 종류, 온도와 외적 요인에 따라 용해도가 달라진다.

나. 확산과 삼투

확산은 농도가 다른 용액이 같은 농도가 되려는 성질이 있어 순수한 물과 진용액 사이에 투과성 막이 있을 때 진용액의 용질이 막을 통과해 물의 농도가 진용액과 같아지는 현상을 말한다.

삼투는 막이 반투과성 막인 경우 물은 통과시키나 용질은 통과시키지 않으므로 투과성 막인 경우와 달리 물이 막을 통과하여 막 양측의 액체 농도를 같게 하는 것을 말한다. 대표적인 예로 배추를 소금물에 절일 때 투과성 막인 세포벽을 통해 소금이 배추 내부로 들어가 농도를 높이고 반투과성인 원형질막은 물은 통과시키나 용질은 통과시키지 않으므로 세포 내 물이 밖으로 나오게 되며 세포 내 소금에 의해 간이 배게 된다.

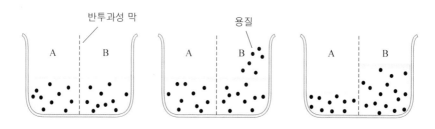

그림 2-15 》 **농도의 이동현상(삼투압)**

② 콜로이드용액(colloid solution)

진용액보다 분산질의 크기가 커서 $1\,nm \sim 1\,\mu m$ 정도이며, 용해되거나 침전되지 않고 분산되어 퍼져 있는 상태를 콜로이드용액이라 한다. 콜로이드용액은 분산질이 브라운운동을 하여 입자 간 동일한 전하를 띠어 서로 반발해서 분산된 상태가 되며, 비교적 안정된 상태를 유지한다.

브라운(brown)운동이란?

액체 또는 기체 내의 입자들이 불규칙적인 운동을 계속하는 것으로 브라운운동에 의해 모든 방향으로 움직이고 분자들끼리 서로 충돌하여 중력에 저항하므로 가라앉지 않게 된다.

가. 졸(sol)과 젤(gel)

액체에 콜로이드입자가 분산되어 흐를 수 있는 상태를 졸이라 한다. 대표적인 졸의 예로는 호화된 전분용액과 뜨거운 사골국이 있다. 졸상태의 용액이 온도, pH 등의 어떤 요인들로 인해 흐르지 않고 굳은 상태를 젤이라 한다. 졸이 젤로 변하면서 분산질들이 결합하여 3차원의 망상구조를 이루며, 미처 나오지 못한 수분은 갇히게 된다.

친수성의 분산질은 많은 양의 수분을 흡착하여 젤의 조직을 잘라도 물이 나오지 않는다. 그러나 시간이 지남에 따라 결합력이 약해져 수분이 일부 빠져나오는데 이를 이장현상(synersis)이라 한다. 또한 젤의 종류에 따라 다시 졸로 되돌아가는 젤이 있는데 이를 가역적 젤이라 하며, 되돌아가지 않는 젤은 비가역적 젤이라 한다.

🔍 알아보기

사골국이 젤리처럼 되었어요?

사골국을 끓여 냉장고에 보관하면 말랑말랑한 젤이 된다. 이것을 다시 끓이면 처음 상태로 돌아가게 된다. 가역적 젤의 대표적인 예이다.

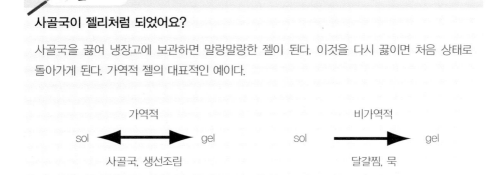

나. 유화액(emulsion)

서로 섞이지 않는 두 액체가 분산되어 있는 콜로이드상태를 유화액이라 하며, 서로 섞이게 도와주는 물질을 유화제라 한다. 유화액은 그림 2-16과 같이 수중유적형(oil in water emulsion, O/W형)과 유중수적형(water in oil emulsion, W/O형)이 있다. 수중유적형은 물속에 기름이 분산되어 있는 상태로 우유, 마요네즈가 해당된다. 유중수적형은 기름 속에 물이 분산된 형태로 버터나 마가린이 해당된다.

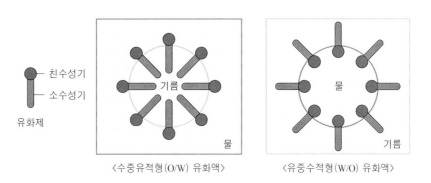

〈수중유적형(O/W) 유화액〉 　　〈유중수적형(W/O) 유화액〉

그림 2-16 》 **유화액의 종류**

③ 현탁액(suspension solution)

현탁액은 용질의 크기가 1μm 이상으로 물에 용해되지 않고 가라앉는다. 용액을 저어주면 분산상태가 되지만 그대로 두면 중력에 의해 가라앉는다. 전분을 물에 넣어 저으면 뿌옇게 분산되지만 시간이 지나면 가라앉아 위는 맑은 용액이 된다. 된장국이 시간이 지나면 아래로 가라앉는 것도 한 예이다.

4. 식품의 이해

식품의 조리 시 색, 모양, 조직감, 가공특성 등은 식품의 품질에 영향을 주는 중요한 요소이다. 이들 성분은 온도, 수분, 빛, 공기 등 외부의 영향을 받아 변화가 일어나기도 하고, 식품 자체 내의 호흡작용, 효소, 오염된 미생물들에 의해 변화가 촉진되기도 한다. 이러한 물리적·화학적 변화들은 식품 구성성분들과 매우 다양하게 상호반응하여 일어난다. 식품에서 가장 많이 나타나는 식품의 변성과 갈변은 다음과 같다.

1) 식품의 변성

식품 속 단백질은 여러 형태의 결합을 통해 고유의 분자상태를 유지하고, 물리적·화학적 요인, 효소 등의 작용에 의해 그림 2-17과 같이 단백질의 고유한 결합구조 및 성질과 상태가 변화되는데 이를 변성(denaturation)이라 한다. 단백질 변성은 단백질식품의 가공, 저장, 조리과정 중에 매우 다양한 형태로 많이 나타나며 이는 중요한 식품 구성성분의 변화이다. 조리가공 중에 일어나는 단백질 변성현상과 조리 예는 표 2-11과 같다.

천연 단백질　　변성이 시작된 단백질　　변성된 무질서한 단백질

그림 2-17 》 단백질의 변성

표 2-11 》 조리가공 중에 일어나는 단백질 변성현상과 조리 예

변성요인	변성현상	조리 예
열	응고	삶은 달걀, 사골국(콜라겐의 변성으로 젤라틴 생성), 구운 고기
염	응고 또는 단백질분자 간 강한 결합	생선의 소금절임(생선 단백질의 소금에 의한 응고) 두부 제조(콩단백질의 간수 등 금속염에 의한 응고)
산	응고 또는 단백질분자 간 강한 결합	요구르트, 치즈 제조(우유 단백질인 카제인이 응고) 생선 조리 시 식초 첨가(액토미오신이 액틴과 미오신으로 분리되어 미오신이 응집하여 모양 유지)
건조 · 냉동	단백질분자 간 강한 결합	어육 건조, 냉동된 어육류를 해동했을 때 즙액이 나옴
교반	거품 형성 (단백질의 계면 변성)	달걀흰자 거품 내기 휘핑크림, 아이스크림, 맥주 거품 등
효소	응고	레닌에 의한 치즈제조 (카제인이 칼슘이온과 결합 · 응고되어 커드 형성)

2) 식품의 갈변(browning)

식품의 조리가공 중에 식품의 성분, 효소나 공기 중의 산소에 의해 여러 반응들을 거쳐 식품이 갈색으로 변화하는 것을 갈변이라 한다. 식품에서 일어나는 갈변은 그림 2-18과 같이 비효소적 갈변(non-enzymatic browning)과 효소적 갈변(enzymatic browning)으로 나눌 수 있다.

그림 2-18 》 갈변반응의 분류

(1) 비효소적 갈변(non-enzymatic browning)

① 메일라드반응

자연발생적으로 일어나는 반응으로 외부의 에너지 공급이 없어도 당류(환원당)와 아미노산류가 함께 있으면 일어날 수 있다. 예를 들면 간장, 된장, 분유, 빵 등 식품

의 저장, 가공 중에 가장 많이 볼 수 있는 갈변이다. 식품 성분 중 당과 아미노산의 반응으로 갈색이 되고 독특한 향도 함께 형성된다. 이 반응은 식품의 색뿐만 아니라 냄새와 맛에도 영향을 주며, 당류와 아미노산이 반응하므로 필수아미노산의 파괴 등을 가져와 영양소 손실이 있다.

알아보기

환원당(reducing sugar)

포도당, 과당, 말토오스와 같은 당들이 알데하이드 또는 케톤기를 생성하는 것으로 설탕은 환원당이 아니다.

② 아스코르브산 산화반응(ascorbic acid oxidation reaction)

항산화기능을 가진 식품 중 비타민 C는 비가역적으로 산화되어 항산화기능을 상실하고, 가공식품에서는 비효소적 반응으로 갈변의 원인이 된다. 비타민 C는 디하이드로아스코르브산(dihydroascorbic acid)으로 산화되고 푸르푸랄(furfural)이 생성된다. 이 물질이 산화·중합되어 갈색의 색소를 형성한다. 특히 과일주스의 갈변에 많이 관여하므로 과일음료 가공 시 주의해야 한다.

③ 캐러멜화반응(caramelization reaction)

당이 많이 들어 있는 식품을 고온에서 가열할 때 당류의 가수분해산물, 가열 산화물에 의해 일어나는 갈색화반응으로 각종 분해산물들은 식품의 맛과 향기에 기여한다. 캐러멜화반응의 중간생성물로 히드록시메틸푸르푸랄(hydroxy methyl furfural) 및 유도체들이 생성되는데 이들이 더욱 산화되어 흑갈색의 휴민물질(humin substances)이 형성된다.

(2) 효소적 갈변(enzymatic browning)

① 폴리페놀산화효소(polyphenol oxidase: PPO)에 의한 갈변반응

감자나 고구마, 우엉, 사과, 배와 같은 과일의 껍질을 깎거나 갈아 주스를 만들어 그대로 방치해 둘 때 갈색으로 변하는 반응을 말한다.

효소에 의한 갈변반응은 그림 2-19와 같이 폴리페놀산화효소에 의해 식품 속의 기질을 공기 중의 산소로 산화시켜 최종적으로 갈색의 물질을 만드는 반응이다.

즉 폴리페놀산화효소에 의해 카테콜(catechol), 카테콜 유도체들이 산화되어 퀴논 (quinone), 퀴논 유도체가 형성되고, 이들이 계속 산화, 중합, 축합되어 멜라닌색소 를 형성한다.

〈페놀화합물〉   〈퀴논〉   〈멜라닌〉

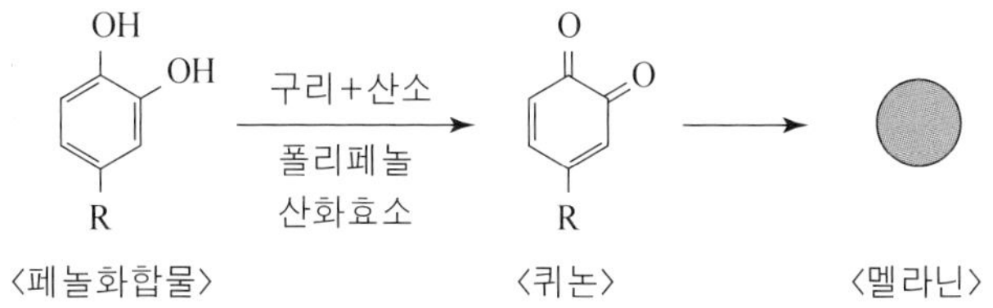

그림 2-19 》 **효소적 갈변반응 메커니즘**

알아보기

홍차의 색!!!

홍차 제조 시 녹차 잎을 흠집 내어 둥글게 말아 발효시키면 페놀라아제(phenolase)에 의해 차의 카테킨(catechin)이 산화되어 홍차 특유의 오렌지색을 띠는 테아플라빈(teaflabin)이 형성된다. 끓인 홍차의 어두운 주황색은 테아플라빈이 다시 테아루비겐(tearubigen)으로 산화되었기 때문이다. 우롱차도 효소적 갈변반응을 이용한 것이다.

② 티로시나아제(tyrosinase)에 의한 갈변반응

티로시나아제가 넓게는 폴리페놀산화효소에 속하나 기질이 아미노산인 티로신 (tyrosine)에만 작용하므로 폴리페놀라아제에 의한 갈변과 구별하기도 한다. 티로 시나아제는 감자의 갈변에 관여하는 주요 물질이며 그 외 채소, 과일에도 작용한다. 감자에 존재하는 티로신은 그림 2-20과 같이 티로시나아제에 의해 산화되어 도파 (DOPA : dihydroxyphenylalanine)나 도파퀴논(DOPA quinone)이 되어 멜라닌 색소를 형성한다.

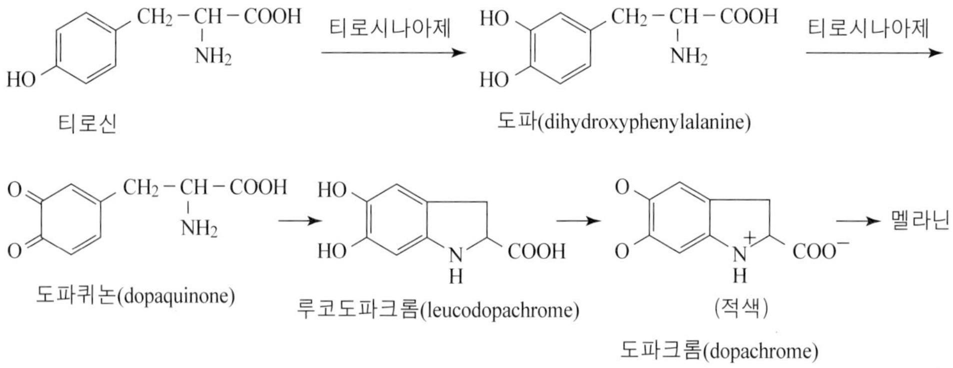

그림 2-20 》 티로시나아제에 의한 멜라닌색소 형성

03
당 류

03 당류

　사람들은 음식을 달게 하는 새로운 방법을 찾음에 따라 식품에 풍부한 천연의 당이 광합성과정(그림 3-1)을 통해 생성되는 것을 알게 되었다. 인간이 가장 좋아하는 단맛은 식품에 함유된 여러 물질에 의해 나타난다. 당류는 분자량의 크기와 종류 등에 따라 단맛에 차이가 있고, 분자량이 클수록 단맛이 감소한다. 이는 용해도가 감소하기 때문이다. 꿀과 같은 천연 당류에서 보듯이 사람들은 천연의 식물로부터 당류를 추출해 왔으며 사탕수수와 사탕무에서 추출된 당이 혀의 미뢰를 만족시키는 대표적인 당이다.

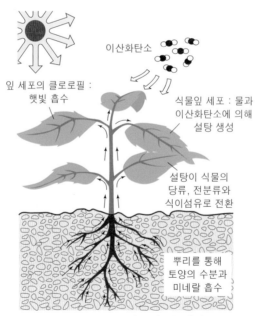

이산화탄소

잎 세포의 클로로필 :
햇빛 흡수

식물잎 세포 : 물과
이산화탄소에 의해
설탕 생성

설탕이 식물의
당류, 전분류와
식이섬유로 전환

뿌리를 통해
토양의 수분과
미네랄 흡수

그림 3-1 》 식물의 당 생성

1. 당류의 특성

당은 단맛 외에도 식품에 부여하는 여러 가지 기능을 가지고 있다. 당의 구조적 차이에 의해 다른 기능을 가지게 되며, 이들은 식품의 조직감, 발효와 저장 식품의 용해성, 결정성, 갈색화, 융점, 수분 보유력 등에 영향을 준다.

제빵 식품에서 당은 섬세한 조직감과 향미를 증진시키고 껍질의 갈색, 이스트의 발효와 수분 보유력에 의해 저장기간을 연장시킨다. 또한 당은 청량음료의 단맛으로 이용된다.

1) 단맛

대부분의 당은 단맛의 크기가 서로 다르며, 온도의 영향을 받아 뜨거운 음식보다 찬 음식과 찬 음료에서 단맛이 더 달게 느껴지며, pH와 다른 요인들에 의해 달라진다. 당의 상대적 감미도는 표 3-1과 같이 과당의 단맛이 가장 크며, 전화당, 설탕, 포도당, 자일로스, 맥아당의 순으로 단맛이 감소한다.

표 3-1 》 당의 상대적 감미도

분류	당의 종류	감미도
당류	과당	150~180
	전화당	120
	설탕	100
	포도당	60~70
	자일로스	50~60
	맥아당	40~50
당알코올	자일리톨	75~100
	소르비톨	60~70
	만니톨	45
기타	사카린	20,000~70,000
	스테비오사이드	30,000
	수크랄로스	60,000
	아스파탐	15,000~20,000
	프락토올리고당	60

2) 용해성

당류는 친수기인 수산기(-OH)를 가지므로 물에 모두 잘 녹으며, 종류와 물의 온도에 따라 용해도가 다르다. 물의 온도가 높아질수록 일정한 물에 용해되는 당류의 양은 증가한다. 용해성은 표 3-2와 같이 과당이 가장 크며, 그 다음이 설탕, 포도당, 맥아당, 유당 순으로 감미가 강한 당이 용해가 쉽게 된다.

표 3-2 》 당류의 용해성

당의 종류	용해성(g/물mL, 50℃)
과당	86.9
설탕	72.2
포도당	65.0
맥아당	58.3
유당	29.5

당의 용해성은 식품과 음료의 입안에서 느껴지는 촉감과 조직감에 영향을 준다. 예를 들면 용해도가 높은 과당의 경우 캔디 제조 시 다른 당류를 함유한 것보다 더 부드럽고, 용해성이 가장 적은 유당은 아이스크림 제조 시 부분적으로 거친 조직감을 준다. 당용액의 온도를 높이면 당의 용해성이 커지고 식히면 그 결과로 과포화용액이 된다. 반대로 당 농도가 증가하면 표 3-3과 같이 물의 끓는점이 높아진다.

표 3-3 》 설탕 첨가에 따른 용액의 가열 온도

설탕 첨가량(%)	물 첨가량(%)	끓는점(℃)
0	100	100
40	60	101
60	40	103
80	20	112
90	10	123
99.6	0.4	179

3) 흡습성(moisture absorption)

천연 당류의 흡습성은 식품의 수분과 조직감에 영향을 준다. 당류는 흡습성이 강하여 공기 중에 노출되면 수분을 흡수하여 덩어리를 형성하거나 눅눅하게 된다. 흡습량은 온도가 높을수록 증가한다. 꿀과 당밀 같은 당은 흡습성이 매우 크므로 주의해야 한다. 장마철 설탕 보관 시 굳고 덩어리진 것은 공기 중의 수분을 흡수하여 설탕의 점도가 높아지고, 설탕의 구성성분인 과당의 비율이 높기 때문이다. 과당은 당류 중 흡습성이 가장 크므로 케이크 만들 때 과당으로 만들어진 시럽을 사용하면 촉촉한 상태를 유지하는 데 도움을 준다.

4) 보습성(hydroscopicity)

당의 보습성은 당류의 구조 중 수산기(−OH)가 물과 수소결합하여 수분을 유지하는 것으로 식품에 촉촉함을 주며 부드럽게 해준다.

5) 가수분해(hydrolysis)

당류는 가열과 산, 효소에 의해 가수분해된다. 설탕의 경우 산이나 알칼리, 효소인 인버타아제(invertase)에 의해 가수분해되어 포도당과 과당이 1:1 동량의 화합물인 전화당(invert sugar)이 된다. 예를 들어 과일잼의 경우 설탕의 일부가 과일의 유기산에 의해 전화당이 되고, 이 전화당에 의해 냉장 저장 시 설탕의 과포화에 의해 결정화가 방지된다.

6) 결정성(crystallization)

결정화는 용액 내에 결정이 생겨 고체가 되거나 망상구조를 갖는 것으로 캔디 제조의 중요한 과정이다. 결정 형성의 억제나 활성은 제품의 질을 결정한다. 비결정캔디 제조의 목적은 바람직하지 않고 거친 조직감의 결정 형성을 방지하기 위해서이다. 하나의 작은 결정은 도미노효과를 가져와 결정이 계속 만들어지며 결국 전체 혼합물의 결정에 영향을 준다. 작은 외부 입자의 온도가 변하거나 용기의 표면에 흠집이 있어도 결정 형성에 영향을 준다.

당용액 가열 시 결정 형성을 방지하기 위해서는 가장자리에 당용액이 남아 있지 않도록 물에 담근 솔로 팬 양쪽을 깨끗이 닦고 수증기로 말려준다. 가열 시 식는 과정에서 결정 형성에 영향을 주기 때문에 휘저으면 안 된다. 유당과 같이 용해성이 낮은 용액에서는 결정이 커지는 반면 용해도가 높은 포도당의 경우는 그렇지 않다. 전화당이나 콘시럽(물엿) 또한 결정에 저항을 가져 캔디 제조에 주로 사용된다.

7) 갈색화반응(browning reaction)

당을 가열하면 여러 단계의 화학반응을 거쳐 연한 금갈색에서 점점 진한 갈색으로 변하며 타게 된다. 이 현상은 메일라드반응과 캐러멜화반응에 의해 갈색화가 일어난 것이다.

메일라드반응 갈색화의 경우에 환원당들은 저장 시 갈변을 일으키기 때문에 음료 혼합물로 첨가되어서는 안 되며, 대신 설탕을 첨가한다.

캐러멜화반응에 의한 갈색화는 당에 열을 가함으로써 얻어지는 것으로 설탕을 160℃ 정도로 가열하면 맑은 용액과 점성이 생기고, 170℃에서 계속 가열하면 부드러우면서 광택이 있는 캐러멜화가 시작된다. 캐러멜화는 당류가 녹는 온도에 따라 달라진다. 과당은 비교적 낮은 온도인 110℃에서도 캐러멜화가 일어난다. 캐러멜화가 된 당들은 단맛이 덜하고, 원래보다 향미가 생기며 약간 쓰다. 갈색화가 심할수록 단맛은 더 적어진다.

식품산업에서 갈색화는 독특한 향미와 색을 주며, 캔디 제조 시에 특히 중요하다. 피넛 브리틀(peanut brittle)과 같은 캐러멜로 이름이 지어지기도 한다.

8) 발효

일반적으로 당은 발효에 의해 이산화탄소, 알코올, 산 등을 생성한다. 많은 알코올 음료와 몇몇 음식들은 당의 발효에 영향을 받는다. 발효는 맥주, 와인, 치즈, 요구르트, 빵 등의 제조에 이용한다.

9) 저장성

고농도(65% 이상)의 당은 미생물의 세포와 당용액 사이에서 일어나는 삼투작용에 의해 수분이 용출되어 미생물의 생육조건을 억제한다. 그래서 당들은 잼, 젤리와 같은 식품에 많이 이용되어 왔다.

2. 당의 종류

식물인 사탕수수, 사탕무, 단풍나무와 옥수수 등에서 대부분의 당류를 얻는다. 우유의 유당은 동물에서 얻어지는 유일한 당이며, 별로 달지 않다. 당은 식품 조리 시 감미료로 널리 사용되며, 시럽류, 당알코올과 비영양 감미료 등도 이용된다. 감미료는 천연 감미료와 합성 감미료로 구분되며, 조리나 식품 가공 시 첨가되어 사용된다.

1) 당류

당은 정제된 탄수화물로써 좋은 향을 내며 1g당 4kcal의 에너지를 낸다. 단맛을 내는 당은 많은 식품에 사용되며, 캔디 제조 시 당이 주재료로 사용되고, 그 외 케첩(당 29%), 과일 통조림(당 18%) 등에 사용된다.

(1) 설탕(sucrose)

설탕은 결정형으로 가장 일반적으로 사용되는 당이다. 사탕무와 사탕수수에서 얻어지며, 압착하여 짜낸 즙액이 가열, 침전, 원심분리 등의 정제과정을 거쳐 설탕이 만들어지고, 다양한 방법으로 추출된다. 당밀 함량 여부에 따라 함밀당과 분밀당으로 나누어진다. 함밀당은 당액을 조리기만 하고 결정과 당밀을 분리하지 않은 것이며, 분밀당은 원료에서 얻은 당액을 정제한 후 조려서 설탕결정과 즙액을 분리한 것이다. 분밀당은 원당에서 정제하여 흑설탕과 황설탕을 만들며, 불순물이 제거되고 더 정제된 과정을 거쳐 백설탕이 만들어진다.

① 백설탕(granulated or white sugar)

백설탕은 식품에 가장 많이 이용하는 것으로 1분자의 포도당과 1분자의 과당이 결합한 것이다. 사탕수수나 사탕무를 압착하여 짜낸 즙액은 가열, 침전, 원심분리 등의 정제과정을 거쳐 설탕이 만들어진다. 일정한 단맛을 가지므로 다른 당류들과 감미도를 측정하는 데 표준물질로 이용되고 있다.

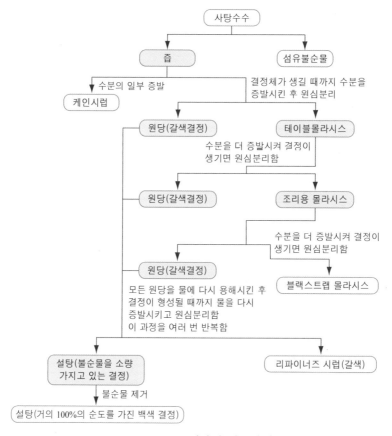

그림 3-2 〉〉 설탕의 제조과정

표 3-4 〉〉 당류의 영양성분(1작은술)

당류	열량 (kcal)	수분 (%)	당질 (g)	단백질 (g)	칼슘 (mg)	철 (mg)	칼륨 (mg)	아연 (mg)
백설탕(4.2g)	16.25	0.39	0.10	0.00	0.00	0.01	0.01	0.00
파우더(2.5g)	9.63	1.16	0.30	0.00	0.00	0.00	0.00	0.00
과당(3.5g)	12.88	0.37	0.10	0.00	0.00	0.00	0.00	0.00
흑설탕(3.5g)	13.16	8.27	2.13	0.19	0.06	0.22	1.03	0.59
꿀(7g)	20.58	58.80	15.94	0.16	0.00	0.02	0.10	0.04
콘시럽(6.8g)	19.92	70.91	18.32	0.08	0.00	0.00	0.01	0.00
메이플시럽(3g)	7.80	83.20	21.50	0.00	0.00	0.80	2.45	8.49
당밀(가공당)(6.8g)	17.14	86.94	22.43	0.13	0.04	0.75	2.04	0.19
당밀(정제당)(6.8g)	18.50	53.86	13.54	1.71	22.50	225.00	850.00	10.54

② 황설탕(yellow sugar)

황설탕은 백설탕보다 불순물이 덜 정제된 것으로 백설탕보다 향미가 있으며 신맛이 더 강하고 수분 함량도 많다.

③ 흑설탕(brown sugar)

흑설탕은 사탕수수로부터 설탕을 정제하는 과정에서 불순물이 거의 정제되지 않은 것이다. 진한 갈색을 가지며, 당도는 설탕보다 낮으나 독특한 향미를 가진다. 우리나라에서는 주로 갈색을 내기 위해 수정과나 약식에 많이 사용되며, 강한 흡습력을 가지므로 보관 시 꼭 밀봉해야 한다.

 알아보기

흑설탕은 건강에 좋은 건가요?

함밀당으로 만들어진 정제가 덜 된 흑설탕은 정제되어 당류 위주인 백설탕보다는 영양적으로 더 좋지만 요즘 시판되는 흑설탕은 편의상 정제당에 캐러멜색소를 입혀서 판매되는 제품도 있다. 그러나 독특한 향미는 원래의 흑설탕에 따라올 수 없다. 흑설탕은 수분 함량이 많고 강한 흡습력을 가지므로 보관 시 밀봉하여 덩어리지는 것을 피해야 한다.

④ 분말설탕(분당, powdered sugar or confectioners' sugar)

분말설탕은 약 3% 정도의 옥수수전분과 혼합된 가루형태의 설탕으로 당류가 엉기는 것을 방지하고, 아이싱(icing)과 같은 제과제품을 만들 때 주재료로 쓰이며 수분 결합을 도와준다.

 알아보기

베녜(beignet)란?

미국 남부 뉴올린언스(New Orleans)에서 도넛으로 튀긴 후에 분말설탕 (confectioners' sugar)을 묻혀 뜨겁게 서브된다. 이 말은 불어의 튀김류 (fritter)에서 유래되었다.

⑤ 각설탕(cube sugar)

각설탕은 백설탕에 시럽을 넣어 촉촉하게 한 것을 틀에 넣어 가압하고, 모양을 만들어 60℃에서 건조시킨 것이다.

당액

사탕무와 사탕수수에서 얻어지며 압착하여 짜낸 즙액

함밀당(molasses-containing sugar)

당액에서 당밀을 제거하지 않고 그대로 농축하여 만든 설탕

분말당(molasses-free sugar)

당액에서 당밀을 제거하여 만든 설탕

원당(raw sugar)

당액에서 당밀을 제거하여 1차 정제한 후 여과, 농축 및 결정 과정을 거쳐 입자로 만든 황갈색 설탕

정제당(refined sugar)

원당을 용해, 결정 과정을 반복한 정제과정을 거쳐 설탕의 결정만으로 만들어진 설탕

(2) 포도당(glucose)

자연계에 널리 존재하는 가장 중요한 단당류(그림 3-3)로 단맛이 나는 과일 등에 많이 들어 있으며, 이당류 및 올리고당과 다당류의 구성성분이다. 식품회사들은 주로 설탕의 단맛에 비해 1/2의 단맛을 가진 포도당을 캔디, 음료, 제과, 과일 통조림, 발효음료에 이용한다. 제과사업에서 포도당은 껍질의 색, 조직감 등을 향상시키며, 제빵 시 혼합건조물의 주요 성분과 설탕의 단맛 조절제로 쓰인다.

(3) 과당(fructose)

과당은 천연의 과일과 꿀에 존재하고, 설탕의 구성성분(그림 3-3)이며, 단맛은 설탕의 1.5~1.8배 정도이다. 천연의 당류 중 흡수성이 강하여 결정화되기가 어려우며 끈적거림이 있다. 때문에 제빵제품의 갈색과 아이스크림의 냉동온도 저하를 일으키기도 한다. 용해도가 크며 포화되기 쉽고 점도가 설탕이나 포도당보다 적다. 이것은 42~55% 과당의 고과당 옥수수시럽(high fructose corn syrup : HFCS)의 형태

로 식품과 음료에 첨가된다.

(4) 유당(lactose)

이당류인 유당(그림 3-3)은 모든 당 중에서 낮은 단맛을 가지며, 유장(whey)에서 추출되고, 제빵제품의 갈색화를 위해 상업적으로 사용된다.

발효되지 않으므로 발효가 관여하는 이스트 브레드제품이나 알코올음료 제조에 사용하지 않는다.

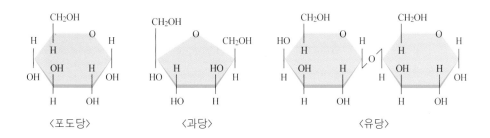

〈포도당〉   〈과당〉   〈유당〉

그림 3-3 ≫ 포도당, 과당, 유당의 구조

(5) 맥아당(maltose)

맥아당은 특징적인 맥아 맛으로 밀크세이크와 캔디에 사용되며, 맥주 제조 시 갈색과 향미를 내는 데 사용한다. 맥아와 다른 곡류들은 당이 전화되어 맥아당이 된다. 맥아(엿기름)는 보리에 수분, 온도, 산소를 작용시켜 발아시킨 것이다. 전분을 맥아당으로 분해하는 효소인 아밀라아제(amylase)를 가지고 있어 식혜나 엿을 만들 때 사용된다.

2) 시럽류(syrups)

시럽은 65~70%의 탄수화물과 30~35%의 수분을 함유하며, 설탕의 용액으로 점성이 있고, 향이 있다. 대부분 옥수수전분에 산분해효소를 넣어 가수분해하여 만들며 제과, 제빵에 다양하게 사용되고 있다.

(1) 물엿(콘시럽, corn syrup)

옥수수전분에 산이나 효소를 가하여 가수분해된 것으로 75%의 당과 25%의 물이 혼합된 점성이 있는 액체로 덱스트로오스, 맥아당, 포도당의 혼합물이다. 정제과정을 거쳐 투명하고, 음식 본래의 색을 변하게 하지 않아 사용하기 편리하다. 각종 볶음에 사용하고 마지막에 넣어 음식에 윤기를 주며 단맛을 더해 준다.

(2) 고과당 옥수수시럽(high fructose corn syrup)

고과당 옥수수시럽은 포도당 이성화효소에 옥수수전분을 가열하여 만들며, 40%의 과당과 50%의 포도당으로 구성된다. 고과당 옥수수시럽은 설탕보다 단맛이 강해 경제적이며, 주로 청량음료, 베이커리제품, 과일통조림, 음료, 제과, 디저트류, 과일주스, 드링크, 프리저브(preserve) 등에 사용된다.

최근에는 당뇨, 비만, 충치 등의 원인이 되어 건강을 위협하고 있다.

(3) 꿀(honey)

꿀은 벌집에 저장한 당액에서 꽃가루와 밀랍을 제거하여 정제한 것으로 설탕보다 과당의 함량이 더 많다. 과당 40%, 포도당 35%, 설탕 2%와 그 외 성분으로 구성되었으며, 전 세계적으로 단맛을 내는 제품으로 널리 사용된다. 대부분의 꿀은 과당의 함량이 많기 때문에 결정이 생성되지 않고 액체상이지만 가끔 결정을 형성하는 것은 포도당 함량이 많기 때문이다.

꿀은 설탕보다 향미가 더 강하고 수분 함량이 많으므로 액체의 사용량을 줄이고, 낮은 온도에서 굽도록 한다. 베이커리제품의 갈색화에 영향을 주며 흡습성이 있어 오랫동안 수분을 유지하고 마르지 않게 보관하므로 보관성에 도움을 준다.

알아보기

왜 꿀의 색과 향이 다를까요?

꿀의 색과 향은 벌이 방문하는 꽃의 종류에 따라 달라진다. 300가지의 꿀이 있으며 대부분의 꿀은 황금색을 띠고 색이 어두울수록 향도 진하다. 아카시아 꿀은 색이 맑고 연하며 은은한 향을 가진다.

(4) 당밀(molasses)

당밀은 사탕수수의 즙액에서 당을 정제하는 과정에 얻으며, 당의 결정이 침전하고 남은 것을 농축한 액체로 노란색에서 어두운 갈색을 띠는 것이 있다.

70% 당혼합물, 30%의 수분, 5%의 무기질과 회분으로 이루어져 있다. 대부분의 당밀에 포함된 당은 설탕으로 가열 시 더 어두워지는 경향이 있다.

그림 3-4 >> 당밀

(5) 메이플시럽(maple syrup)

단풍나무 즙액에서 대부분의 수분을 증발시켜 만든 것으로 40L의 메이플액에서 1L의 메이플시럽이 만들어진다. 설탕이 64~68%, 수분이 30~35%이며 독특한 향이 있어 팬케이크(pancake), 와플(waffle), 프렌치 토스트(french toast) 등 제과제품에 많이 쓰인다.

알아보기

메이플시럽(단풍시럽)

미국 인디언들이 정착민들에게 단풍나무에서 메이플시럽 만드는 방법을 알려준 것에서 유래되었다. 캐나다, 뉴욕, 버몬트의 메이플시럽이 세계적으로 유명하다. 메이플시럽 만드는 과정이 노동집약적이기 때문에 순수한 메이플시럽은 매우 비싸다. 저렴한 메이플시럽은 콘시럽과 혼합하여 만든 것이다. 순수한 메이플시럽은 개봉 후 냉장 보관하며 데워서 먹기도 한다.

(6) 전화당(invert sugar)

전화당은 물에 설탕을 녹여 가열하고 주석산이나 전화효소를 첨가해서 동량의 포도당과 과당으로 가수분해된 것인데, 이 과정을 전화라 한다. 맑은 액체로서 과립설탕보다 더 단맛이 난다. 결정성이 커서 주로 캔디 제조에 사용되고, 전화당을 사용하면 부드러워진다.

(7) 조청(thick starch syrups)과 엿

쌀, 수수, 좁쌀과 옥수수 등으로 밥을 고슬고슬하게 지어 뜨거울 때 엿기름물을 부어 7~8시간 두면 삭아서 밥알이 동동 떠오른 물을 계속 고은 것으로 농도에 따라 묽은 조청과 된 조청 등으로 나뉜다. 조청은 진한 갈색이며 음식에 단맛과 향미, 윤기를 주어 과자나 조림에 많이 이용된다.

나 고아진 엿은 떠서 비스듬히 들었을 때 실같이 연속된 상태로 늘어지면서 군힌 것이다. 이렇게 되기 전의 상태가 조청이다. 따라서 조청은 아무리 식혀도 엿처럼 굳어지지 않으며, 불을 끄는 시각에 따라 조청의 굳기가 달라진다

(8) 올리고당(oligosaccharide)

단당류가 글리코시드 결합을 한 것으로 2~10개의 단당류들이 결합한 당으로 단당류, 다당류와 함께 그 분자사슬의 길이에 따라서 분류하는 경우에 쓰이는 명칭이다. 최근에 산업적으로 관심을 끌고 있는 것으로 oligosaccharides(FOS)와 대두올리고당이 있다. 이들은 장내 소화효소에 의해 분해되지 않으므로 칼로리가 적으며 장내 미생물 특히 유산균이나 비피더스(*Bifidus*)균에 의해 이용되므로 정장효과가 있다.

3) 당알코올류(sugar alcohols)와 비영양성 감미료

(1) 당알코올류

당알코올은 탄수화물이 아니며, 특별한 탄수화물의 알코올 대체물이다. 여기에는 소르비톨(sorbitol), 만니톨(mannitol), 자일리톨(xylitol) 등이 있다.

당알코올류는 단맛을 주며 천천히 흡수되고 청량감을 주며 저열량이어서 다이어트 식품, 검(gum)이나 무설탕 캔디 등에 쓰인다. 그러나 소장에서 너무 천천히 흡수되어 복부 팽만감이나 설사, 가스 등의 부작용도 있어 사용이 제한되기도 한다.

(2) 비영양성 감미료

비영양성 감미료는 강한 단맛을 가지고, 설탕보다 감미료로 많이 사용되며, 30~수천 배에 해당하는 단맛을 가진다. 아스파탐은 설탕과 같은 4kcal/g의 열량을 내며, 그 외에는 칼로리도 거의 없다.

① 아스파탐(aspartame)

페닐알라닌(phenylalanine)과 아스파트산(aspartic acid)을 합성하여 만든 아미노산계의 합성 감미료로 단맛이 설탕보다 150~200배 높다. 열량이 적어 저칼로리 제품의 캔디, 디저트, 음료수 등에 사용된다. '그린스위트(green sweet)'라는 이름으로 판매되며 당뇨병 환자들은 단맛을 위해 설탕 대신 사용한다. 단, 체내에 페닐알라닌과 그 대사산물의 축적으로 지능장애, 담갈색 모발, 피부의 색소결핍 등의 증상이 나타나는 페닐케톤뇨증(phenylketonuria) 환자는 페닐알라닌 섭취를 줄여야 하므로 주의해야 한다.

② 사카린(saccharin)

설탕보다 단맛이 200~700배 높으며 열량이 거의 없고, 충치도 유발하지 않아 식품 전반에 많이 사용하였으나 안정성의 논란이 있다. '뉴슈가(new sugar)'로 판매되는데, 동치미, 깍두기 제조 시에 소량 사용한다.

③ 스테비오사이드(stevioside)

스테비아(stevia)에서 추출한 것으로 설탕보다 단맛이 약 300배 높으며, 탄산음료, 유제품 등에 사용된다.

④ 수크랄로스(sucralose)

설탕의 유도체로 감미도가 매우 높으며, 충치예방에도 효과가 있다. 음료, 디저트, 드레싱 등 가공식품에 사용된다.

3. 당의 조리 시 변화

1) 캔디의 조리원리

캔디는 당용액에 당 이외의 물질을 첨가하여 과포화용액을 만들어 그대로 굳히거나 다시 결정을 형성시켜 조직을 달리한 것이다. 캔디의 제조단계는 그림 3-5와 같다.

과포화된 설탕용액을 가열한 후 냉각시키면 용해도가 낮아져서 과포화된 부분이 핵을 형성하기 시작하고 그 핵을 중심으로 결정이 형성되는 것을 결정화(crystallization)라고 한다. 과포화된 당용액의 결정성과 시럽 혹은 지방구에 의해 결정형 캔디와 비결정형 캔디를 제조한다. 결정형 캔디는 결정성이 있는 당으로 만들어지며 부드럽고, 크림성을 가진다. 여기에는 퐁당(fondant), 퍼지(fudge), 디비니티(divin-ity), 누가(nuga), 초콜릿(chocolate), 크림(cream) 등이 해당된다. 비결정형 캔디에는 하드캔디(hard candy), 캐러멜(caramel), 태피(taffy), 토피(toffee), 브리틀(brittle)과 검(gum)성이 있는 캔디 등이 있다.

1단계	시럽용액 만들기
⇩	
2단계	가열과 증발을 통해 혼합물 농축하기
⇩	
3단계	식히기
⇩	
4단계	휘젓기

그림 3-5 》 캔디의 제조단계

(1) 결정형 캔디(crystalline candy)

설탕과 물을 가열하여 만든 설탕시럽을 충분히 농축시켜 냉각시키면 단단한 결정을 가진 캔디가 만들어진다. 결정형 캔디는 쉽게 깨물어지며, 결정이 질서정연하게 분포한 캔디이다. 결정형 캔디에는 그림 3-6과 같이 큰 결정을 형성하는 캔디와 미세한 결정을 형성하는 캔디가 있다. 이 결정의 크기는 캔디 제조 시 온도, 휘젓기 등의 여러 조건에 의해 달라진다.

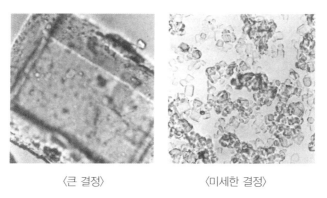

〈큰 결정〉 〈미세한 결정〉

그림 3-6 》 캔디 제조 시 설탕 결정의 크기 변화

자료 : Brown A.(2008), Understanding food, Thomson Wadsworth, p. 488

① 퐁당(fondant)

설탕시럽에서 결정을 형성한 것으로 크림성이 있는 흰 페이스트이다. 많은 초콜릿이나 민트 캔디바의 속을 채우는 데 쓰이기도 하며, 아이싱이나 제빵 시 데커레이션용으로 이용된다. 설탕에 물을 넣고 112~115℃ 정도에서 가열하여 49℃로 식혀 나무주걱으로 저으면 작은 크기의 결정과 크림성이 있는 하얀 퐁당이 완성된다.

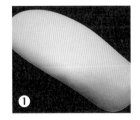

② 퍼지(fudge)

모든 결정 캔디 중 대표적인 것으로 초콜릿, 크림, 우유와 버터 등이 시럽에 첨가되어 결정 형성을 방해하여 미세한 결정이 생기게 한다. 너무 오래 저으면 광택이 사라지고 딱딱해질 수 있으므로 주의해야 한다.

③ 디비니티(divinity)

시럽을 121~130℃까지 가열하여 달걀흰자 거품을 함께 넣어 저은 후 서서히 결정이 생기도록 하여 작은 크기의 수많은 결정을 형성한다.

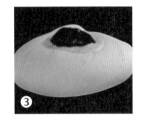

④ 누가(nuga)

결정이 생기지 않게 하기 위해서는 설탕 외에 꿀이나 콘시럽을 많이 넣어야 한다. 누가를 만들려면 설탕, 꿀, 물을 냄비에 넣고 끓여 140℃가 되도록 농축시킨다. 달걀흰자를 저어서 거품을 일으키고, 여기에 끓인 설탕시럽을 조금씩 부으면서 계속 젓고, 다진 땅콩, 호두, 개암나무 열매나 잘게 썬 버찌 등을 위에 골고루 뿌려 식혀서 만든다.

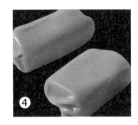

(2) 비결정형 캔디(non-crystalline candy)

비결정형 캔디는 점성이 높은 과포화용액으로 농축하여 결정 형성을 방해하여 만든다. 과포화된 설탕용액 안에 설탕 이외의 것이 있으면 이물질이 핵과 결합하여 설탕과의 결합을 방해한다. 이러한 방해물질로는 시럽, 꿀, 우유, 크림, 버터, 달걀흰자, 유기산 등이 있다.

또한 고온으로 처리하여 당용액의 점성이 지나치게 높아지면 결정 형성이 불가능하므로 부정형상태로 만들기도 한다.

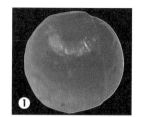

① 하드 캔디(hard candy)

가장 간단한 캔디로 다량의 시럽을 고온으로 가열하여 베이킹소다를 넣어 가스를 발생시켜 만든다.

② 캐러멜(caramels)

결정을 방해하여 만들어진 캐러멜은 유지, 코코아버터, 농축유 등을 첨가하여 만들며, 갈색화반응으로 특이한 향기와 끈적끈적한 질감을 갖는다.

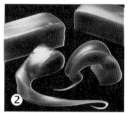

③ 태피(taffy)

캐러멜처럼 만들어지며 농도가 진하고 엿처럼 잘 늘어진다.

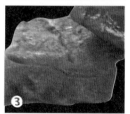

④ 토피(toffee)

토피는 캐러멜보다 조금 더 단단한 것으로 일종의 하드 캐러멜이다.

⑤ 마시멜로(marshmallows)

시럽, 달걀흰자, 젤라틴 등을 넣어 휘핑하여 만들며, 폭신폭신하고 부드러운 질감을 가진다.

⑥ 브리틀(brittle)

당용액을 고온에서 가열하여 견과류와 베이킹소다를 넣어 가스를 발생시킨 후 식혀서 만든다. 당의 캐러멜화에 의한 갈색과 베이킹소다에 의한 특유의 향미와 바삭거리는 질감이 있다.

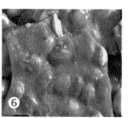

(3) 결정에 영향을 미치는 요인

① 당의 함량과 형성능력

당의 종류에 따라 결정 형성이 다르다. 설탕이 포도당에 비해 결정을 빨리 형성하며 크기도 크다. 포도당은 천천히 결정을 형성하며 크기가 작다.

과포화상태일 때 결정이 형성되며, 농도가 커질수록 핵의 수가 많아지고, 결정의 크기가 작다. 이때 빠른 속도로 핵을 형성하기 위해 미리 고운 결정을 넣는 것을 시딩(seeding)이라 한다. 핵의 크기가 크면 빠른 속도로 결정이 형성된다.

② 온도

저을 때의 온도는 결정성에 큰 영향을 준다. 높은 온도에서는 용액의 유동성이 커서 설탕분자의 이동이 쉽기 때문에 높은 온도에서 저으면 핵이 쉽게 생기고 과포화도가 낮아 결정의 수는 적고 크기는 크게 형성된다. 그러나 40℃로 식혀서 저으면 더 많은 핵과 미세한 결정들이 형성된다. 그러므로 캔디 제조 시 결정의 크기가 적으면 부드러운 캔디를 얻을 수 있으므로 부드럽고 많은 미세한 결정이 형성될 수 있도록 하려면 정확한 온도까지 냉각하는 것이 중요하다. 아래 그림 3-7에서 보듯이 냉각온도가 높으면 결정이 크게 형성되고 정확한 냉각온도에서는 결정 수가 증가하여 작은 크기의 미세한 결정이 많이 생기는 것을 알 수 있다.

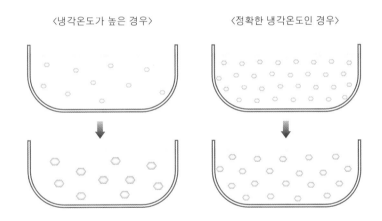

〈냉각온도가 높은 경우〉　　　　〈정확한 냉각온도인 경우〉

그림 3-7 》 미세한 결정 형성과 냉각온도의 관계

자료 : Brown A.(2008), Understanding food, Thomson Wadsworth, p. 487

③ 젓기

과포화된 설탕용액에서 저으면 핵을 쉽게 형성한다. 시럽을 만들 때 젓기를 많이 하면 냉각 후 결정화가 진행되는 원인이 되므로 원하는 제품을 얻기 위해서는 주의해야 한다.

젓는 속도가 빠를수록 미세한 결정이 생기며, 속도가 느리면 핵을 중심으로 모아진 큰 결정이 형성된다.

④ 결정 방해물질

과포화된 설탕용액에 다른 물질이 조금이라도 있으면 결정 형성에 영향을 주어 방해를 하게 된다. 전화당, 시럽, 꿀, 달걀흰자, 버터, 초콜릿, 우유 등은 설탕의 핵 주위를 둘러싸서 결정이 되는 것을 방해한다.

2) 정과

수분이 적은 뿌리나 줄기, 열매를 생긴 모양 그대로 또는 적당한 크기로 썰어 꿀을 넣고 재거나 조리거나 삶아 으깨어 어레미(굵은 체)에 밭쳐서 꿀을 붓고 되직하게 조려 식힌 음식으로 쫄깃쫄깃하고 달콤하게 만든 한과이다. 연근, 생강, 도라지, 유자, 모과, 인삼, 죽순, 당근, 무 등이 이용된다.

04

전 분

04 전분

전분은 광합성과정을 거쳐 식물에서 합성된 포도당분자(그림 4-1)로부터 만들어진 다당류이다. 전분은 식물의 저장물질로서 씨, 뿌리, 줄기 등에 저장되며, 곡류와 서류 등이 주된 공급원이다. 포도당은 식물체에 의해 전분으로 전환되어 에너지 대사에 쓰인다. 전분은 조직감, 맛과 소스와 같은 식품의 외관에 영향을 주며, 식품산업에서는 농후제, 안정제, 조직감, 수분보유력, 유지대체와 유화제 등으로 사용된다.

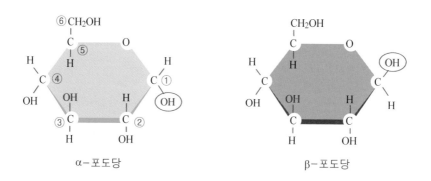

그림 4-1 》 포도당의 분자구조

1. 전분의 구조

전분은 다당류로 아밀로오스(amylose)와 아밀로펙틴(amylopectin)으로 연결된 포도당분자의 긴 사슬구조를 가지고 있다. 이러한 전분은 조밀하게 결합된 결정부분과 비교적 엉성한 비결정부분이 규칙성 있게 배열을 이룬 미셀(micellle)형태를 이룬 입자구조를 가진다(그림 4-2).

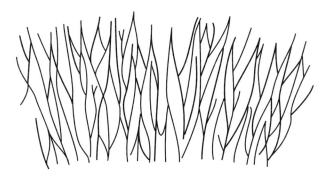

그림 4-2 》 미셀(micellle)의 구조

1) 전분입자의 구조

(1) 아밀로오스

아밀로오스는 그림 4-3과 같이 직선상의 긴 사슬구조를 가지며, 500~2,000개의 포도당이 $\alpha-1,4$결합하여 중합된 구조이다. α-포도당은 6~8개의 포도당분자마다 1번씩 회전하여 나선상의 구조(α-helical form)를 이루고 있다. 아밀로오스는 표 4-1과 같이 요오드반응을 하면 요오드분자들이 내부공간에 들어가 특유의 정색반응으로 청색을 띠게 된다.

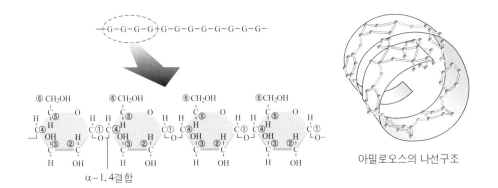

아밀로오스의 나선구조

그림 4-3 》 아밀로오스의 구조

(2) 아밀로펙틴

아밀로펙틴은 $10^4 \sim 10^5$ 포도당 단위로 구성되어 있으며, 직선상의 구조인 $\alpha-1,4$결합으로 연결된 아밀로오스의 사이사이에 가지구조의 $\alpha-1,6$결합을 가진다. 아밀로펙틴은 나선상의 형태를 가지지 않으므로 표 4-1과 같이 요오드반응 시 요오드반응을 하지 않아 적자색을 띠게 된다.

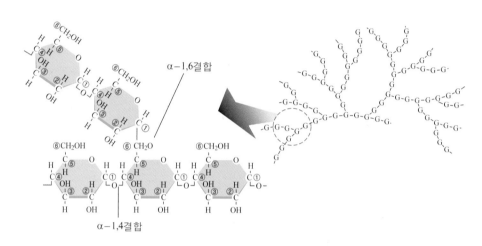

그림 4-4 》 아밀로펙틴의 구조

표 4-1 》 전분의 아밀로오스와 아밀로펙틴의 비교

구분	아밀로오스	아밀로펙틴
구조	포도당으로 구성된 직선상 구조	포도당으로 구성된 직선상 구조와 포도당 20~25개 단위로 $\alpha-1,6$결합으로 연결된 가지구조
결합	$\alpha-1,4$결합	$\alpha-1,4$결합과 $\alpha-1,6$결합
요오드 정색반응	청색	적자색
분자량	10,000~400,000	4,000,000~20,000,000
나선구조(helix)	포도당 6~8개 단위로 한번 회전하는 나선구조	나선구조 없음
내포화합물	형성함	형성하지 않음
가열 변화	불투명	투명, 끈기 있음

2) 전분입자의 특성

전분은 종류에 따라 표 4-2와 같이 아밀로오스와 아밀로펙틴의 함량 비율이 다르며, 대부분의 전분은 아밀로오스와 아밀로펙틴이 2:8의 비율로 들어 있다. 그러나 찹쌀의 경우 아밀로오스가 거의 없고 아밀로펙틴으로만 구성되어 있다.

전분입자는 식물체 내에서 입자의 형태로 존재한다. 전분의 형태는 그림 4-5와 같이 원형, 타원형, 다각형 등 식품에 따라 매우 다양하다. 이와 같은 형태적 특징에 의해 전분 조리 시 호화, 젤 형성, 노화와 호정화의 과정을 진행하는 능력을 가지며, 이러한 능력은 다양한 식품에 많이 이용되고 있다.

표 4-2 〉〉 **전분의 종류별 아밀로오스와 아밀로펙틴의 함량 비율**

종류	아밀로오스(%)	아밀로펙틴(%)
쌀	20	80
찹쌀	0	100
감자	21~23	77~79
타피오카	17	83
옥수수	21~28	72~79
찰옥수수	0	100
밀	28	72

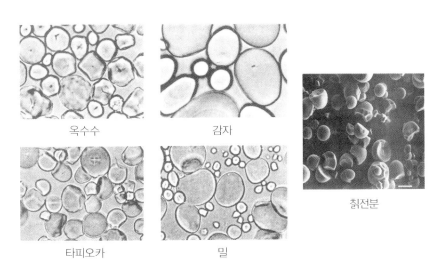

옥수수 감자 칡전분

타피오카 밀

그림 4-5 〉〉 **전분의 종류에 따른 전분입자의 차이**

자료 : Brown A.(2008), Understanding food, Thomson Wadsworth, p. 361

3) 전분 분해효소

전분은 효소에 의해 분해된다. 전분 분해효소에는 α-아밀라아제(α-amylase), β-아밀라아제(β-amylase), 글루코아밀라아제(glucoamylase)가 있다.

(1) α-아밀라아제

전분의 α-1,4결합을 무작위로 가수분해하는 효소로 덱스트린(dextrin), 소당류, 맥아당 및 포도당을 생성한다. 발아 중인 곡류에 주로 들어 있으며, 타액 및 췌장액에도 존재한다. 전분을 가수분해하여 맑은 용액상태로 만들므로 액화효소라고도 한다. 아밀로펙틴에서 α-아밀라아제가 분해하지 못하고 남은 부분을 α-아밀라아제 한계덱스트린(limit dextrin)이라 한다.

(2) β-아밀라아제

전분의 α-1,4결합은 그림 4-6과 같이 맥아당 단위로 비환원성 말단에서부터 가수분해하며 감자, 곡류, 두류, 엿기름, 타액 등에 존재한다. 전분을 가수분해하면 맥아당과 포도당의 함량이 많아져 단맛을 높이므로 당화효소라고도 한다. 아밀로펙틴에서 β-아밀라아제가 분해하지 못하고 남은 부분을 β-아밀라아제 한계덱스트린(limit dextrin)이라 한다.

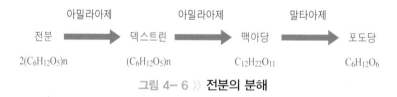

그림 4- 6 》 **전분의 분해**

(3) 글루코아밀라아제

전분의 α-1,4결합과 α-1,6결합을 말단에서부터 포도당 단위로 가수분해하며, 동물의 간조직과 미생물에 주로 존재한다. 고순도의 결정 포도당을 생산하는 데 주로 이용된다.

2. 조리 시 전분의 변화

전분에 물을 가하여 가열, 냉각, 저장하는 조리과정에서 여러 변화가 일어나는데 이것이 바로 호화, 젤화, 노화, 호정화, 당화, 변성전분이다.

1) 전분의 호화(gelatinization, α-화)

전분에 물을 넣고 가열하면 전분이 물을 흡수하고 팽윤된다. 이때 전분은 수소결합이 약해져서 전분입자들이 나오게 되어 점도가 증가되고(그림 4-7), 반투명의 콜로이드상태가 된다. 전분의 호화는 수화(hydration), 팽윤(swelling), 콜로이드용액의 형성과정으로 이루어진다.

(1) 수화(hydration)

전분에 물을 가하면 물분자들은 아밀로오스나 아밀로펙틴 분자들 사이에 들어가고, 현탁액의 온도가 높아짐에 따라 물의 흡수가 더욱 커진다. 이 과정은 가역적이고 건조되면 다시 원상태로 돌아온다.

(2) 팽윤(swelling)

현탁액의 온도가 더욱 상승하여 수분을 계속 흡수하면 전분분자들 사이의 간격이 계속 늘어나게 되는데 이것을 전분의 팽윤이라 한다. 이 과정은 비가역적이다.

(3) 콜로이드(colloid)용액

온도가 계속 상승하여 65℃ 전후의 호화온도에 도달하면 전분입자들이 파괴되고 현탁액은 콜로이드용액으로 변한다. 이때 전분입자들은 파괴되어 소실되며, 아밀로오스와 아밀로펙틴 분자들로 형성된 콜로이드용액이 된다.

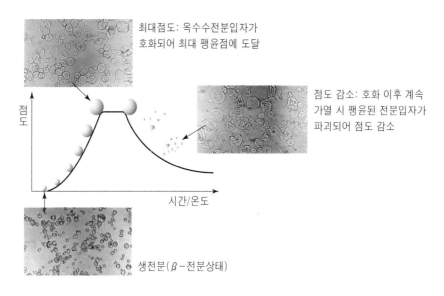

그림 4- 7 >> 전분의 호화과정

자료 : Brown A.(2008), Understanding food, Thomson Wadsworth, p. 363

(4) 호화에 영향을 주는 요인

① 수분

호화 시 전분입자의 팽윤 정도는 물의 흡수량에 따르며, 충분한 물은 전분에 의해 흡수되고 아밀로오스와 아밀로펙틴의 농도에 영향을 준다.

② 전분의 종류

전분입자들의 크기, 형태, 내부구조, 아밀로오스와 아밀로펙틴의 함량 등은 호화에 영향을 준다. 전분입자가 작으면 호화온도가 높아지고 아밀로펙틴의 함량이 많을수록 호화속도가 느리다. 곡류 전분이 서류 전분보다 전분입자가 작아 호화온도가 높게 나타난다(표 4-3).

③ 온도

호화가 나타나는 온도는 56~75℃ 범위이며, 감자와 같이 큰 입자의 전분은 낮은 온도에서 호화되고, 밀가루와 같이 작은 입자는 높은 온도에서 호화된다.

표 4-3 》 **전분의 종류와 호화온도에 따른 특성**

전분의 종류	호화온도(℃)		특성
근경류 전분 (감자, 타피오카)	56~70 56~70	가열 시	점성 있고 길게 늘어나며 비교적 투명한 호화액 형성
		냉각 시	강도가 약한 젤 형성
곡류 전분 (쌀, 옥수수, 밀)	62~75 62~75	가열 시	강한 점성 있으며 투명한 호화액 형성
		냉각 시	젤 형성이 잘 안 됨
찰곡류 전분 (찹쌀, 찰옥수수)	63~74 63~74	가열 시	아주 강한 점성이 있고 잘 끊어지는 호화액 형성
		냉각 시	불투명한 단단한 젤 형성
고아밀로오스 전분	100~160 100~160	가열 시	잘 끊어지는 호화액 형성
		냉각 시	매우 단단하고 불투명한 젤 형성

④ 시간

90℃ 이상에서 계속 가열하면 점성이 감소되며, 전분입자는 계속된 가열에 의해 결합력이 깨지게 된다.

⑤ 젓기

호화된 교질용액인 전분풀을 형성하기 전에 저어주면 호화가 제대로 안 되어 점성이 감소된다.

⑥ 산

전분에 산을 가하여 가열하면 산이 전분을 가수분해하여 호화가 잘 안 되고 점도가 낮아진다. pH4 이하의 산성에서 전분 젤의 점성은 감소하므로 전분에 산을 첨가하여 조리할 때는 전분을 따로 호화시킨 후 산과 섞는 것이 좋다.

⑦ 당

설탕을 첨가하면 설탕의 용해성이 커서 전분의 물 이용성을 감소시키므로 호화가 지연된다. 따라서 탕수육 소스 제조 시 식초, 설탕, 간장을 먼저 끓이다가 물전분을 넣는 게 좋다.

⑧ 지방, 단백질

지방이나 단백질은 전분을 둘러싸서 물의 흡수를 방해하므로 호화를 지연시킨다.

⑨ 나트륨

염류는 수소결합에 영향을 주기 때문에 호화에 영향을 준다. 소금, 간장, 중조 등을 첨가하였을 때 전분 젤의 점도가 낮아진다.

2) 젤화(gelation)

호화 다음단계로 젤이 형성된다. 그림 4-8과 같이 유동성을 가진 전분풀은 졸(sol)이며, 반면에 반고체의 전분풀은 젤(gel)을 형성한다. 모든 전분이 다 젤을 형성하는 것은 아니고, 젤은 호화된 졸이 38℃ 정도에서 식으면 형성된다. 젤은 아밀로오스가 충분할 경우 영향을 받아 형성되며, 아밀로펙틴은 젤 형성에 도움을 주지 못한다. 아밀로오스는 직선상으로 강한 결합을 형성하는 반면에 아밀로펙틴은 많은 가지구조로 인해 결합력이 약해진다. 아밀로오스가 수소결합으로 연결되어 삼차원의 망상구조를 이루고, 물은 그 안에 갇혀 부드러운 젤이 형성되어 모양을 유지하게 된다. 이런 원리를 이용한 대표적인 우리나라 전통음식은 묵과 과편이다.

대부분의 전분은 호화되고 방치하여 식히면 단단하게 굳어지나 도토리, 녹두, 메밀과 동부 전분은 식혀도 부드러우며 탄력성을 가지고 모양을 유지하는 젤이 된다. 감자의 전분에는 아밀로오스가 있어도 젤화가 일어나지 않으나 도토리, 메밀, 녹두 등의 전분은 젤화가 잘 일어난다. 젤 강도는 일반적으로 가열시간이 길수록, 아밀로오스 함량이 많을수록 높아지나 지나치게 가열하거나 저어주면 전분입자가 일부 붕괴되어 점도가 저하되고 젤 강도가 낮아진다.

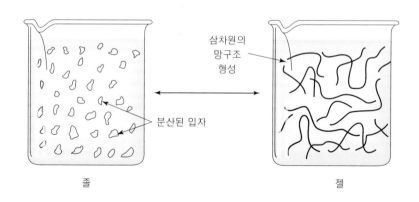

삼차원의
망구조
형성

분산된 입자

졸   젤

그림 4-8 >> 졸과 젤의 형성

3) 노화(retrogradation, β-화)

호화된 α-전분의 젤이 식으면 아밀로오스 분자 간에 결합을 하게 되어 노화가 일어나게 되는데 이를 β-전분이라 한다. 호화된 전분이 오래 방치되면 그림 4-9와 같이 전분분자들이 수소결합을 하게 되어 부분적으로 다시 결정구조를 갖게 된다. 이 노화는 냉장될수록 더욱 가속화된다.

노화가 진행되면 맛도 좋지 않아지고 소화율도 떨어지게 된다. 이는 호화된 전분 내의 수분이 소실되고 전분분자 간의 수소결합이 재결정되어 β-전분의 결정구조가 되어 소화효소가 작용하기 어려워지기 때문이다. 노화에 영향을 주는 요인은 표 4-4와 같다. 노화현상은 식품의 품질을 저하시키므로 이를 방지하기 위하여 15% 이하의 수분 함량 조절, 0℃ 이하의 냉동, 또는 60℃ 이상으로 보온을 한다.

그림 4-9 》》 **노화의 과정**

표 4-4 》》 **노화에 영향을 주는 요인**

요인	작용
수분	• 수분 함량 30~60% : 가장 노화되기 쉽다. • 수분 함량 10% 이하, 60% 이상 : α-전분 중의 아밀로오스분자들의 침전과 결합이 방해되어 노화가 잘 일어나지 않는다.
전분의 종류	• 전분입자의 크기, 형태, 내부구조, 아밀로오스와 아밀로펙틴의 함량 등이 노화에 영향을 준다. • 곡류전분(쌀, 옥수수 등) : 전분입자가 작은 곡류전분은 노화되기 쉽다. • 서류전분(감자, 고구마 등) : 전분입자가 큰 서류전분은 노화되기가 어렵다.
온도	• 0~5℃ 범위 : 노화가 잘 일어나는 온도, α-전분의 구조가 불안정해지기 때문이다. • 냉동 또는 60℃ 이상 : 노화가 잘 일어나지 않는다. 고온에서는 전분분자 간의 수소결합 형성이 힘들기 때문이다.
pH	• 노화는 수소이온이 많으면 촉진된다. • 알칼리성 : 호화 촉진, 노화 억제 • 산성 : 노화 촉진
염류	• 무기염 : 호화 촉진, 노화 억제 • 황산염 : 노화 촉진

알아보기

부드러운 비스킷은 실온에 방치해도 왜 딱딱해지지 않나요?

당으로 만든 시럽 등을 이용하여 노화를 방지하기 때문이다. 당이 탈수제로 작용하며 수분보유력을 가지고 있어 촉촉함을 유지시켜 준다. 또한 α-전분을 80℃ 이상에서 급속 열풍건조하여 수분 함량을 줄이면 노화를 방지할 수 있다. 이러한 식품으로 비스킷, 라면, 건빵 등이 있다. 이외 다른 방법으로는 α-전분을 동결 건조하여 수분 함량을 10% 이하로 줄이면 노화를 억제할 수 있다.

4) 호정화(dextrinization)

전분을 160~170℃에서 물 없이 가열하면 전분이 가용성의 전분을 거쳐 그림 4-10과 같은 덱스트린으로 분해되는데 이러한 변화를 호정화라 한다. 호정화된 전분은 용해성이 생기고 점성이 낮아지게 되며, 맛도 구수해지고 갈색으로 변하게 된다. 대표적인 식품으로 미숫가루, 뻥튀기, 팝콘, 진말다식 등이 있으며, 브라운 그레이비(brown gravy)나 에스파뇰 소스(espagnole sauce)의 루(roux)에도 이용된다.

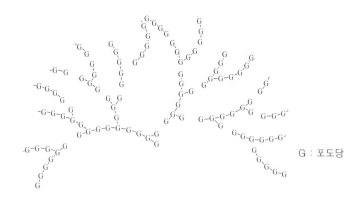

그림 4-10 》 덱스트린의 구조

 알아보기

왜 토스트한 빵이 토스트하지 않은 빵보다 더 단맛이 날까요?

구울 때 아밀로오스와 아밀로펙틴이 분해되어 덱스트린을 형성하기 때문에 원래의 빵보다 더 단맛을 갖게 된다.

5) 당화(saccharification)

전분이 당화효소나 산에 의해 가수분해되어 단당류, 이당류 또는 올리고당으로 만들어지는 것을 당화라 한다. 이러한 식품으로는 식혜, 조청, 물엿, 시럽 등이 있다. 식혜는 엿기름으로 쌀의 전분을 부분적으로 당화시켜 만든 것이며, 엿은 전분을 완전히 당화시켜 거른 뒤 그 당용액을 계속 농축시켜 만든 것이다.

6) 변성전분(modified starches)

전분을 물리적·화학적·효소적으로 처리하여 특정한 목적에 맞는 식품가공에 이용하기 편리하도록 변성전분을 만들어 다양하게 이용한다.

변성전분은 전분의 호화가열시간, 점성 등에 영향을 주며, 가교전분, 산화전분, α화전분 등으로 나눠진다.

(1) 가교전분(cross-linked starch)

전분의 수산기(-OH)와 결합할 수 있는 화합물을 반응시켜 서로 가교한 것이다. 가교된 전분은 열저항성을 가지며, 이러한 전분이 열에 노출되었을 때 점성의 손실이 줄어들게 된다. 이것을 이용한 식품에는 피자, 스파게티, 치즈 등이 있다.

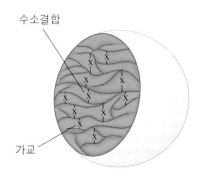

수소결합

가교

팽윤된 전분입자

그림 4-11 》 **가교전분의 구조**

(2) 산화전분(oxidized starch)

화학적인 산화제로 전분을 처리하면 가교전분보다 점성은 작으나 맑고 투명해져서 유화안정제나 농후제로 사용된다. 이것을 이용한 식품으로 마시멜로(marshmallow), 추잉검(chewing gum) 등이 있다.

(3) α화전분(pregelatinized starch)

이미 호화시켜 건조한 전분으로 물에 넣어 가열할 필요가 없고, 찬물에 쉽게 녹는다. 건조혼합제품으로 많이 사용되고 있다.

3. 조리 시 전분의 기능과 식품 예

식품의 조리과정에서 전분은 표 4-5와 같이 소스 조리에는 농후제(thickening agent)로 작용하고, 묵이나 과편 제조 시에는 젤 형성제(gel forming agent)로 사용되며, 아이스크림 제조 시에는 결착제(binding agent)로 이용되는 등 다양한 기능을 가진다.

표 4-5 》 **전분의 기능과 식품 예**

전분의 기능	식품 예
농후제(thickening agent)	소스, 그레이비, 수프
젤 형성제(gel forming agent)	묵, 과편, 푸딩류
결착제(binding agent)	가공 육류, 아이스크림
안정제(colloidal stabilizer)	마요네즈, 샐러드 드레싱, 시럽
보습제(moisture retention)	케이크 시트
피막제(coating agent)	과자, 빵류

알아보기

감자전분, 고구마전분, 옥수수전분, 칡전분 각각의 차이점은?

구분	감자전분 (potato starch)	고구마전분 (sweet potato starch)	옥수수전분 (corn starch)	칡전분 (arrowroot starch)
특징	고급재료	주로 고구마전분 80%, 옥수수전분 20%	값이 저렴하여 가장 많이 사용됨	조리 시 맑아짐 고급재료, 비쌈
용도	튀김에 사용됨	튀김에 많이 사용됨	짜장, 탕수육 소스에 사용됨	푸딩, 소스 농도조절 서양조리, 일본조리

▶ 조리사들이 조리할 때 가장 좋은 품질로 생각하는 전분은 대개 녹두전분, 감자전분, 고구마전분, 옥수수전분 순이다. 탕수육을 만들 때는 감자전분으로 해야 맛이 좋다.

알아보기

소스를 만드는데 자꾸 뭉쳐 덩어리가 생겨요. 잘 만들려면 어떻게 해야 하나요?

전분에 물을 넣고 가열하면 덩어리가 생기기 쉬우므로 먼저 물에 잘 풀고, 전분을 호화시켜 균일한 상태로 만들어 일정한 점도를 유지하게 해야 한다.

05
곡류 및 가루제품

05 곡류 및 가루제품

I. 곡류

1. 곡류의 분류 및 구성성분

곡류는 쌀(미곡), 맥류, 잡곡으로 분류하며, 맥류에는 귀리, 보리, 밀, 쌀보리, 호밀 등이 있고, 잡곡에는 기장, 메밀, 수수, 옥수수, 조, 피 등이 있다. 곡류입자의 구조는 그림 5-1과 같이 껍질(husk), 밀기울(bran), 배아(embryo, germ), 배유(endosperm)로 구성되어 있다. 껍질은 기온, 벌레 등의 환경적 요인으로부터 밀기울, 배아와 배유를 보호하고 식용하지는 않는다. 밀기울은 열매를 보호하는 것으로 '겨'라고 하며, 섬유소가 많고 도정과정에서 떨어져 나간다. 배아는 단백질, 지방, 무기질이 풍부하게 함유되어 있고, 도정과정에서 외피와 함께 제거되는 부분이며, 배유는 다량의 전분을 포함하는 원형질의 세포로서 우리가 주로 먹는 부분이다.

곡류 종자의 당질은 약 75%를 차지하며 대부분이 전분을 함유하며, 약간의 덱스트린(dextrin), 펜토산(pentosan), 당분, 섬유소로 구성되어 있다. 또한 수분이 적으면 저장성이 우수하고 운반이 편리하다. 단위면적당 생산량이 크고 환경에 대한 적응력이 매우 강해서 광범위하게 재배되며, 맛이 담백하여 싫증나지 않기 때문에 세계 각국에서 주식으로 이용되고 있다.

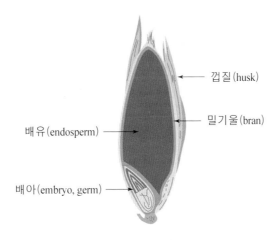

껍질(husk)

밀기울(bran)

배유(endosperm)

배아(embryo, germ)

그림 5-1 》 곡류의 구조

곡류는 아밀로오스가 25% 정도 들어 있으나, 찹쌀, 차수수 등의 찰곡류에는 대부분 아밀로펙틴이 들어 있으며, 함량이 높을수록 끈기가 강해진다. 곡류의 영양소 성분 함량은 표 5-1과 같다.

단백질 함량은 9~14% 정도로 라이신(lysine), 트레오닌(threonine) 등의 필수아미노산이 부족하다. 지질 함량은 4% 이하이고, 무기질로는 인과 칼륨이 많은 편이나 칼슘과 철은 부족하다.

비타민 B군을 함유하고 있으나 외피와 배아 부분에 많이 들어 있어 도정에 의해 거의 제거된다.

표 5-1 》 곡류의 영양소 성분 함량

(가식부 100g당)

분류	식품명	열량 (kcal)	수분 (g)	단백질 (g)	지질 (g)	당질 (g)	섬유소 (g)	회분 (g)	무기질(mg)						비타민(mg)				
									칼슘 (mg)	인	철	나트륨	칼륨	아연	B₁	B₂	B₆	나이아신	엽산 (㎍)
미곡	백미	352.0	15.4	5.7	0.1	78.5	0.96	0.3	6.0	77.0	1.4	5.0	92.0	1.5	0.14	0.02	0.13	1.29	24.5
	찹쌀	374.0	9.60	7.4	0.4	81.9	0.60	0.7	4.0	151.0	2.2	3.0	191.0	2.7	0.14	0.08	0.07	1.6	24.5
	7분도미	367.0	12.3	6.9	1.1	79.1	0.90	0.6	24.0	179.0	0.9	2.0	170.0	1.5	0.19	0.05	0.13	2.7	24.5
	현미	350.0	11.6	7.6	2.1	77.1	3.30	1.6	6.0	279.0	0.7	79.0	326.0	1.8	0.23	0.08	0.45	3.6	24.4
	흑미	364.0	11.5	8.8	3.1	74.9	3.90	1.7	15.0	370.0	1.7	5.0	393.0	1.5	0.49	0.13	0.13	2.7	24.5
맥류	밀	372.0	9.2	13.2	1.5	74.6	10.48	1.5	24.0	290.0	5.2	20.0	780.0	2.6	0.52	0.23	0.35	2.6	38.0
	보리	345.0	11.1	9.9	0.6	77.7	9.2	0.7	19.0	72.0	1.4	5.0	270.0	2.1	0.41	0.04	0.56	0.9	36.6
잡곡	기장	363.0	11.3	11.2	1.9	74.6	1.70	1.0	15.0	226.0	2.8	6.0	233.0	2.7	0.42	0.09	0.20	2.9	85.0
	메밀	374.0	9.6	11.5	2.3	74.7	–	1.7	18.0	308.0	2.6	14.0	477.0	–	0.46	0.26	–	1.2	30.0
	수수	364.0	12.50	9.5	2.6	74.1	4.74	1.3	14.0	290.0	2.4	2.0	410.0	1.3	0.10	0.03	0.24	3.0	85.0
	옥수수	106.0	71.50	3.8	0.5	23.4	2.70	0.8	21.0	106.0	1.8	1.0	314.0	1.8	0.23	0.14	0.17	2.2	205.1
	조	377.0	8.70	9.7	4.2	76.0	4.60	1.4	11.0	184.0	2.30	3.0	368.0	2.7	0.21	0.09	0.18	1.5	85.0

자료 : 식품 영양소 함량 자료집, 2009

2. 쌀

쌀(rice)은 그림 5-2와 같이 형태에 따라 일본형(Japonica type)과 인도형 (Indica type)으로 나뉜다. 대체로 일본형 쌀은 쌀알이 둥글고 짧으며 밥의 끈기가 강하나, 인도형은 소위 '안남미'라고 하여 쌀알이 가늘고 길며 밥의 끈기가 약하고, 이밀로오스의 함량이 일본형보다 더 높다. 밥을 지었을 때 끈기가 생기는 것은 세포 막이 얇아서 밥을 지으면 그 막이 파괴되어 전분이 세포 외부로 방출되어 호화되기 때문으로 부드럽고 점성이 있게 된다. 물은 가늘고 긴 인도형이 둥글고 짧은 일본형 보다 끓이는 동안 더 많이 흡수한다. 전분구조에 따라 멥쌀과 찹쌀로 나뉘며 멥쌀은 아밀로오스가 20~25%, 아밀로펙틴이 75~80% 함유되어 있고, 찹쌀은 100% 아밀 로펙틴만으로 구성되어 있다.

그림 5-2 〉〉 **일본형(좌)과 인도형(우)**

3. 밀

밀(wheat)은 파종시기에 따라 겨울밀(winter wheat)과 봄밀(spring wheat)로 구별되며, 봄밀은 겨울에 동해를 입을 수 있는 추운 지방에서 재배한다. 또한 밀알 의 단단한 정도에 따라 연질소맥과 경질소맥으로도 구분하며, 카로티노이드색소의 함량에 따라 흰밀(white wheat)과 붉은밀(red wheat)로도 분류한다. 그 밖에 단 백질 함량이 높고 카로틴색소를 포함하는 듀럼밀(durum wheat, *semolina*)은 마 카로니(macaroni)나 파스타(pasta) 제조에 이용된다. 듀럼밀은 파스타에 탄성을 주어 조리하는 동안 모양을 유지하게 한다.

미국에서는 밀을 경질 봄밀(hard red spring), 경질 겨울밀(hard red winter), 연질 겨울밀(soft red winter), 흰밀(white), 듀럼밀(durum wheat)로 분류한다.

알아보기

듀럼밀(durum wheat)이란?

세몰리나(*semolina*)라고도 하며, 파스타, 쿠스쿠스(couscous, kuskus)를 만들기 위해 사용되는 거칠게 제분한 강력분을 말한다.

4. 보리

보리(barley)의 종류에는 겉보리와 쌀보리가 있다. 보리는 주로 맥아(malt)를 만들어 식혜, 엿, 맥주 등의 제조에 사용된다. 맥아는 디아스타제(diastase)를 생성하며, 전분을 맥아당으로 분해시켜 당화 효소력, 단백질분해 효소력이 강하다.

5. 옥수수

옥수수(corn)는 곡류 중 저장성이 가장 좋은 것으로 황색, 백색이 주이고, 가끔 적색, 흑색, 청자색도 있다. 팝콘(popcorn, 파열종)은 알이 대단히 작고 외부가 단단하며 투명하고, 튀기면 전분질이 파열된다. 스위트콘(sweet corn, 감미종)은 포도당, 서당 함량이 많아 감미가 강하고 연하다. 찰옥수수는 전분 중 아밀로펙틴의 함량이 많다. 옥수수전분, 옥수수시럽, 옥수수유 등을 만들어 사용한다.

6. 수수

수수(millet, sorghum)에는 메수수와 차수수가 있으며, 차수수는 메수수보다 단백질 함량이 약간 많은 편이다. 밥, 떡(수수부꾸미), 과자, 전분의 원료이고, 고량주와 문배주의 원료로 사용된다.

7. 메밀

메밀(buck wheat)은 국수, 전 등에 많이 이용되며, 점성이 부족하여 밀가루를 섞거나 단독으로 이용한다. 메밀국수(소바, そば)는 메밀과 밀가루를 혼합하여 만든 국수이다. 메밀이 많이 들어가면 찰기가 없어 면발이 잘 끊기고 먹는 느낌이 거칠다. 또한 냉면은 메밀가루와 고구마전분을 혼합하여 만든 면으로 함흥냉면은 고구마전분만 100% 사용하고, 평양냉면은 고구마전분 80%, 메밀전분 15%, 중력밀가루 5%를 혼합하여 사용한다. 강원도 지역에서는 메밀막국수, 메밀총떡, 메밀전을 많이 만들어 먹는다.

8. 귀리

귀리(oat)는 빵, 머핀, 쿠키, 죽 등에 사용하고, 뜨겁거나 차게 해서 먹는다. 오트밀(oatmeal)은 건강식으로 알려져 있고, 죽으로 뜨겁게 먹거나, 우유, 꿀, 과일을 넣어서 차게 먹기도 한다.

9. 호밀

호밀(whole wheat)은 빵 만들 때 많이 사용하며, 밀로 만든 것보다 부피가 작고 단맛이 약하다.

10. 습열조리

1) 가열

곡류를 생으로 먹으면 소화되기 어려우나 물을 붓고 가열하면 물을 흡수하여 부피가 커지고 부드러워지며, 배유 부분의 전분이 소화되기 쉽게 호화되어 향미와 질감이 좋아진다.

죽은 곡류를 이용한 유동식으로 곡류에 물을 붓고 오래 끓여서 낟알이 연하게 퍼지고 전분이 충분히 호화되어 소화되기 쉬운 상태로 만든 음식으로 대용주식, 별미식, 보양식, 치료식, 환자식, 민속식, 구황식, 음료 등으로 다양하게 이용되고 있다. 죽의 기본은 흰쌀죽으로 첨가되는 재료에 따라 표 5-2와 같이 곡류가 주재료인 죽, 두류가 첨가된 죽, 채소류가 첨가된 죽, 견과류 및 종실류가 첨가된 죽, 약이성 재료 및 구황작물이 첨가된 죽, 수조어육류가 첨가된 죽, 우유가 첨가된 죽 등이 있다.

표 5-2 》 **첨가된 재료에 따른 죽의 분류**

분류	종류
곡류가 주재료인 죽	흰죽, 미음, 율무죽, 조죽, 팥죽
두류가 첨가된 죽	녹두죽, 콩죽
채소류가 첨가된 죽	근대죽, 버섯죽, 부추죽, 아욱죽, 연근죽, 죽순죽, 콩나물죽, 호박죽
견과류 및 종실류가 첨가된 죽	밤죽, 잣죽, 호두죽, 깨죽, 연자죽
약이성 재료 및 구황작물이 첨가된 죽	마죽, 복령죽, 녹각죽, 가시연밥죽
수조어육류가 첨가된 죽	가자미죽, 게죽, 굴죽, 낙지죽, 닭죽, 대구죽, 양죽, 장국원미, 장국죽, 전복죽, 조개죽, 홍합죽
우유가 첨가된 죽	우유죽(타락죽)

2) 밥 짓기

밥을 짓는다는 것은 쌀 속에 다량 함유되어 있는 전분을 호화시키기 위하여 쌀에 물을 붓고 가열하여 쌀알 속의 전분이 물을 흡수하여 팽윤되고 호화가 일어나게 하는 것이다. 쌀을 물에 담가두는 동안 20~30%의 수분 흡수가 일어나며, 흡수 포화 상태는 30~90분 정도 필요하다. 4℃에서 90분, 25℃에서 60분간 침지하였을 때 먹기도 좋고 외관상으로도 좋다. 배유의 세포막과 단백질 등이 함께 존재하므로 쌀 전분입자 단독으로 호화시켰을 때만큼 충분히 팽윤하지 못한다. 그러므로 쌀알에 함유된 전분을 충분히 호화시키기 위해서는 높은 온도를 유지하고 끓은 후 98~100℃의 온도가 20~25분간 계속되어야 한다. 밥 짓기를 위한 가열단계는 다음 표 5-3과 같다.

식미의 평가에 가장 중요한 요소는 조직감으로 찰기가 높고 경도가 높을수록 식미가 좋아지고, 조직감은 쌀의 침지조건, 가수량 및 가열조건 등의 취반방법과 취반 후 쌀밥의 저장방법 및 기간 등의 영향을 받는다. 취반기구에 따라 뚝배기, 압력밥솥, 전기밥솥 순으로 취반할 때 식미가 좋아진다고 한다.

밥의 저장 중에는 노화가 일어나면서 맛, 질감, 소화율 등이 감소하여 품질이 서서히 저하된다. 노화에 영향을 미치는 요인에는 쌀의 아밀로오스 함량, 저장온도, 수분 함량 등이 있으며, 고압솥에 의한 취반 후 보온 저장하는 것이 노화방지와 저장 안전성을 위해 효과적인 방법이다.

표 5-3 》 밥 짓기 위한 가열단계

온도 상승기	끓기 지속기	고온 유지기	뜸들이기
약간 강한 불	중불	약불	불 끄기
약 6~10분	약 5분	약 15분	약 10분
· 물이 끓어 최고 온도가 될 때까지의 시간 · 온도상승과 대류 · 쌀입자는 수분을 흡수하고 팽윤 · 쌀의 바깥쪽부터 팽화	· 쌀은 물을 다시 흡수하여 호화가 진행되고 쌀입자 사이의 틈이 좁아지고 점착성이 생기며 유동성을 잃음 · 수분은 흡수와 증발로 줄어듦 · 수분이 쌀입자 사이를 대류함	· 호화가 쌀의 중심부를 향해 진행 · 뚜껑을 열지 않음	· 입자 사이의 수분이 거의 흡수되고 중심부까지 완전 호화됨 · 너무 오래 뜸 들이면 내부 온도가 저하되어 주변의 증기가 물방울이 되어 밥이 부분적으로 질어지고 밥맛이 없어짐

알아보기

밥과 물

맛있는 밥은 수분 함량이 65% 전후이며, 밥 짓기에 적당한 수분량은 쌀 중량의 1.3배 정도 필요하지만 밥을 짓는 동안 증발하는 양을 고려하여 쌀 중량의 1.4~1.5배를 가한다. 쌀의 용적으로는 1.2배 정도로 한다. 쌀에 흡수된 수분량은 쌀 중량의 1.2~1.4배의 양과 가열하는 동안 증발되는 약 10~15%의 수분량을 합한 물을 첨가한다. 즉, 밥을 지을 때 필요한 물의 양은 쌀로 침투해 들어가는 물의 양에 증발하는 양을 합한 것이다.

3) 떡

우리나라의 떡은 예로부터 관혼상제에 빠지지 않았으며, 종류도 다양하여 만드는 방법에 따라 찐 떡, 친 떡, 지지는 떡, 삶는 떡으로 나눈다. 찐 떡(蒸餅)은 곱게 빻은 멥쌀이나 찹쌀가루를 증기가 잘 통하도록 시루에 고르게 안쳐 강한 불에서 뜨거운 수증기로 익혀내는 것으로 설기떡, 편 등 재료에 따라 종류가 다양하며, 술에 반죽하여 찐 증편 등이 있다. 설기떡은 멥쌀가루에 물을 내려 한 덩어리가 되게 찌는 떡으로 백설기가 대표적이다. 켜떡은 멥쌀이나 찹쌀가루에 고물로 거피 팥고물이나 녹두고물, 팥고물, 흑임자가루나, 곱게 채썬 대추, 밤, 석이버섯 등을 얹어가며 켜켜이 찌는 떡으로 팥시루떡, 두텁떡 등이 있다.

친 떡(搗餅)은 멥쌀가루나 찹쌀가루를 시루에 쪄서 익힌 것을 절구나 안반에 매우 쳐서 모양을 만드는 떡으로 인절미, 절편, 개피떡 등이 있다. 인절미 고물로 여름에는 깨, 콩고물을 쓰고, 봄, 가을, 겨울에는 팥고물을 많이 사용한다.

지진 떡(煎餅)은 찹쌀가루, 차수수가루 등을 묽게 익반죽한 것을 기름에 지져 만든 떡으로 화전, 부꾸미, 주악 등이 있다.

삶는 떡은 가루를 반죽하여 모양을 만들어 익힌 떡으로 경단 등이 있다. 경단은 찹쌀가루로 익반죽하여 만든다. 찹쌀의 아밀로펙틴 함량이 많아 가열하면 쉽게 팽윤되고 끈기가 생기므로 냉수로 반죽하면 삶을 때 지나치게 불어 흐트러지기 쉽기 때문이다. 익반죽을 하면 전분의 일부를 호화시켜 삶을 때 시간이 단축되고, 모양이 흐트러지지 않는다. 또 만든 경단에 전분을 묻혀주면 삶을 때 모양이 늘어지는 것을 막을 수 있다. 삶은 경단을 소쿠리에 건져 찬물을 끼얹어 차게 식히는 것은 삶을 때의 여열에 의한 호화의 진행으로 경단이 늘어지는 것을 방지하기 위한 것이다.

떡을 만들 때 주의할 점은 표 5-4와 같다.

표 5-4 》 **떡 만들 때 주의할 점**

작 업	주의할 점
체에 내리기	● 공기가 고르게 분산되게 하고 여러 재료들이 잘 혼합되도록 함
고물	● 가루 사이에 고물을 넣으면 익히기 쉬움
찹쌀가루	● 증기가 통하도록 주먹을 쥐어서 앉히거나 고물 사이의 켜를 얇게 하거나 밤, 대추 등을 섞어서 찜 ● 끈기가 있어 익으면서 밀착되어 증기가 통과되기 어려우므로 멥쌀가루처럼 안치지 않음
설탕물, 꿀물	● 설탕을 많이 첨가하면 떡이 질겨짐 ● 설탕 대신 꿀을 넣으면 촉촉한 기가 오래감 ● 전분의 노화가 지연되어 떡이 쉽게 굳지 않음 ● 멥쌀가루에 설탕물이나 꿀물을 내리면 탄력이 좋아짐 ● 시루에 안치기 전에 미리 설탕을 혼합하면 수분을 흡수하여 가루가 뭉칠 수 있으므로 주의함
시루에 안치기	● 꼭꼭 누르지 않고 가볍게 안쳐야 공기가 많이 들어감 ● 김이 빨리 오르고 증기의 대류가 잘 일어남 ● 전분이 충분히 호화되고 질감도 좋아짐 ● 멥쌀가루를 안친 다음 칼집을 넣으면 찐 다음에 그대로 나누어짐

알아보기

송편을 만들 때 왜 익반죽을 하나요?

멥쌀 단백질은 밀 단백질과 달라 멥쌀가루를 물로 반죽해도 끈기가 없다. 그러나 멥쌀가루에 끓는 물을 넣으면 멥쌀전분의 호화를 일으켜서 반죽에 끈기가 생기게 된다.

인절미는 왜 떡메로 치나요?

떡메로 지는 물리적 동작이 호화된 찹쌀전분을 균일하게 만들어주므로 매끄럽고 찰진 질감의 떡이 된다.

4) 리조토

리조토(Risotto)는 이탈리아의 밥요리로 먼저 냄비에 버터를 녹이고, 양파 다진 것을 넣고 볶다가 쌀을 넣어 볶는다. 그리고 나서 화이트 와인을 붓고 중간중간 계속 저어주면서 수분이 다 흡수되면 육수를 1/3씩 3회에 걸쳐 넣는다. 마지막에 버터와 파마산 치즈를 넣어 부드럽고 짠맛을 가미해 준다. 쌀은 1컵에 향미를 높이기 위하여 소금 1/4작은술 정도를 넣고 물을 부어 끓인다.

이때 뜨거운 물은 푹신한(fluffier) 느낌을 주고 찬물을 넣으면 점착성을 준다. 소금이 충분히 골고루 섞이고 물이 없어질 때까지 지그재그로 저으면서 익힌다. 저으면 전분입자가 너무 빨리 파괴되기 때문에 점착성 있는 질감을 갖게 된다. 곡류를 덜 익히면 씹기가 어렵고 녹말 같으며 생것 같은 향미를 느낀다. 너무 많이 조리하면 죽 같고, 모양이 없이 짓이겨 놓은 상태가 된다. 물을 너무 많이 부으면 끈적끈적하고 물에 잠겨 있고 영양소의 손실이 크며, 물이 충분하지 않으면 마르고 단단한 질감을 가져 곡류가 탈 수도 있다.

리조토에 첨가되는 부재료에는 닭고기, 조개류, 소시지, 채소류, 치즈, 화이트 와인, 허브 등이 있다. 리조토에 색을 내기 위하여 샤프란, 시금치즙, 토마토 소스를 넣어서 노란색, 녹색, 붉은색 리조토를 만들 수 있다.

5) 파스타 삶기

1/2파운드(≒226g)의 파스타를 삶으려면 물 6컵을 먼저 끓이고 소금 1작은술, 올리브 오일 1작은술을 넣고 면을 펼쳐서 천천히 끓는 물에 넣는다. 오일을 넣는 이유는 거품이 형성되는 것을 줄이고 서로 달라붙는 것을 방지하기 위해서이다. 면은 'al denté(to the tooth; 충분히, 알맞게)'로 삶고 다 삶아졌는지 확인하기 위해 포크로 냄비 가장자

리의 면을 잘라 보아 단단하고, 잘 씹히지 않으며 중간에 심이 있으면 덜 삶아진 것이다. 너무 많이 삶으면 죽같이 흐느적거리고 매우 부드러워진다.

11. 건열조리

1) 시리얼

시리얼(cereal)은 건조시킨 곡물을 압출(extruded), 얇은 조각(flakes), 입상(granulated), 부풀린(puffed), 밀기(rolled), 조각(shredded) 등의 방법으로 만든다.

2) 유과

유과는 쌀 가공식품 중 쉽게 팽윤되어 다공성조직을 부여하는 성질을 이용한 우리나라 전통음식으로 제례, 혼례 및 대소연회 등의 전통의식에 필수적으로 사용되었으나 요즘은 이용도가 많이 떨어지는 실정이다. 또한 유과는 연하고 입에 녹는 듯한 부드러운 맛이 있으나 튀김공정을 거쳐야 하므로 유지가 산패되어 저장·유통 기간 동안 품질이 변화될 수 있다.

유과는 찹쌀의 수침, 제분, 반죽, 반대기 만들기, 팽화의 과정을 거쳐 제조된다. 즉 찹쌀가루에 청주를 넣고 반죽하여 시루에 찐 것을 꽈리가 일도록 찧어서 반대기 모양을 지어 얇게 밀어서 적당한 크기와 모양으로 썰어서 말려둔다. 이것을 기름에 띄워 지져서 꿀이나 조청을 발라 튀밥이나 깨 등의 여러 가지 고물을 입힌 한과류로 모양에 따라 강정, 산자, 박산, 빈사과 등이 있고, 묻힌 고물에 따라 매화산자, 깨강정 등으로 불린다.

12. 저장

1) 건조

밀기울과 배아를 벗긴 곡류는 밀봉하거나 차고 건조한 곳에 방충 처리하여 보관한다. 상대습도는 70% 이하가 되도록 한다. 75%가 넘으면 곰팡이의 성장이 일어나므로 주의한다. 한 번 개봉한 후에는 단단히 밀봉하여 서늘한 곳에 보관한다. 대부분의 곡류는 적당한 장소에 보관하면 6~12개월 정도는 유지할 수 있다.

2) 냉장

전곡은 산패를 지연시키고 수분에 의한 곰팡이의 성장을 막기 위하여 밀봉하여 냉상 보관한다. 또한 조리한 곡류도 냉장 보관하는데 밀봉하면 약 1주일 정도 보관이 가능하다.

3) 냉동

조리한 곡류는 밀봉하거나 랩을 덮어 냉동하지만 조리하지 않은 곡류는 단백질 구조가 변하기 때문에 냉동하지 않는다.

Ⅱ. 가루제품

가루는 곡류의 배유와 다른 전분식품으로부터 만들어진다. 곡류는 밀, 귀리, 호밀, 보리, 쌀, 옥수수 등이 사용되고, 다른 전분재료로는 콩, 감자, 토란, 칡 등이 이용된다. 이들은 빵, 케이크, 쿠키 제조에 사용되고, 소스, 푸딩, 수프 등의 농후제로 사용되고 있다.

1. 밀가루

1) 밀가루의 종류

단백질의 함량에 따라 강력분(bread flour), 중력분(all-purpose flour), 박력분(cake flour)으로 분류된다. 그 특성은 표 5-5와 같다. 또 다른 분류로 등급별 분류(표 5-6)가 있는데 이는 밀가루의 순도, 즉 외피와 배아 부분이 얼마나 혼합되어 있는가에 따라 분류되며, 회분과 단백질 양이 적을수록 등급은 높다.

표 5-5 》》 단백질 함량에 따른 밀가루의 분류

분류	강력분	중력분	박력분
원료밀 종류	경질초자질	연질초자질	연질분상질
글루텐 함량	11% 이상	10%	8~9%
특성	● 탄력성과 점성이 강함 ● 수분 흡수율 높음 ● 물의 흡착력 강함		● 글루텐의 탄력성과 점성이 약함 ● 물의 흡착력 약함
이용	식빵, 하드롤	우동, 면류	케이크, 튀김옷

표 5-6 》》 밀가루의 등급별 분류

등급	회분	색깔
특등급	0.3~0.4	아주 좋다
1등급	0.4~0.45	좋다
2등급	0.46~0.60	보통
3등급	0.7~1.0	나쁘다
최하등급	1.2~2.0	아주 나쁘다

여러 가지 밀가루 및 밀 가공제품의 단백질 함량은 표 5-7과 같으며, 단백질을 분류하면 그림 5-3과 같다.

표 5-7 》》 여러 가지 밀가루 및 밀 가공제품의 단백질 함량

밀가루	단백질(%)	밀 가공제품	단백질(%)*
글루텐	41	강력분	12.3
전밀(경질밀)	14	중력분	10.0
듀럼밀(경질밀)	13	박력분	7.9
강력분	11	부침가루	20.6
중력분	10	도넛가루	8.5
패스트리용 (연질밀)	9	빵가루	14.2
		튀김가루	7.3
박력분(연질밀)	8	핫케이크가루	7.9

자료 : Brown A.(2008), Understanding food, Thomson Wadsworth, p. 342
 * : 한국인영양섭취기준, 2005

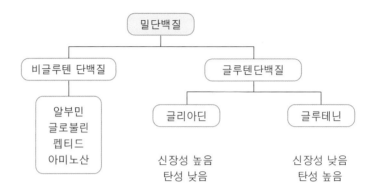

그림 5-3 >> **밀가루 단백질의 분류**

2) 글루텐(gluten)의 형성

밀가루는 빵제품에서 조직, 구조, 향미에 영향을 미친다. 밀가루에 물을 넣어 혼합하면 수화가 일어나고, 공기와 이산화탄소가 생성되도록 반죽하여 단백질인 글루텐을 형성한다. 글루텐은 글리아딘(gliadin)과 글루테닌(glutenin)이 물과 결합하여 그림 5-4와 같이 3차원의 망상구조를 이룬다.

글리아딘은 부드럽고 달라붙는 성질이 있어 글루텐의 응집성과 신장성에 영향을 미쳐 점성을 주고, 글루테닌은 잡아당겨도 잘 늘어나지 않을 정도로 탄력이 강해서 글루텐에 탄성을 준다. 글리아딘은 빵의 부피와 관련이 있고, 글루텐은 빵의 모양을 이루는 중요한 역할을 하며 발효 중 생성되는 가스를 보유하는 기능을 갖게 된다.

글루텐은 반죽시간과 반죽 발전시간에 영향을 주며, 팽화율은 글루텐의 함량이 높을수록 크다.

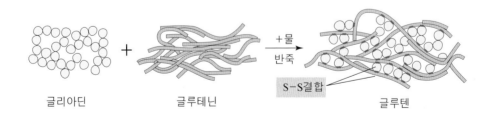

그림 5-4 >> **글루텐 형성**

3) 밀가루에 첨가되는 부재료의 역할

빵이나 과자를 만들 때 밀가루에 첨가되는 우유, 설탕, 달걀, 액체, 지방, 소금, 팽창제의 역할을 보면 그림 5-5와 같다.

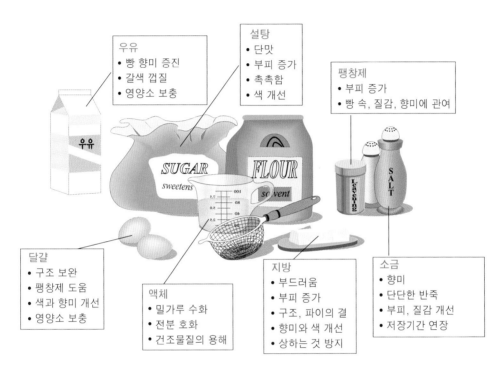

그림 5-5 》 밀가루에 첨가되는 부재료의 역할

(1) 액체

밀가루 반죽에 사용되는 액체는 물, 우유, 과일즙 등이 있다. 이는 밀가루를 수화시키고, 설탕, 소금, 베이킹파우더를 용해시키며, 글루텐을 형성하고 전분을 호화시킨다. 또한 베이킹파우더, 탄산나트륨과 반응하여 탄산가스(CO_2)의 생성을 촉진하며, 가열 시 증기를 형성하여 팽창제의 역할을 한다. 우유를 반죽에 첨가하면 덜 끈적거리고 성형이 용이하여 모양이 잘 보유된다. 또한 발효 동안 발전이 잘되어 팽창되고, 가스를 더 잘 보유하여 부피가 좋다. 이는 우유의 유지방과 레시틴(lecithin) 때문이다. 그리고 우유의 유당(lactose)은 메일라드반응(maillard reaction)을 일으켜 갈색의 빵 껍질을 형성한다. 너무 많은 양의 액체는 촉촉하고 부피가 작은 제품을 만들고, 적은 양의 액체는 건조한 제품이 되어 부피가 작고 곰팡이 냄새가 난다.

(2) 지방

지방은 부드러움을 주고 부피를 증가시키며, 구조와 파이의 결(flakiness), 향미와 색을 개선시키고 상하는 것을 방지한다.

① 연화작용(shortening or tenderizing effect)

지방은 밀가루 반죽에서 글루텐의 망상조직 발달을 억제하여 연화작용을 한다. 즉 지방은 물에 불용성이기 때문에 밀가루 반죽 내에서는 섬유 표면에 흡착되어 있는 수분의 표면에 얇은 막이 형성된다. 이 지방의 피막이 글루텐 표면을 덮고 있으면 글루텐 섬유가 연결되어 길고 질긴 섬유를 형성하지 못하게 된다. 또 파이나 패스트리와 같이 지방을 덩어리로 넣으면 이 덩어리가 반죽하는 동안에 넓은 지방의 막을 형성하여 글루텐의 연결을 차단시키므로 얇은 층이 생기고 구운 후에 바삭바삭해 진다.

② 팽화작용(leavening effect)

케이크를 만들 때 고체 지방은 크림화(creaming)과정에서 설탕의 결정과 함께 반죽 속에 공기를 다량 포함시키므로 제품의 부피를 증가시키고 질감과 조직을 좋게 해준다. 또한 이것이 굽는 동안 팽창제로도 작용한다.

③ 갈변작용(browning effect)

제품 중 적당한 양의 지방이 함유되었을 때 표면이 고루 갈색이 된다.

(3) 팽창제

① 물리적 팽창제

가. 공기

가루를 체에 치는 과정에서 공기가 포함되며, 반죽에 공기가 주입되는 것은 다음과 같은 과정에서 일어난다. 즉, 지방과 설탕의 크림화, 건조물질의 혼합과정, 난백을 이용한 머랭의 혼합과정에서 공기가 주입되는 것이다. 반죽으로 만들어지는 굽는 제품은 공기에 의해 팽창되고 단단한 혼합물 내에서 공기를 포집하여 굽는 동안 부피를 유지한다. 케이크 반죽에서 공기를 빼버린다면 케이크는 구워도 부피가 생기지 않는다. 공기로 가벼워진 세포는 굽는 동안 증기와 이산화탄소를 수집하여 세포를 밀어내고 팽창하여 부피가 생기는 것이다. 공기에 의한 부피 증가는 젓는 횟수, 반죽의 점성, 첨가물의 성질, 굽기 전에 경과되는 시간의 영향을 받는다.

난백으로 거품을 내어 머랭을 만들 때 너무 많은 공기를 주입하면 다른 재료와의 혼합 시 너무 많이 젓게 되어 팽창이 주저앉게 되고, 적당한 머랭도 다른 재료와 혼합 시 천천히 섞어주면 역시 거품이 주저앉아 팽창제의 역할을 못하게 된다.

공기를 포함하는 가장 점성이 있는 반죽의 하나가 설탕과 지방을 혼합하여 크림화해서 만드는 전통적인 케이크(거품형 케이크) 만드는 과정이다. 반죽의 색이 엷어지고 부드러운 상태가 될 때까지 설탕과 지방을 크림화한다. 이때 지방의 점성은 매우 무거운 형태의 거품 안에 공기를 가두어 굽는 동안 팽창되어 기본구조를 형성하게 된다.

사용되는 버터가 차가우면 지방 안에 공기를 작게 포집하고, 녹인 지방이나 식용유와 같은 액체는 표면적이 최소화되어 공기를 포집하기 어렵고, 상온의 지방은 부드러워 공기를 포집하기 가장 좋다. 그리고 굽기 전까지 최대한으로 빨리 반죽해야 공기에 의한 팽창을 꺼지지 않게 할 수 있다.

나. 증기

오븐의 열은 반죽의 수분이나 다른 액체를 증기로 전환시켜 제품을 팽창시킨다. 증기는 팽창효과가 크며, 물이 증기로 변할 때는 용적이 막대하게 증가하는 원리를 이용한 것이다. 증기가 팽창제로 이용될 때는 빠른 시간 내에 고온이 유지되어야 한다. 파이, 패스트리, 증편, 슈크림의 반죽은 거의 스팀에 의해 팽창되는데 이때 공기도 함께 작용하여 부피가 증가된다.

② 생물적 팽창제

반죽의 성분은 발효에 의해 분해되어 탄산가스를 형성하여 팽창시키는 것이다. 이스트(yeast, 효모)의 작용으로 반죽 중의 당을 분해하여 그림 5-6과 같이 이산화탄소와 에탄올이 생성되며, 발효의 최적온도는 27~38℃이고, 많이 사용되는 효모는 *saccharomyces cerevisiae*이다. 설탕은 이스트의 영양원이나 너무 많으면 삼투작용으로 이스트가 건조해져서 죽게 되므로 발효속도가 느려진다. 설탕의 첨가량은 밀가루 무게당 1.5% 정도가 적당하고, 3.5% 이상이면 빵에 잔당으로 남게 된다.

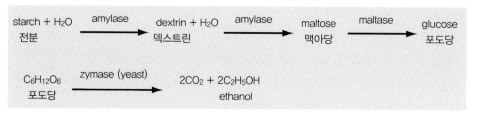

그림 5-6 》 이스트에 의한 발효과정

가. 건조 이스트(dry yeast)

수분량이 적어 보통 상온에서 보관하나 일단 개봉한 것은 냉장고에 보관하고 단시일 내에 사용한다. 46℃의 따뜻한 물에 넣어 수화시키면 활성이 좋아지나, 38℃에서는 활성도 떨어지고 반죽이 끈적끈적해진다. 60℃의 물에 넣으면 죽으므로 주의한다. 끈적끈적한 반죽이 형성되면 찬물이 이스트의 세포막 회복을 더디게 하고, 세포구성물을 용해하기 때문이다.

또한 38℃ 이하에서 수화될 때 세포벽을 통해 이스트로부터 반죽으로 방출되는 글루타티온(glutathione)은 단백질분자 사이의 disulfide결합(-s-s-결합)을 파괴하는 환원제의 역할을 하기 때문이다.

나. 압착형 이스트(compressed yeast)

습기가 70% 정도 함유된 이스트 생세포를 전분과 함께 압착한 것으로 가스를 쉽게 생산할 수 있다. 또한 쉽게 용해되고 안정된 제품을 생산할 수 있어 전문가들이 선호하는 제품이며, 29℃ 정도의 물에 넣으면 활력이 좋아진다. 냉장 보관하지 않으면 곰팡이가 쉽게 생기고 나쁜 냄새가 나게 된다.

다. 스타터(starter)

발효가 시작되게 할 수 있는 것으로 이스트를 넣고 발효시킨 반죽의 일부를 남겨두었다가 스타터로 사용한다. 스타터는 박테리아와 이스트에 의해 이산화탄소가 생성되는 것이다. 일주일에 한번 내지 두 번 빵을 만들 때 사용하며, 보관에 주의를 요한다. 이것은 주로 유럽의 시골가정에서 사용하며, 최근 제과업계에서도 건강을 위하여 사용한다.

알아보기

사워 도우(sour dough, sour dough bread)란?

신선한 이스트 대신 혹은 신선한 이스트에 추가해서 발효된 스타터로 부풀게 한 이스트 도우이다. 밀가루와 수분을 공급하면 계속 살 수 있는 스타터가 있다. 사워 도우로 만든 빵을 사워 도우 빵이라고 부른다. 맛이 시고 싸한 향미가 있으며, 샌프란시스코에는 사워 도우 빵으로 알려져 있고, 가정용으로 건조 사워 도우 스타터가 판매되고 있다. 사워 도우는 대개 다목적용 밀가루로 만들어지지만 전밀이나 호밀가루로도 만들어진다.

③ 화학적 팽창제

밀가루 반죽에 탄산가스를 생성할 수 있는 물질을 첨가하여 화학적으로 이산화탄소를 발생하게 하는 방법이다.

가. 중탄산소다(baking soda)

탄산가스를 생성하여 밀가루 반죽을 부풀게 하나 탄산소다가 남기 때문에 씁쓸한 맛이 나고, 밀가루의 플라본(flavon)색소를 황갈색으로 변화시켜 갈색 반점이 나타나기도 한다. 따라서 소다를 사용할 경우 산이 함유된 물질을 첨가하면 쓴맛과 잔류물 등을 중화시키므로 그림 5-7과 같이 중성염을 형성할 수 있는 당밀, 황설탕, 꿀, 레몬주스, 사과주스, 주석산, 사워크림(sour cream), 버터밀크(buttermilk), 코코아, 초콜릿, 요구르트 등과 같은 산 물질을 첨가해 준다.

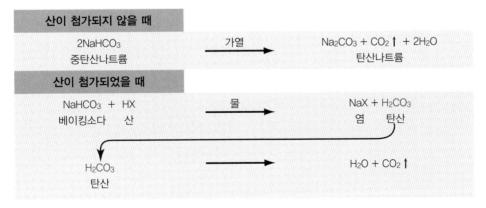

그림 5-7 》 베이킹소다 반응

나. 베이킹파우더(baking powder)

베이킹파우더는 이산화탄소를 생성하여 반죽을 부풀게 하며, 소다의 결함을 보완한 것으로 산이나 산을 형성할 수 있는 재료, 전분 등을 포함한 물질이다. 즉, 베이킹파우더는 베이킹소다에 주석산, 주석영, 인산, 인산염, 알루미늄 화합물의 산이나 산성염과 전분을 혼합하여 만든 것이다. 전분은 습기가 있는 곳에 방치할 경우 습기를 흡수하여 산과 알칼리가 쉽게 반응할 수 있기 때문에 이를 방지하기 위하여 첨가된다.

㉠ 단일반응 분말(single-acting powder)

재료를 혼합하자마자 이산화탄소가 발생되므로 반죽을 오래 하면 이산화탄소의 손실이 많다. 찬물에 쉽게 용해되며, 주석산염 베이킹파우더와 인산염 베이킹파우더가 있다.

* **주석산염(tartar salts) 베이킹파우더**

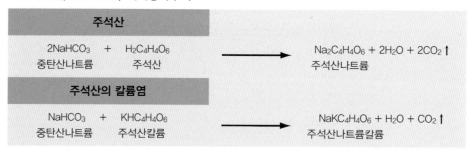

주석산

$$2NaHCO_3 + H_2C_4H_4O_6 \longrightarrow Na_2C_4H_4O_6 + 2H_2O + 2CO_2\uparrow$$
중탄산나트륨　　주석산　　　　　　　　　　　주석산나트륨

주석산의 칼륨염

$$NaHCO_3 + KHC_4H_4O_6 \longrightarrow NaKC_4H_4O_6 + H_2O + CO_2\uparrow$$
중탄산나트륨　　주석산칼륨　　　　　　　　　주석산나트륨칼륨

* **인산염(Phosphate salts) 베이킹파우더**

$$8NaHCO_3 + 3CaH_4(PO_4)_2 \longrightarrow Ca_3(PO_4)_2 + 4Na_2HPO_4 + 8H_2O + 8CO_2\uparrow$$
중탄산나트륨　　일인산칼슘　　　　　　제삼인산칼륨　제이인산나트륨

㉡ 이중반응 분말(double-acting powder)

반죽을 가열할 때까지 소량의 이산화탄소가 발생되다가 가열을 시작할 때 다량의 이산화탄소가 분비되므로 이산화탄소의 손실이 거의 없다. 많이 첨가하면 쓴맛이 있고 구웠을 때 반점이 생기고 너무 적은 양을 첨가하면 무거운 제품이 된다. 그림 5-8과 같은 SAS 베이킹파우더 반응이 있다.

* SAS[sodium aluminum sulfate(SAS)−phosphate] 베이킹파우더

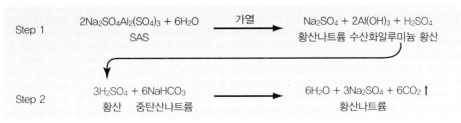

그림 5-8 >> SAS 베이킹파우더 반응

(4) 달걀

달걀은 제품의 구조를 보완하고 팽창제를 도와주며, 색과 향미를 개선하고, 맛을 좋게 한다. 또한 단백질, 지용성 비타민 A, D, E, K와 비타민 B군, 콜레스테롤, 지질을 보충해 준다. 달걀 단백질은 가열에 의해 응고되므로 글루텐을 도와 구워진 제품의 모양을 형성하는 데 도움을 준다. 그러므로 달걀을 많이 사용하면 밀가루 제품이 질겨질 우려가 있다. 기포를 형성하는 과정에서 반죽 내에 공기를 포함시켜 팽창제의 역할을 한다. 달걀의 유화성은 반죽 내의 지방을 유화시켜 고루 분산시키는 작용을 하며, 조직이나 질감을 좋게 하여 제품의 질을 향상시킨다.

(5) 설탕

설탕은 단맛을 줄 뿐 아니라 부피, 촉촉함, 부드러움, 색, 외관에 영향을 미친다. 설탕이 많이 들어가는 케이크에서는 전분의 호화온도를 높이므로 중요하다. 또한 적당량의 설탕은 제품의 부피를 증가시키는데 이는 글루텐이 연화되어 팽창제에서 생성된 발효가스에 의해 보다 쉽게 팽창하기 때문이다. 반죽 내 달걀 단백질은 연화작용을 한다. 즉, 첨가된 설탕이 달걀 단백질의 열에 의한 응고 온도를 높여주기 때문에 고온 처리에 의해 질겨진 달걀 단백질을 연하게 해준다. 수분이 적은 제품에서는 바삭바삭한 질감을 주고 이스트 첨가 제품에서는 이스트의 성장을 촉진시킨다. 반죽을 가열하면 캐러멜화반응과 메일라드반응에 의해 적당한 향미와 갈색을 나타낸다.

(6) 소금

적당량의 소금은 맛을 향상시키며, 글루텐의 강도를 높여주고, 부피, 조직을 개선시킨다. 이스트를 사용할 경우 발효작용을 조절해 준다. 소금을 첨가하지 않으면 발효가 너무 빨리 일어나 반죽이 끈적거리게 되고, 너무 많이 넣으면 이스트의 활성이 감소되어 이산화탄소 생성이 줄어 부피가 줄어든다. 지나치게 사용할 경우 글루텐을

강화하여 질기게 한다. 소금을 밀가루에 첨가하는 경우와 액체에 혼합하는 경우 후자가 글루텐을 더 많이 형성한다. 왜냐하면 소금이 밀가루에 첨가되면 지방이 입자를 덮어 글루텐 형성이 덜 되기 때문이다.

4) 반죽의 종류

반죽은 밀가루와 액체의 비율에 따라 표 5-8과 같이 도우(dough, 된 반죽)와 배터(batter, 묽은 반죽)로 구분된다. 밀가루 반죽에 물을 첨가한 것으로 도마 위에 올려놓고 반죽할 수 있는 정도의 단단한 반죽을 dough라고 하며, soft dough와 아주 된 stiff dough가 있다. 반죽에 충분한 액체가 첨가되어 주걱이나 숟가락으로 쉽게 저어줄 수 있는 상태의 무른 반죽을 batter라고 하며, 아주 묽은 pour batter와 약간 된 drop batter가 있다.

표 5-8 》 반죽의 종류

반죽의 종류		가 루	액 체	용 도
도우 (Dough)	soft dough	1컵	1/3컵	이스트빵, 롤, 비스킷, 스콘, 토르티야(tortillas)
	stiff/firm dough	1컵	1/8컵	파스타, 파이, 패스트리
배터 (Batter)	pour batter	1컵	2/3~1컵	팬케이크, 크레이프, 와플, 케이크
	drop batter	1컵	1/2~3/4컵	머핀, 모카빵

반죽하는 방법에는 젓기(beating), 혼합(blending), 크림화(creaming), 휘핑(whipping), 폴딩(folding)이 있다. 젓기는 재료가 부드러워질 때까지 아래위로 젓거나 휘저어주는 것을 말한다. 혼합은 재료가 모두 합쳐질 때까지 충분히 섞는 것을 말한다. 크림화는 유지와 설탕이 밝고 가벼운 질감이 될 때까지 휘젓는 것이다. 휘핑은 거품 내는 기구로 매우 세차게 혼합하여 공기가 — 휘핑크림이나 난백과 같은 — 식품에 주입되는 것을 말한다. 폴딩은 손이나 큰 스푼 또는 스패튤라로 한 재료를 다른 재료에 천천히 혼합하는 것이다.

(1) 빵 반죽(Yeast bread dough method)

① 직접법(straight dough method)

모든 재료를 반죽기에 한꺼번에 넣고 반죽하는 방법으로 최적의 탄성을 가질 때까지 혼합한다.

② 스펀지법(sponge method)

물에 이스트와 1/3 정도의 밀가루를 넣고 1시간~1시간 30분 정도 따뜻한 곳에 두면 스펀지같이 거품이 일게 된다. 그런 후에 소금을 뺀 나머지 재료를 넣고 반죽한다. 소금은 이스트를 저해하기 때문에 마지막에 첨가한다. 스펀지 상태에서는 글루텐이 형성되지 않는다.

③ 반죽법(batter method)

제품을 빨리 생산하기 위해 반죽하는 방법으로 모든 재료를 한꺼번에 넣고 반죽하므로 가장 간단하다. 작은 구멍이 생기지만 시간이 절약된다. 핫도그, 햄버거번, 롤 같은 제품에 이용한다.

알아보기

베이글(bagel)이란?

도넛 모양의 빵으로 단단하고 씹힘성이 있으며, 빛나는 빵껍질이 있다. 베이글은 밀가루, 물, 이스트, 설탕 등으로 만드는데 지방을 함유하고 있지 않아 씹힘성이 많다. 오븐에 굽기 전에 끓는 물에 익혀서 전분을 감소시키고 씹힘이 있는 껍질을 만든다. 전통적인 베이글은 지방과 달걀을 넣지 않으므로 달걀이 들어간 베이글보다 잘 씹히지 않는다. 베이글은 유대인의 대중적인 음식으로 훈제연어나 크림치즈와 같이 먹는다. 칵테일 크기(4~5cm)의 베이글은 반으로 쪼개어 오드블(hors d'oeuvre)로 제공된다.

(2) 케이크 반죽(conventional(creaming) method)

① 크림법(creaming method)

전통적인 케이크 만드는 방법으로 크림화, 달걀 주입, 건조 재료와 수분 첨가의 3단계로 나눈다. 유지가 밝고 크림화가 될 때까지 설탕을 몇 번에 나누어 넣어 잘 혼합시킨다. 이때 반죽 내 공기입자가 잘 포함되어 굽는 동안 지방이 녹고 공기입자가 외부로 팽창되어 조직이 잘 형성되도록 한다. 달걀이나 달걀노른자는 지방과 설탕이 크림화된 후에 첨가한다. 난백은 따로 휘핑하여 반죽과 혼합한다. 마지막으로 밀가루와 베이킹파우더나 소다, 소금과 같은 건조재료를 체질하여 골고루 섞이게 한다. 그리고 나서 우유와 같은 액체재료를 잘 혼합한다.

② 스펀지법(sponge method)

스펀지법은 공립법과 별립법으로 나눠진다. 공립법은 전란을 이용하여 기포를 얻는 방법으로 스펀지케이크의 제조에서 가장 보편적으로 사용된다. 달걀과 설탕을 휘핑하여 진한 거품용액을 형성시킨 후 밀가루를 첨가한다. 달걀거품에 공기가 많이 들어가서 완성된 스펀지케이크를 잘랐을 때 식빵과는 달리 고운 면이 나오게 된다.

별립법은 달걀노른자와 달걀흰자를 분리하여 각각 설탕을 넣고 반죽한 후 밀가루와 혼합하는 스펀지 반죽을 말한다.

③ 단단계법(single-stage method)

건조재료, 유지, 우유의 일부, 향료를 넣고 혼합한 다음, 달걀, 남은 액체를 넣고 반죽을 혼합하는 것이다.

(3) 패스트리(pastry)

블렌딩법(flour batter method)으로 지방과 밀가루를 2개의 칼이나 스크레퍼를 이용하여 열십자나 가위로 자르듯이 반죽하여 지방과 밀가루가 잘 혼합되도록 한다. 우유의 일부와 설탕, 베이킹파우더, 소금을 넣고 마지막에 달걀, 남은 우유를 넣어 잘 혼합한다.

(4) 비스킷(biscuit)

밀가루, 소금, 팽창제를 넣고 유지를 혼합한 뒤 액체를 넣고 반죽한다.

(5) 머핀(muffin)

이단계 혼합방법(two stage method)으로 건조재료와 습기 있는 재료를 따로 혼합한 뒤 합친다. 밀가루, 액체, 지방, 달걀, 설탕, 소금, 팽창제를 사용하고 밀가루와 액체의 비율은 2:1이며 지방과 설탕의 함량이 많다. 너무 많이 반죽하면 글루텐이 많이 형성되고 내상에 구멍이 크게 생긴다.

(6) 시폰형 케이크(chiffon cake)

시폰형 반죽은 별립법처럼 흰자와 노른자를 나누어서 노른자는 거품을 내지 않고 거품낸 흰자와 화학팽창제로 부풀린 반죽이다.

5) 굽는 동안의 변화

가열하는 동안에 일어나는 변화는 다음과 같다. 공기와 증기, 이산화탄소와 같은 가스의 생성과 팽창이 일어나서 오븐팽창(oven spring)과 오븐라이즈(oven rise)가 발생한다. 오븐팽창은 반죽온도가 49℃에 달하면 반죽이 짧은 시간 동안 처음 크기의 1/3 정도로 급격하게 부피가 팽창되는 것을 말한다. 오븐라이즈는 반죽의 내부온도가 60℃에 이르지 않은 상태로 여전히 이스트가 활동하여 반죽 속에 가스를 생성하여 반죽의 부피가 조금씩 커지는 것을 말한다. 지방이 녹고, 전분이 호화되면서 전분의 덱스트린화와 메일라드반응이 일어난다. 또한 밀가루, 달걀, 우유 단백질이 응고되고, 수분이 증발되며, 설탕의 캐러멜화로 표면이 갈색이 된다. 이 모든 반응으로 제품의 구조가 완성된다.

2. 호밀가루

호밀가루는 주로 글리아딘을 함유하며 글루테닌은 적다. 그래서 호밀가루로 만든 빵은 밀가루로 만든 것보다 조직이 더 촘촘하다. 이는 물과 친화력이 강한 수용성 탄수화물인 펜토산(pentosan)이 많이 함유되어 있어 기포가 잘 분포되지 못하기 때문이다. 밀가루와 혼용하면 보다 가벼운 다공질의 빵이 만들어진다.

3. 옥수수가루

옥수수의 주단백질인 제인(zein)은 글루텐의 특성이 전혀 없으므로 밀가루와 혼합하여 사용한다.

옥수수전분은 농후제로 사용되며, 배유에서 단백질을 제거하여 전분만으로 만든다.

4. 메밀가루

메밀가루는 밀가루보다 단백질 함량은 낮고, 전분의 함량은 많아 밀가루와 같은 제빵 특성이 없으며, 주로 국수, 팬케이크, 와플, 크레이프(crêpe)의 재료로 사용된다.

알아보기

부침가루, 튀김가루의 차이점은?

식품조리의 편리성을 위하여 부침의 용도, 튀김의 용도로 밀가루를 가공한 것이다. 튀김가루나 부침가루에는 기본 밀가루에 여러 가지 혼합물을 첨가한 것이다. 부침가루는 부풀릴 필요가 없고, 부드럽고 찰져야 하므로 전분이 들어간 것으로 전 부칠 때 사용한다. 튀김가루는 부풀리게 해서 바삭한 느낌을 줘야 하므로 재료 중에 박력분의 비율이 높고, 베이킹파우더가 들어 있어서 튀김을 하면 부풀어 오르는 효과가 있고, 전분가루가 포함되어 있어 바삭기린다.

부침가루의 첨가물	튀김가루의 첨가물
 원재료명 : 밀가루, 옥수수가루, 쌀가루, 감자전분, 소금	 원재료명 : 밀가루(박력분), 백설탕, 정제 소금, 베이킹파우더(산도조 절제, 전분, 스테아린산칼슘)

5. 쌀가루

쌀가루는 멥쌀을 물에 침지하여 가루낸 것으로 전분이 주성분이며, 떡, 죽, 전 등에 사용된다. 쌀을 깨끗이 씻어 일어 여름에는 8시간, 겨울에는 10~12시간 정도 불려 소쿠리에 건져서 물기를 뺀 후 가루로 낸다.

 알아보기

곡류의 단백질은?

- 멥쌀 : 오리제닌(oryzenin)
- 밀 : 글리아딘(gliadin), 글루테닌(glutenin)
- 보리 : 호르데인(hordein)
- 옥수수 : 제인(zein)

6. 저장

가루제품은 해충이 다니지 못하는 통에 넣어 서늘하고 건조한 곳에 보관한다. 그러나 지방이 풍부한 배아가 포함된 전곡가루는 산패되기 쉬우므로 냉장 보관한다.

06
서류와 두류

06. 서류와 두류

I. 서류

서류는 땅속줄기나 뿌리의 일부가 전분과 다당류로 저장된 것을 말하며, 감자, 고구마, 카사바, 돼지감자, 토란, 마 등이 있다. 서류는 수분 함량이 70~80%로 곡류에 비해 저장성이 낮고, 전분 함량이 많아 주식이나 주식대용으로 사용된다.

1. 서류의 구성성분

서류의 구성성분은 표 6-1과 같으며, 당질이 고형성분의 대부분을 차지하고 있다. 당질의 대부분은 전분이며, 종류에 따라 다당류인 섬유소, 펙틴물질 및 헤미셀룰로오스 등과 단순당인 포도당과 이당류인 자당, 맥아당 등을 포함한다. 감자, 고구마와 칡뿌리에 칼륨이 비교적 풍부하고, 비타민 C의 함량이 많다.

표 6-1 》 **서류의 영양소 성분 함량**   (가식부 100g당)

식품	열량 (kcal)	수분 (%)	단백질 (g)	지질 (g)	당질 (g)	섬유질 (g)	회분 (g)	무기질(mg)					비타민(mg)					
								칼슘	인	철	나트륨	칼륨	A (RE)	β-카로틴 (μg)	B$_1$	B$_2$	나이아신	C
감자	66.0	81.4	2.8	0.0	14.6	1.40	1.1	4.0	63.0	0.6	3.0	485.0	0	0	0.11	0.06	1.0	36.0
고구마	128.0	66.3	1.4	0.2	31.2	2.32	0.9	24.0	54.0	0.5	15.0	429.0	19.0	113.0	0.06	0.05	0.7	83.7
곤약, 판형	23.0	93.6	0.3	0.0	5.7	2.20	0.4	126.0	8.0	0.3	7.0	42.0	0	0	0.01	0.05	0.3	2.0
산마	95.0	73.5	5.1	0.7	19.6	2.51	1.4	27.0	53.0	0.2	–	–	0	0	0.10	0.02	0.4	9.0
칡뿌리	135.0	60.30	1.9	0.4	36.1	2.40	1.3	15.0	14.0	2.6	–	–	2	11	0.12	0.04	0.7	6.0
토란	58.0	83.2	2.5	0.2	13.1	2.82	1.0	27.0	45.0	0.5	2.0	365.0	1	5	0.08	0.03	0.8	7.0

자료 : 식품 영양소 함량 자료집, 2009

2. 서류의 종류

1) 감자(potato)

감자는 남미 안데스산맥의 고산지대가 원산지이며, 16세기경 유럽에 소개되어 지금 전 세계에서 이용하고 있는 식품으로 우리나라에는 조선시대 후기에 도입되었다.

(1) 성분

감자는 회분 함량이 0.8% 정도이며, 칼륨이 많아 알칼리성 식품으로 분류된다. 나이아신과 비타민 C의 함량이 높은 편이며, 감자의 비타민 C는 가열조리에 비교적 안전하다.

감자에는 솔라닌(solanine)이라는 알칼로이드(alkaloid)가 들어 있는데, 감자의 싹 부위와 햇빛에 노출되어 녹색으로 변한 껍질 부분에 많이 존재한다. 솔라닌은 독성이 있어 위장 장애를 일으키며, 다량 섭취 시 중추신경계 손상이 일어나므로 싹 부분을 제거한 후 조리한다.

(2) 종류

감자를 익혔을 때 질척한 질감의 점질감자(waxy potato)와 부서지기 쉬운 분질감자(mealy potato)가 있다. 이런 감자의 구분은 주로 세포 간의 결합력, 전분의 충실도와 단백질의 함량 등에 달려 있다. 전분이 충실하게 형성되어 전분 함량의 비중이 높은 경우에 분질감자가 된다. 분질감자와 점질감자의 구별은 비중을 측정하여 알 수 있나. 즉, 물 11컵에 소금 1컵을 누여 감자를 껍질째 담갔을 때 뜨면 비중이 낮은 감자로 점질감자이고, 비중이 높아 가라앉는 감자는 분질감자이다.

표 6-2 》》 **점질감자와 분질감자의 비교**

분류	점질감자	분질감자
비 중	1.07~1.08	1.11~1.12
특 징	삶아도 모양이 변하지 않음	삶으면 껍질이 터지고 가루분이 생김
전분	적다	많다
수분	많다	적다
당	많다	적다
질감	가열하면 반투명하고 먹을 때 촉촉한 느낌	가열하면 윤이 안 나고 보실보실하며 파삭파삭한 느낌
조리방법	볶기, 끓이기, 조림, 삶기 수프, 샐러드	찌기, 오븐 굽기, 튀기기 으깬 감자(mashed potato)
종 류	한국감자(대지마) 미국 셰프감자(chef potato)	한국감자(남작, 수미, 자주) 미국 아이다호(Idaho), 러셋(russets) 각종 수입 냉동감자

(3) 감자의 갈변

껍질을 벗긴 감자를 공기 중에 방치하면 그림 6-1과 같이 갈변현상이 일어난다. 이것은 효소적 갈변반응의 일종으로 감자 절단 시 세포가 손상되고 파괴되어 세포 내의 티로시나아제(tyrosinase)라는 산화효소가 노출되면서 타이로신(tyrosine)과 반응하여 멜라노이딘(melanoidine)이라는 갈색물질을 형성하기 때문이다. 감자의 갈변을 방지하려면 티로시나아제는 수용성이므로 껍질 벗긴 감자를 물에 담가 놓는다. 또한 자른 감자를 비타민 C 용액에 담그면 건진 후에도 갈변을 막을 수 있다.

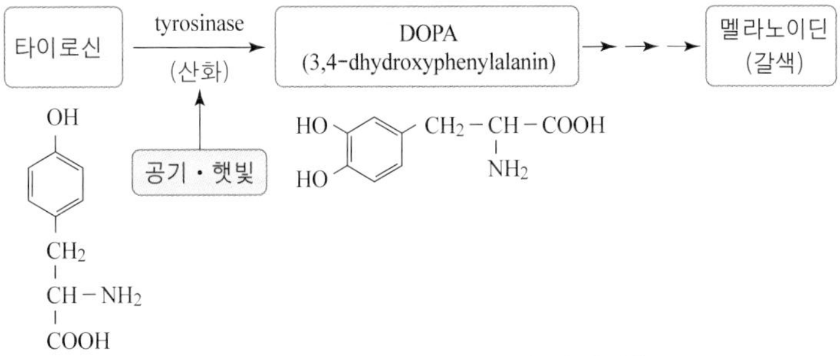
타이로신
tyrosinase
(산화)
DOPA
(3,4-dhydroxyphenylalanin)
멜라노이딘
(갈색)
공기 · 햇빛
OH
CH2
CH - NH2
COOH
HO
HO
CH2 - CH - COOH
NH2

그림 6-1 〉〉 감자의 효소적 갈변반응

(4) 감자의 조리

감자의 조리법은 아주 다양하지만 많이 이용되는 조리법을 소개하면 표 6-3과 같다.

표 6-3 〉〉 감자의 조리법

조리법		내용
습열 조리법	찐 감자	증기를 이용하여 쪄서 소금에 찍어 먹는다.
	감자조림	감자를 한입 크기로 잘라 모서리를 다듬은 후 냄비에 기름을 넣고 볶아 1/3 정도 익힌다. 여기에 간장 양념장을 넣고, 육수를 넣어 졸인다. 설탕으로 단맛을 조절하고, 물엿을 넣어 윤기나게 한다.
	으깬 감자	삶은 감자를 식기 전에 체에 내려야 잘 으깨진다. 분질감자가 좋은데 용해성 펙틴(pectin)이 많기 때문이다. 이것이 고온일 때 유동성이 있어 세포분리가 용이하다. 온도가 낮으면 세포 간 물질인 펙틴이 유동성을 잃게 되어 세포의 분리가 어렵게 되므로 뜨거울 때 으깨 조직 전체를 세포단위로 분리시킨다.
건열 조리법	감자볶음	점질감자를 사용한다. 감자를 찬물에 씻어서 전분을 제거하고, 물기를 제거해야 볶을 때 팬에 붙지 않는다.
	감자전	감자를 강판에 갈아 소금을 넣어 반죽한 뒤 번철에 지진 전으로 강원도의 향토음식이다. 강원도의 감자전은 감자와 소금만으로 간을 하여 전을 만드나, 근래에는 기호에 따라 부추, 당근, 버섯, 양파 등을 넣고, 다진 마늘과 소금으로 간을 하여 부치기도 한다.
	포테이토칩 (potato chips)	얇게 썬 감자의 수분이 5% 이하가 되도록 튀긴 것이다. 얇게 썬 감자를 물에 담갔다 건지면 전분과 당이 씻긴다. 이렇게 해야 끈적끈적해지지 않는다. 처음에는 저온에서 튀기고, 180℃에서 한 번 더 튀긴다.
	감자튀김 (french fried potato)	분질감자를 다양한 형태와 크기로 만든 감자튀김은 보통 2번 튀기는데, 120~150℃에서 감자가 투명해질 정도로 튀기고, 180~190℃에서 한 번 더 튀긴다. 패스트푸드점의 튀김용 감자는 165℃에서 1차로 튀겨 냉동해 둔 것이다. 이것을 서비스 직전에 190℃에서 2차로 튀긴 것이다.
복합 조리법	해시 브라운 포테이토 (hash-brown potato)	익힌 감자를 곱게 다져서 납작하게 만들어 갈색이 될 때까지 튀긴 것으로 아침식사로 많이 이용된다.

알아보기

감자전분 만들기

감자전분은 감자의 껍질을 벗겨 조각낸 후에 감자를 블렌더(blender)로 잘 간다. 갈아 놓은 감자의 거품을 제거하고, 가만히 놔두면 전분이 가라앉는다. 2～3번 물을 갈아준다. 가라앉은 전분이 투명하게 비춰지면, 앙금을 남기고 물을 가만히 따라 버린다. 가라앉은 앙금을 종이나 쟁반에 펼쳐 3～4일간 말린다. 말린 전분을 분쇄기에 넣고 곱게 분말로 갈면 최고의 감자전분이 된다.

2) 고구마(sweet potato)

고구마의 원산지는 남미이며, 아메리카 대륙에서 발견한 이래 전 세계에 전파되었고, 우리나라에는 18세기경에 보급되어 남부 지역에서 많이 생산되고 있다.

(1) 성분

고구마의 주성분은 당질이며, 그 대부분이 전분이다. 이외에 덱스트린, 포도당, 자당, 맥아당 등이 있어 단맛을 낸다. 생고구마를 저장해 두면 전분은 감소하고, 당분이 증가한다. 이는 아밀라아제(β-amylase)가 저장 중에 전분을 맥아당으로 분해하여 당화하기 때문이다. 고구마의 색은 카로틴의 영향으로 노란색을 띠고, 고구마를 자르면 유백색의 점액이 흘러나오는데 이것은 얄라핀(jalapin)이라고 하는 수지배당체이다.

고구마는 밥보다 칼로리가 적으면서 위에 머무는 시간이 길어 배고픔을 덜 느끼게 한다. 또한 고구마에 풍부하게 들어 있는 식물성 섬유가 장의 움직임을 활발하게 하여 변비를 해소하고, 혈청 콜레스테롤을 감소시킨다. 또한 칼륨의 이뇨작용과 비타민 E의 혈액 촉진작용 등이 있다. 그러나 미생물에 의해 장내에서 이상 발효하여 배 속에 가스가 차기 쉽다.

(2) 종류

고구마를 찌거나 구웠을 때 수분이 적고 밤과 같은 질감의 분질고구마와 수분이 많고 단맛이 강한 점질고구마가 있다. 분질고구마는 전분이 많고 맛이 좋아서 식용에 적합하나, 점질고구마는 전분이 비교적 적고 수분이 많아서 식용보다는 전분 및 사료제조에 쓰인다. 고구마는 중국요리에 많이 쓰이고, 여러 가지 가공조리에 많이 이용되며, 전분, 물엿, 제과, 알코올, 위스키, 소주 등의 가공원료로 사용된다.

호박고구마는 육질이 호박처럼 노란색을 띤다고 하여 붙여진 명칭이다. '속 노란 고구마'나 '꿀고구마', '당근고구마'라고도 부른다. 날것일 때는 주황색을 띠고, 익히면 짙은 노란색을 띤다. 물고구마와 호박을 교접하여 육성한 것으로, 생미, 안미, 신황미, 주황미 등의 품종이 있다. 모양은 대체로 방추형이며, 잎이 붉은색을 띠어 다른 고구마와 구별하기 쉽다. 일반 고구마에 비하여 크기는 작은 편이지만, 수분과 당분이 풍부하며 소화도 잘된다. 날것으로 먹을 수 있도록 육성된 것이므로 과일처럼 깎아 먹거나 샐러드 등으로 이용하여도 좋다. 익혀서 먹으면 재래종 물고구마와 같은 찐득하고 달콤한 맛을 느낄 수 있다. 밤고구마보다 섬유질이 많으며, 밤고구마는 퍼석퍼석한 데 비하여 호박고구마는 물렁물렁한 편이다. 껍질에 윤기가 있고 표면이 매끄러우며, 모양은 유선형이고 잔뿌리가 가는 것이 우량품이다.

3) 토란(taro)

토란은 땅속의 달걀이라고 하며, 원산지는 인도이고, 동남아시아에서 주식으로 이용한다. 우리나라에서는 추석 전후에 많이 이용한다. 수분 함량이 많아 열량이 낮은 편이며, 주성분은 전분, 펜토산 등의 탄수화물이고, 이외에 단백질, 비타민 등이 소량 들어 있다. 껍질을 벗기면 점질물이 있는데, 이것은 갈락토오스와 단백질의 결합체인 수용성의 당단백질로 갈락탄(galactan)이라 한다. 이 갈락탄은 미끈미끈한 점성물질이다.

토란의 껍질에는 수산칼슘이 많아서 토란을 만지면 손이 가려워지는데 이때 소금물에 씻으면 쉽게 낫는다. 토란의 아린맛은 소금물로 데치는 과정에서 없어지고 점질물도 제거된다. 토란 조리 시 끓는 물에 데쳐서 점질물을 제거한 후에 양념을 해야 맛이 효과적으로 침투될 수 있다.

4) 산마(yam)

마의 주성분은 전분과 점액물질이며, 점액물질은 뮤신(mucin)으로 단백질과 만나 결합한 것이다. 마는 점성이 강하여 갈아서 생식하거나 삶아서 이용한다. 주로 조림, 전, 샐러드, 튀김, 마즙, 마젤리 등에 이용된다.

5) 카사바(cassava)

카사바는 남아메리카가 원산지이며, 덩이뿌리를 이용한다. 주산지는 열대, 아열대 지역으로 브라질, 태국, 인도네시아 등지에서 주로 생산된다. 카사바에는 전분이 20~25% 함유되어 있고, 칼슘과 비타민 C가 풍부한 편이다. 타피오카(tapioca)는 카사바 뿌리에서 분리한 식용 전분을 말하며, 열대지방의 중요한 식량자원이다. 타피오카는 알코올 발효 원료, 빵 제조, 과자 제조 등에 사용된다.

6) 구약감자(glucomannan)

구약감자는 인도차이나반도가 원산지로 일본 중부의 산간 지역에서 주로 생산된다. 이 구약감자를 이용하여 곤약(konjak)을 만든다. 구약감자의 뿌리를 말려 섬유질을 제거한 가루나 으깬 것으로 만들 수 있다. 곤약은 혈중 콜레스테롤 저하작용이 있다. 곤약은 젤을 형성한 상태로 판매되며, 독특한 향이 나므로 조리 시 끓는 물에 데쳐서 사용한다.

7) 돼지감자(jerusalem artichoke)

돼지감자는 '뚱딴지'라고도 하는데, 주성분은 과당의 다당류인 이눌린(inulin)으로 산이나 효소, 가수분해에 의해 과당의 원료가 된다. 사람의 체내에는 이눌린을 분해시키는 효소가 없어 소화하지 못하므로 사료용으로 사용한다.

8) 야콘

원산지는 남아메리카 안데스 지방의 볼리비아와 페루이며, 원산지에서는 '땅속의 배'로 불린다. 국화과의 식물로 뿌리의 생김새가 고구마와 비슷하고, 당도가 높아 식용으로 재배되는 작물이다. 한국에는 1985년에 들어와 강화군, 상주시, 괴산군 등에서 재배하며, 일본으로 수출도 한다.

식용으로 이용되는 부위는 주로 덩이뿌리이다. 덩이뿌리는 고구마처럼 단맛이 나고 배 맛같이 시원하며 수분이 많다. 주된 성분은 프락토올리고당(fructooligo-saccharide), 이눌린(inulin), 폴리페놀(polyphenol) 등이며, 알칼리성 식이섬유도 많이 들어 있다. 어린잎은 샐러드용으로 사용하고, 수확기의 잎은 차로 이용한다. 대표적인 음식은 야콘 냉면, 야콘 국수, 야콘 호떡 등이 있다.

Ⅱ. 두류

1. 두류의 구성성분

전통적인 한국인의 식생활에서 두류는 단백질 공급원으로 큰 역할을 해 왔다. 두류 단백질은 식물성 단백질이지만 생물가가 높고, 경제성도 높아 단백질 급원식품으로서 중요하다. 콩류는 잡곡밥, 콩조림 등에 이용하기도 하고, 두부, 두유 등의 가공식품이나 장류와 같은 발효식품의 제조에 사용한다.

두류의 종자구조는 그림 6-2와 같이 종피(seed coat), 배아(germ, hypocotyl), 자엽(cotyledon) 부분으로 나누어져 있으며, 타원형의 종자 한쪽 중심에 배꼽(hilum)이 있고 그 반대쪽에 작은 주공(micropyle)이 있다. 종피는 물을 투과하지 않는 조직으로 전체의 약 9%를 차지하며, 종실의 색은 노란색, 녹색, 검은색 등으로 다양한 색을 띠는데 이것은 엽록소나 플라보노이드 등의 색소가 함유되어 있기 때문이다. 미숙한 콩에는 엽록소가 대부분을 차지하여 녹색으로 보이나 성숙해 감에 따라 엽록소가 파괴되고 플라보노이드가 나타난다. 가식부인 자엽은 전체의 88~90% 정도를 차지하며, 영양분을 저장하는 저장소이다. 콩의 배아 부분은 발아, 성장하는 곳으로 약 2.5%를 차지하고, 콩의 종피를 제거할 때 자엽에서 쉽게 떨어져 나간다.

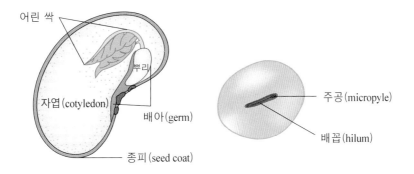

그림 6-2 》 **콩의 구조**

두류는 대두·땅콩과 같이 단백질·지방 함량이 많은 것과, 강낭콩·녹두·동부·완두·팥과 같이 당질 함량이 많은 것으로 나뉜다. 두류의 영양소 성분 함량은 표 6-4와 같이 칼슘, 인, 칼륨이 많으며, 엽산이 풍부하다.

표 6-4 〉〉 두류의 영양소 성분 함량

(가식부 100g당)

식품	열량 (kcal)	수분 (%)	단백질 (g)	지질 (g)	당질 (g)	섬유소 (g)	회분 (g)	무기질(mg)					비타민(mg)					
								칼슘	인	철	나트륨	칼륨	B₁	B₂	B₆	나이아신	엽산	E
강낭콩	338.0	10.4	21.2	1.1	63.9	39.31	3.4	99.0	338.0	8.9	2.0	2,436.0	0.41	0.31	0.36	1.9	456.5	0.30
녹두	335.0	10.9	22.3	1.5	62.0	17.49	3.3	100.0	335.0	5.5	2.0	1,323.0	0.40	0.14	0.52	2.0	237.4	0.90
동부	333.0	11.5	22.2	2.1	60.3	15.78	3.9	121.0	381.0	4.8	2.0	1,573.0	0.68	0.15	0.24	2.7	1349.9	0.70
완두	343.0	8.1	20.7	1.3	67.1	24.57	2.8	85.0	248.0	5.8	5.0	926.0	0.49	0.25	0.29	1.7	162.8	0.80
팥	337.0	8.9	19.3	0.1	68.4	17.6	3.3	82.0	424.0	5.6	1.0	1,180.0	0.54	0.14	0.39	3.3	191.1	0.60
대두 노란콩	400.0	9.7	36.2	17.8	30.7	17.1	5.6	245.0	620.0	6.5	2.0	1,340.0	0.53	0.28	0.54	2.2	317.8	0.83
대두 서리태	378.0	11.7	34.3	18.1	30.5	17.1	5.4	224.0	629.0	7.8	5.0	1,539.0	0.34	0.22	0.54	1.9	288.1	0.83
땅콩	534.0	7.7	24.8	45.2	17.0	7.74	2.4	52.0	398.0	1.6	3.0	640.0	0.51	0.10	0.46	21.0	145.0	10.90
두유	70.0	86.6	4.4	3.6	4.7	1.50	0.7	17.0	53.0	0.7	135.0	9.0	0.04	0.04	0.06	0.4	34.1	0.30
두부	84.0	82.8	9.3	5.6	1.4	2.50	0.9	126.0	140.0	1.5	5.0	90.0	0.03	0.02	0.04	0.2	15.3	0.60
콩나물	31.0	89.5	5.1	1.2	3.5	2.50	0.7	36.0	66.0	1.3	6.0	240.0	0.11	0.10	0.04	0.7	96.9	0.20
숙주나물	11.0	95.7	2.2	0.1	1.7	1.80	0.3	15.0	32.0	0.60	3.0	123.0	0.04	0.05	0.05	0.5	61.0	0.10

자료 : 식품 영양소 함량 자료집, 2009

1) 단백질

두류는 단백질의 함량이 곡류보다 3~6배 많아 우수하고, 필수아미노산인 이소류신(isoleucine), 류신(leucine), 페닐알라닌(phenylalanine), 트레오닌(threonine)과 발린(valine)이 풍부하다. 특히 곡류에 부족한 라이신(lysine)의 함량이 높기 때문에 두류와 곡류를 혼합하여 식사를 하면 그림 6-3과 같이 단백가를 보완하는 데 효과적이다. 즉, 쌀 100g에는 라이신이 225mg 함유되어 있으나 콩 5g을 혼합하면 97.3mg을 더 가하게 되어 322.3mg이 되어 단백가도 증가하게 된다. 대두 단백질은 글리시닌(glycinin)이 대부분이고, 팥에는 파세올린(phaseolin)의 함량이 많다.

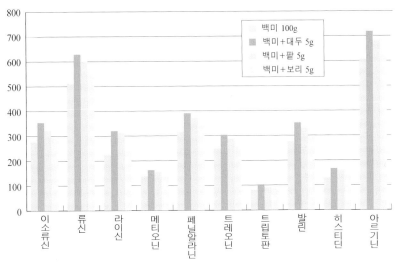

그림 6-3 >> **단백질 보완효과**

🔍 **알아보기**

생물가(biological value)와 단백가(amino acid score)란?

단백질의 질을 숫자적으로 표시하는 방법으로 생물가와 단백가가 가장 많이 쓰인다.

$$생물가(biological\ value) = \frac{보유된\ N}{흡수된\ N}$$

$$단백가 = \frac{식품\ 중의\ 제1아미노산의\ 양(mg/gN)}{FAO\ 표준\ 아미노산(mg/gN)} \times 100$$

일반적으로 생물가가 70 이상이면 양질의 단백질로 평가된다.

2) 지질

두류에는 불포화지방산이 풍부하게 들어 있다. 대두에는 올레산이 28.9%, 리놀레산이 50.7% 함유되어 있으므로 필수지방산의 급원식품이다.

3) 무기질과 비타민

두류는 곡류에 비해 칼슘, 인, 철 등이 풍부하게 함유되어 있으나 비타민 A와 비타민 C의 좋은 급원식품은 아니다. 그러나 콩나물과 숙주나물은 발아하여 성장 시 비타민 C가 합성되므로 비타민 C의 함량이 많다.

2. 두류의 종류

두류는 수분 함량이 12~17%로 곡류와 같이 건조된 상태로 보관되기 때문에 조리 전에 흡수 팽윤시키는 과정이 반드시 필요하다. 흡수량은 콩의 종류와 초기 수분 함량에 따라 다르고, 수온의 영향도 받는다.

1) 대두(soybean)

대두는 콩의 껍질 색에 따라 황대두, 흑대두, 청대두로 분류하며, 종류와 용도 및 특징은 표 6-5와 같다.

콩은 조리 전에 장시간 물에 담가 충분히 불린 다음 가열해야 쉽게 물러진다. 검은콩이나 대두 등은 5~6시간, 팥, 녹두 등은 12시간 정도 물에 담가둔 후에 조리한다.

담가둔 물의 온도에 따라 시간이 달라지며, 높은 온도의 물에 담가두면 균이 번식할 우려가 있다. 날콩에는 단백질의 소화흡수를 방해하는 트립신 저해제(trypsin inhibitor)가 들어 있으나 가열처리하면 그 기능을 상실한다.

표 6-5 》 대두의 종류와 용도 및 특징

분류	종류	용도	특징
황대두 (노란콩· 흰콩)	대립 황대두	콩조림	● 콩의 껍질과 속살이 황색 ● 수입 대두의 대부분을 차지함
	중립 황대두	두부, 된장, 콩국	
	소립 황대두	낫토	
흑대두 (검은콩)	흑태 : 흑대두 중에서 가장 큼	콩밥, 콩조림	● 콩의 껍질에 안토시아닌색소가 있어 검은색
	서리태(속청태) : 속은 녹색	콩밥, 콩조림, 콩떡	
	서목태(여두, 약콩, 쥐눈이콩) : 작음	한방약재, 콩밥	
청대두 (푸른콩)	청태(청대콩, 푸르대콩)	콩조림, 두부, 콩국, 된장, 미숫가루, 과자	● 콩의 껍질과 속살이 녹색 ● 라이신이 풍부함

알아보기

대두의 기능성

대두의 지질은 약 18% 함유되어 있으며, 필수지방산의 급원이고, 대두의 단백질은 혈중 콜레스테롤을 감소시킨다. 대두 1g당 약 1mg 함유된 이소플라본(isoflavone)은 식물의 페놀계 노란색 색소인 플라보노이드의 하나로, 에스트로겐(estrogen) 완충작용을 하여 유방암 예방에 기여하며, 골다공증 치유에도 효과가 있다. 또한 대두의 사포닌(saponin)은 항산화작용을 하며, 콜레스테롤을 낮추는 효과가 있다. 대두의 올리고당(oligosaccharide)은 대장의 정장작용을 하며, 식이섬유소는 포만감을 주고, 변비 예방에도 효과가 있다.

2) 팥(red bean, adzuki bean)

붉은 팥은 거피가 잘 안 되므로 삶은 후 걸러서 껍질을 제거한다. 팥은 12시간 이상 불린 다음 미리 삶아서 이용한다. 팥 껍질에는 사포닌(saponin)이라는 배당체가 있어 물에 담그거나 가열할 때 거품이 난다. 따라서 팥을 삶을 때에는 한 번 끓인 물을 따라 버린 다음, 다시 물을 붓고 삶아야 떫은맛을 없앨 수 있다. 삶은 팥은 팥밥에 이용되기도 하고, 체에 걸러서 껍질을 제거한 다음 체에 내려 팥죽이나 양갱을 만드는 데 사용된다. 또는 두꺼운 냄비에 넣고 약한 불에서 눋지 않도록 계속 저으면서 가열하여 물기를 제거한 다음 고물이나 소로 이용한다. 팥은 전분 함량이 많고, 전분은 강한 세포막에 둘러싸여 있어 가열하면 전분입자가 팽윤 호화되어 세포 내에 가득해지나 세포막이 강해 전분입자가 유출되지 않고 각각의 세포로 분리되므로 보슬보슬한 떡의 소와 고물로 만들 수 있다.

3) 녹두(mung beans, green gram)

녹두는 껍질이 두껍기 때문에 주로 반으로 갈라 유통된다. 쪼갠 녹두를 물에 담가 불린 다음 먼저 껍질을 제거한다. 껍질을 제거한 녹두를 곱게 갈아 고명과 함께 빈대떡을 지져낸다. 녹두는 전분 함량이 많아 아밀라아제 활성도가 높다. 빈대떡을 부칠 때 미리 갈아 놓으면 아밀라아제가 작용하여 묽어진다. 따라서 빈대떡을 부칠 때 분쇄기에 갈아 바로 지져내는 것이 좋다. 녹두는 대두에 비해 전분 함량이 많으므로 청포묵, 죽, 떡소, 떡고물 등을 만든다. 또한 콩나물처럼 싹을 길러 숙주나물로도 많이 이용한다.

맷돌을 사용하는 이유?

녹두를 불려 마쇄기로 갈아 빈대떡을 부칠 때, 맷돌, 블렌더, 푸드 프로세서 등을 사용하는데, 맷돌에 갈아서 빈대떡을 부치는 것이 가장 맛이 좋다. 양식에서도 토마토 소스를 푸드 밀(food mill)에 분쇄하는 것이 블렌더에 가는 것보다 재료 자체의 맛을 더 즐길 수 있다.

4) 완두(pea)

완두는 당질이 주성분이며, 그 대부분은 전분이다. 미숙한 완두를 청완두(green peas)라 하여 수분이 많고, 단맛이 있어 통조림으로 많이 이용한다.

5) 강낭콩(kidney bean)

강낭콩은 그 모양이 신장과 비슷해서 영어로는 'kidney bean'이라고 한다. 강낭콩의 당질은 60.9%로 대부분이 전분이며, 단백질이 20.2%이고, 지질은 1.8%로 적다. 밥을 지을 때 넣거나 떡소, 떡고물, 양갱, 통조림 등에 사용된다.

3. 두류의 조리

두류 중 가공식품에 가장 많이 이용되는 것은 대두이다. 대두를 이용한 가공식품에는 된장, 간장, 고추장, 청국장을 비롯하여 두부, 두유, 콩나물, 대두 단백제품, 콩기름 등이 있다. 대두에 함유된 이소플라본의 항암효과로 대두와 대두 가공식품의 소비가 향상되었다. 이소플라본의 함량은 대두 자체보다는 두류 발효식품에 더 많이 들어 있다.

1) 습열조리법

(1) 콩조림

콩조림을 만들 때 콩을 충분히 불린 다음에 삶는다. 충분히 불리지 않고 삶으면 쉽게 물러지지 않고, 간장이나 설탕의 맛이 쉽게 배어들지 않기 때문이다. 또한 설탕이나 간장을 먼저 넣고 삶으면 삼투현상으로 콩에서 수분이 나와 콩이 쭈글쭈글해지고 딱딱해진다. 따라서 잘 불린 콩을 무르게 삶은 다음 간장과 설탕을 넣고 조려야 맛이 잘 배고 외관상 좋다. 마른 콩을 불릴 때 1%의 식염수에 담근 후 그 용액에서 직접 가열하면 콩이 훨씬 부드럽게 익는다. 대두의 단백질인 글리시닌(glycinin)은 식염과 같은 중성용액에 잘 녹기 때문에 그 효과가 더욱 크다.

(2) 콩국수

콩국수는 차갑게 식힌 콩국에 국수를 넣어 먹는 음식으로 여름에 인기가 많다. 콩국은 물에 불린 대두를 삶아서 껍질을 제거한 후 갈아서 베에 걸러 준비한다. 베 보자기에 거르고 남은 콩찌꺼기는 비지로 찌개를 만들어 먹기도 한다. 국수는 밀가루에 역시 콩국을 섞어서 반죽하여 만든다. 소금으로 간을 하고, 깨를 뿌려 고소한 맛을 더하기도 한다. 믹서가 나오기 전에는 맷돌에 콩을 갈아서 국물을 만들었다.

2) 건열조리법

콩가루는 콩을 불려 빻아 볶아서 만든 가루로 고물로 많이 사용한다.

3) 발효식품

(1) 된장

된장은 메주로 장을 담가서 장물을 떠내고 남은 건더기로 만든 재래식 된장과 메주에 직접 소금을 부어 넣고 익혀서 장물을 떠내지 않고 만든 개량식 된장이 있다. 된장은 수분이 55% 이하, 조단백질 10% 이상, 조지방질 2% 이상, 조섬유질 2.5% 이하, 아미노산성 질소 200mg% 이상, 타르색소는 없는 것으로 되어 있다. 된장의 재료 중 메주는 재래식 메주와 개량식 메주가 있다. 재래식 메주는 콩을 씻은 후 콩의 3배 정도의 물을 붓고, 여름에는 8시간, 겨울에는 12시간 정도 물에 불렸다가 냄비나 압력솥에 충분히 삶는다. 전통적으로는 가마솥과 장작불을 이용하였다. 잘 무른 콩을 절구에 넣고 찧은 다음 네모나 둥근 틀에 넣어 메주를 빚어 말린다. 겉은 건조되고 안에는 습기가 있어 안쪽부터 발효된다. 메주를 햇빛에 말려 깨끗한 물로 씻은 후에 짚으로 묶어 매달아 건조시킨다. 이 과정이 띄우기이다. 만일 메주에 곰팡이가 너무 심할 때는 환기를 시켜주고, 2~3개월 후면 메주가 완성된다. 이 메주를 깨끗이 씻은 후 항아리에 담아 소금물을 붓고, 붉은 고추와 참숯, 대추를 적당히 같이 띄워준다. 처음 며칠간은 날이 좋은 날 장독 뚜껑을 열어주는데 햇볕을 쬐면 된장에 곰팡이가 피지 않고 맑은 맛이 나기 때문이다. 재래식 된장 특유의 맛은 고초균(*Bacillus subtilis*)이라는 세균이 작용하여 생기는 것으로 발효환경이 일정치 않아 품질이 균일하지 않다.

개량식 메주는 재래식에 비해 발효조건을 조절하므로 시일이 단축되고, 잡균의 번식이 억제되어 제품의 균일화를 이룰 수 있다. 개량메주는 곰팡이의 일종인 황국균(*Apergillus oryzae*)을 쌀에 미리 길러 콩과 섞어 만든다. 즉, 콩을 불려 가열 후 황국균을 접종하고 발효, 건조시켜 만드는데 제조기간이 1주일 미만이다. 황국균은 당화력과 단백질 분해력이 강하며, 향기와 맛을 향상시킨다.

된장의 종류는 표 6-6과 같이 재래식 된장과 개량식 된장이 있다. 재래식 된장에는 자연에 사는 여러 복합균이 작용하고, 개량식 된장은 배양하여 접종시킨 단일균이 작용한다. 재래식 된장은 복합균, 곰팡이, 효소 등이 작용하여 혈전용해능력, 항암효과 등 각종 효능이 개량식 된장보다 훨씬 뛰어나지만 자연에 의존하다 보니 균일한 제품을 만들기가 어렵고, 만드는 시기도 한정되어 있다. 그러나 개량식 된장은 단일균이므로 각종 효능은 떨어지지만 균일한 제품을 생산할 수 있어 일찍이 산업화되었다. 재래식 된장과 간장의 제조공정은 그림 6-4와 같다.

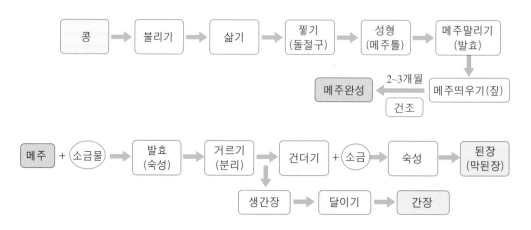

그림 6-4 〉〉 **재래식 된장과 간장의 제조공정**

표 6-6 》 **된장의 종류와 특성**

분류	종류		특성
재래식 된장	막된장(된장)		메주에 소금물을 부어 간장을 빼고 난 부산물
	토장		메주에 소금물을 알맞게 넣어 간장을 뽑지 않고 그대로 만든 된장
개량식 된장			메주를 주먹만한 크기로 빚어서 말려 메주가 잠길 정도로 소금물을 붓고 뚜껑을 덮어 1달 후에 다른 독에 메주를 옮겨 담으면서 켜켜이 소금을 뿌려 만든 된장
절충식 된장			굵직하게 빻은 메주를 삼삼한 소금물에 되직하게 개어 식혀두었다가 간장을 뜨고 남은 메주 건더기에 섞어 질척하게 만든 된장
계절에 따른 된장	봄	담북장	청국장 가공품으로 볶은 콩으로 메주를 쑤어 고춧가루, 마늘, 생강, 소금으로 간을 한 된장
		막장	메주를 가루 내어 속성(10일 정도)으로 담근 된장으로 간장을 분리하지 않고 메주를 압착한 다음 10%의 식염, 고춧가루, 밀가루 풀을 혼합하여 숙성시킨 된장
	여름	집장 (즙장)	여름에 먹는 장으로 농촌에서 퇴비를 만드는 7월에 장을 만들어 두엄더미 속에 넣어두었다가 꺼내 먹는 장
		생활장	삼복 중에 콩과 누룩을 섞어 담는 장으로 누룩의 다목적 이용과 발효원리를 최대한 이용한 장
	가을	청태장	마르지 않은 생콩을 시루에 삶고 쪄서 떡모양으로 만들어 콩잎을 덮어서 만든 장
		팥장	팥을 삶아 뭉쳐 띄워 콩에 섞어 담근 장
	겨울	청국장 (퉁퉁장)	초겨울에 해콩을 삶아 2~3일간 발효시켜 생강과 마늘을 넣고 찧은 다음 고춧가루와 소금을 넣어 익힌 장

(2) 청국장

청국장은 콩을 무르게 삶아서 식힌 다음 소독한 용기에 담아 볏짚과 함께 40℃의 온도에서 발효시키면 16~18시간 경과 후 콩에서 실과 같은 끈적끈적한 물질이 나온다. 이것을 10℃ 이하로 냉각시킨 다음 그냥 사용하거나 분쇄하여 소금과 마늘, 고추, 마른 생강으로 양념하여 둔다. 대두의 단단한 조직이 납두균(*Bacillus natto*)에 의해 연화되고, 강력한 단백질 분해효소와 전분 분해효소가 함유되어 있어 소화를 돕는다.

(3) 낫토(納豆, なっーとう)

낫토는 삶은 콩을 발효시켜 만든 일본 전통음식으로 한국의 청국장 비슷한 발효식품이다. 냄새가 독특하고 집으면 실타래처럼 끈적끈적하게 늘어난다. 아마낫토, 시오카라낫토, 이토히키낫토 등이 있는데, 일반적으로 낫토라고 하면 이토히키낫토를 말한다.

이토히키낫토는 발효균이 작용하여 끈적거리는 실이 많이 생긴다. 시오카라낫토는 누룩곰팡이로 발효시킨 콩을 소금에 버무려 몇 달 동안 숙성시킨 것으로 신맛이 강하게 난다. 먹을 때는 간장이나 겨자 등으로 맛을 내고 달걀노른자나 참기름, 참깨, 마늘, 파, 김 등을 넣어 비벼 먹는다. 혈전용해와 예방에 효과가 있고, 혈압강하, 항암작용, 골다공증 예방 및 항균효과가 인정되어 새로운 영양음식으로 부각되고 있다.

알아보기

아마낫토(甘納豆, あま-なっとう)

아마낫토는 콩을 삶아 밀가루를 묻혀 발효시킨 부식류로 밥 반찬으로 식용하거나 고기나 해산물 및 채소를 조리할 때 양념용으로 사용한다.

시오카라낫토(しお-からなっ-とう)

곰팡이로 발효시킨 콩을 소금에 버무려서 몇 달 동안 숙성시킨 것으로 말려서 술안주나 군음식으로 이용한다. 누룩곰팡이라고 하는 곰팡이류가 작용하여 신맛이 강한 특징이 있는 콩 발효식품이다.

이토히키낫토(秀明納豆, いと-ひきなっ-とう)

약 1000년 전에 일본 북부 지방에서 시작되어, 보통 '낫토'라고 하면 일반적으로 이토히키낫토를 뜻한다. 낫토균이라는 세균이 작용하여 끈덕거리는 실이 많이 생기는 콩 발효식품이다.

자료 : http://ko.wikipedia.org/wiki/%EB%82%AB%ED%86%A0#.EC.95.84.EB.A7.88. EB.82.AB.ED.86.A0

알아보기

청국장과 낫토의 차이점

청국장의 제조방법, 과정, 기간이 낫토에 비해 더 손이 많이 간다. 청국장은 자연발효식품이고, 낫토는 발효균을 넣어 발효시키는 발효식품이다. 청국장은 끓여서 먹어야 하고, 낫토는 그냥 밥에 비벼 먹어도 된다. 청국장은 단백질, 인, 나트륨, 아연, 비타민 B_2, 나이아신의 함량이 낫토보다 좀 많고, 낫토는 지질, 당질, 칼슘, 철, 칼륨, 비타민 B_1, 엽산의 함량이 청국장보다 좀 많다.

(4) 미소[Miso, 味噌]

　　미소는 찐 흰콩에 쌀, 밀 또는 메주를 소금과 함께 섞어서 만든 일본 된장으로 담백한 맛의 붉은 된장인 아카미소[赤味噌, 적된장]와 단맛과 순한 맛을 가진 시로미소[白味噌, 백된장]가 있다. 한국의 전통된장에 비해 맛이 순하며, 입자가 미세하여 조직감이 부드럽고, 짠맛이 적다. 국으로 끓여 먹거나 분말로도 많이 사용된다. 표 6-7은 적된장과 백된장의 차이점을 나타낸 것이다.

표 6-7 》 **적된장과 백된장의 차이점**

구분	적된장(아카미소)	백된장(시로미소)
숙성기간	1년 이상→깊은 맛	수개월(짧음)
색깔	갈색이 진해짐 주재료는 대두임	흰색 재료인 보리 등의 입자가 남아 있는 경우도 있음
염분	염분이 많고, 짬	염분이 적고, 단맛이 있음
특징	짜기 때문에 된장의 농도를 연하게 만들어 먹음	단맛이 강하고 된장 농도를 진하게 함
이용 계절	여름철에 이용	겨울철에 이용

알아보기

한국 된장과 일본 된장(미소)의 차이점

	한국 된장	일본 된장
재료	100% 콩	콩, 쌀, 보리, 밀가루
균	고초균(*Bacillus subtilis*)의 세균과 자연계의 국균(자연발효)	황국균(*Apergillus oryzae*)을 접종 곰팡이의 일종인 코지(koji)균을 쌀에 미리 길러 콩과 섞어 된장을 제조
특징	복합균의 작용으로 혈전용해능력이 일본 된장보다 우수	주 발효균인 코지균이 작용해서 발효되므로 효능이 떨어짐
맛과 용도	구수하고 짠맛이 강함 끓일수록 맛이 좋아져 찌개로 이용	쌀전분의 당분으로 달면서도 담백한 맛 맑은 된장국에 이용
장단점	자연발효에 의존하여 균일제품이 어렵고 만드는 시기가 한정됨	언제든지 만들고 품질이 균일하여 일찍 산업화에 성공

*일본의 기후가 습해서 자연발효 시 부패하므로 코지균을 쌀에서 미리 길러 콩과 섞는다.

(5) 간장(醬油)

간장은 콩을 발효시켜 만든 짜고 특유의 맛을 내는 액체 장으로, 흑갈색을 띤다. 콩 이외에도 볶은 곡식, 물, 소금이 들어간다. 간장을 담글 때 고추와 숯을 띄우는데, 이는 숯이 지닌 살균력과 흡착효과, 고추의 붉은색으로 잡귀를 쫓으려는 데 목적이 있었다.

메주에 소금물을 붓고 숙성한 후 메주덩어리를 건져낸다. 분리한 간장은 생간장으로 미생물이 잔존하므로 저장성을 높이고, 향미와 색깔을 향상시키기 위해 달인다. 이 과정을 통해 살균과 농축 효과를 얻는다(그림 6-4).

간장맛은 짠맛, 맛난 맛, 신맛, 단맛이 균형을 이루어 독특한 맛을 낸다. 짠맛은 염분에 의한 것이고, 맛난 맛은 글루탐산, 아스파라긴산, 신맛은 유기산, 단맛은 당류, 글리세톨이나 아미노산으로부터 나온다. 간장의 색은 메일라드반응으로 간장 특유의 색과 향미를 내며, 멜라닌(melanin)과 멜라노이딘(melanoidine) 색소에 의해 진한 갈색을 띤다. 간장 특유의 향은 메티오놀(methionol)에 의한 것이다.

간장에는 표 6-8과 같이 양조간장인 재래식·개량식 간장과 산분해간장인 아미노산간장, 양조간장과 아미노산간장을 적당히 혼합한 혼합간장 등이 있다. 개량식 간장은 황국균에 의해 생성된 젖산이 함유되어 있어 좋은 향미를 갖고 있다.

표 6-8 》 간장의 분류

분류 기준	종 류	특 징	용 도
농도	진간장	● 담근 햇수가 5년 이상 된 간장으로 맛이 달고 색이 진함 ● 묵은 햇수에 따라 수분이 증발되고, 소금이 과포화되어 염의 결정체가 형성됨 ● 매해 장독을 갈아주며 간장을 갈무리하는 것도 염의 결정체를 제거하기 위함임 ● 발효가 진행됨에 따라 색이 진해지고, 단맛이 증가	불고기, 조림, 약식, 무침
	중간장	● 담근 햇수가 3~4년 정도	찌개, 나물무침
	묽은 간장 (국간장, 청장)	● 담근 햇수가 1~2년 정도 된 간장으로 색이 연함 ● 담근 지 얼마 되지 않아 염도가 높고 색이 연하고 단맛이 적어 국의 간을 맞출 때 사용 ● 충분히 발효되지 않아 메주의 분해에 의한 아미노산의 깊은 맛은 없으나, 발효에 의해 점차 아미노산 함량이 달라지며 짠맛은 감소하고 당과 알코올은 증가	국

원료	재래식 간장	• 콩을 원료로 사용하여 잡균이 번식한 것	국
	개량식 간장	• 콩과 전분질을 사용하여 국균이 번식한 것	양념
	어장	• 어패류에 소금을 절여 1년 숙성, 발효한 간장	소스
제조법	양조간장	• 원료의 단백질과 탄수화물이 코지(koji)의 효소에 의해 아미노산과 당으로 분해된 것 • 질소(N) 함량에 따라 맛, 향, 아미노산 함량이 다름 • 제조기간은 6개월	국, 찌개, 양념, 생선회, 소스류, 장아찌류
	산분해간장 (아미노산간장)	• 산 분해에 의해 만들어지며 아미노산 함량은 많음 • 향기와 풍미가 우수함 • 제조기간은 1개월	
	혼합간장 (진간장)	• 양조간장과 산분해간장의 비율을 4:6 또는 2:8 정도로 혼합하여 만든 것 • 제조기간은 70~80시간	

자료 : 배영희 등(2003), 조리응용을 위한 식품과 조리과학, 교문사, p. 129
　　　이주희·김미리·민혜선·이영은·송은승·권순자·김미정·송효남(2012), 식품과 조리원리, 교문사, p. 142
　　　두산백과사전

 알아보기

어장(魚醬, 어간장, fish sauce)

어장은 어패류를 소금에 절여 1년 이상 발효, 숙성시킨 액체조미료로 날 생선이나 말린 생선 또는 오직 한 가지 종을 이용해서 만든다. 주로 필리핀, 태국, 미얀마, 말레이시아, 중국의 해안 지방, 일본 등에서 음식의 간을 맞추기 위해 널리 쓰이고, 한국의 까나리, 멸치액젓과 비슷하다.

한국에서는 주로 김치를 담글 때 필수재료이다. 동남아시아 음식에서 어장은 생선, 새우, 돼지고기, 닭고기 요리를 찍어 먹기 위한 소스로도 사용된다.

중국 남부 지방에서 어장은 깔끔하고 색감이 좋아 간장 대용으로 많이 사용된다.

간장게장 만들 때 간장을 끓여 식혀 붓는 것을 반복하는 이유는 무엇일까요?

알이 꽉 찬 암꽃게를 준비하여 솔로 잘 문질러 씻은 다음 항아리에 담는다. 간장, 물, 설탕, 사과, 배, 양파, 대파, 통후추, 건 홍고추를 넣고 간장을 끓여 맛이 배게 한 후 식힌다. 항아리에 담긴 꽃게에 끓인 간장을 붓고, 2~3일간 숙성시킨다. 그 간장국물을 냄비에 부어 끓여서 식힌 다음 다시 항아리의 꽃게에 붓는다. 이것을 3~4회 반복하는데 간장을 끓여 넣게 되면 맛이 농축되어 게에 간이 더 잘 배고, 미생물이 살균되어 보존성이 증가되는 효과가 있다.

(6) 고추장

고추장은 찹쌀, 보리, 밀 등에 엿기름을 넣고 삭힌 후 메줏가루와 고춧가루를 넣고, 소금으로 염도를 조절한 후 발효시켜 제조한다. 고추장은 콩과 전분질에 고춧가루를 혼합해서 발효시킨 식품으로 당질이 가수분해되어 생성된 당의 단맛, 메주콩의 가수분해로 생성된 아미노산의 구수한 맛, 고춧가루의 매운맛, 소금의 짠맛이 잘 조화되어 고추장 특유의 맛을 낸다. 이들 재료의 혼합비율과 숙성과정의 조건에 따라 맛이 달라진다.

사용한 곡류에 따라 찹쌀고추장, 보리고추장, 멥쌀고추장, 밀고추장, 팥고추장 등이 있으며, 찹쌀가루를 사용한 고추장이 가장 맛과 질이 좋다. 고춧가루의 캡사이신(capsaicin)은 매운맛을 부여하고 항균작용이 있다.

4) 두류의 가공식품

(1) 콩국(두유)

콩국은 콩을 물에 충분히 불린 다음 부드럽게 삶은 콩을 곱게 갈아 끓여 단백질을 용출시킨 후 체에 여과하여 만든다. 콩을 가열할 때 거품이 심해 끓어 넘을 우려가 있으므로 기름을 몇 방울 넣어 거품을 없앤다. 콩국을 충분히 추출하기 위해서 비지에 물을 2~3회 나누어 넣으며, 물이 콩의 13배가 넘지 않도록 한다. 콩국은 우유에 비해 단백질, 당질, 철, 칼륨, 엽산, 비타민 E의 함량은 많으나, 칼슘, 비타민 A와 비타민 C, 함황 아미노산인 메티오닌(methionine)이 적게 함유되어 있어 우유의 대용으로 사용 시 부족한 영양소의 보충이 필요하다. 두유에는 유당이 없어 유당불내증(lactose intolerance) 같은 증세를 보이는 사람들에게 우유 대용식품으로 이용된다. 특히 콩국을 만들 때 콩을 덜 삶으면 비린내가 나고, 너무 오래 삶으면 메주콩 냄새가 나므로 적절히 삶아야 고소한 콩국을 만들 수 있다. 콩국은 여름철 음식으로 인기가 높다.

알아보기

유바(湯葉)란?

일본에서 많이 이용되는 유바는 두유를 일정한 온도로 가열할 때 생기는 피막을 모은 것으로 맑은장국, 달걀찜, 생선전골, 냄비요리 등에 넣어 이용한다.

(2) 두부와 비지

① 두부

두부는 콩으로부터 두유를 얻은 다음 콩 단백질을 2가 양이온에 의해 응고시켜 만든 식품으로 두부의 고형 함량에 따라 연두부(6~15% 미만), 두부(15~20% 미만), 경두부(20% 이상)로 나눈다. 콩의 주된 단백질인 글리시닌(glycinin)은 열에 안정하나 금속염과 산에는 불안정하여 응고 침전된다. 두유를 응고시킬 때에는 여러 종류의 응고제를 사용할 수 있으며, 전통적으로는 간수에 들어 있는 칼슘과 마그네슘을 첨가하여 두부를 제조한다. 두부는 소화성도 우수하고, 특유의 맛과 탄력 있는 질감, 응집성 등의 특성으로 많이 이용되고 있다.

불린 콩을 곱게 갈아 가열한 후 여과주머니에 넣고 두유(콩국)를 만든다. 만든 두유를 100℃에서 10분간 끓인 후 80~90℃가 되면 준비한 응고제를 2~3회로 나누어 천천히 저으면서 첨가하면 단백질이 응고된다. 응고제의 양은 대두의 1~2%로 응고제의 종류에 따라 두부의 질감이 달라지며, 두유의 가열온도가 높고 응고제의 첨가량이 많을수록 단단하고 완전하게 응고된다. 응고물은 침전시킨 후 작은 구멍의 성형틀에 면보를 깔아 응고물을 옮겨 뚜껑을 덮고, 약 600g에 해당되는 무게로 10분간 압력을 가하여 물을 빠지게 하여 두부의 모양을 만든다. 두부의 모양이 형성되면 과잉의 응고제를 용출시키고 두부가 마르지 않도록 물에 담근다. 30~60분 내에 과잉의 응고제가 용출되므로 물을 갈아주고, 저온에서 보존한다(그림 6-5).

두부의 생산량은 콩의 마쇄 정도에 따라 수율이 달라진다. 콩을 곱게 잘 갈면 원료대두의 약 4배를 얻을 수 있으며, 콩 1컵(190g)을 가지고 두부를 만들 때 두부 생산량은 760g(190g×4개)이 된다. 응고제의 양이 많거나 가열시간이 길면 두부의 질감이 딱딱해지고, 응고제의 종류에 따라 차이가 있다. 두부는 냉장(0~10℃)상태에서 3일 정도 유통이 가능하며 냉장차량으로 유통되어야 한다.

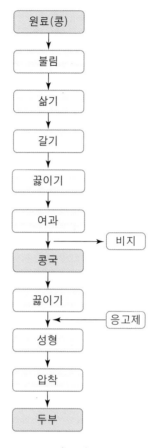

그림 6-5 》 콩국(두유)과 두부의 제조공정

간수가 무엇인가요?

간수는 응고제로 바닷물 또는 소금물에서 염화나트륨(NaCl)을 결정화시켜 제거한 뒤 남은 액을 말하며, 주성분은 염화마그네슘($MgCl_2$), 황산칼슘($CaSO_4$), 황산마그네슘($MgSO_4$) 등이다. 최근에는 염화마그네슘만을 99% 이상으로 정제한 정제간수를 사용하는 경우가 많다.

② 비지

비지는 콩을 갈아 두부를 만들기 위해 콩국을 빼고 남은 찌꺼기인데, 비지는 단백질 함량은 떨어지나 섬유소 등이 많아 고유의 질감과 고소한 맛이 있다. 육수, 김치를 썰어 넣어 맛난 비지찌개나 전을 만들 수 있다.

(3) 유부

유부는 튀김두부로 보통 두부보다 단단하게 만든 두부를 얇게 썰어서 튀김용 기름에 표면이 황갈색이 될 때까지 튀긴 것이다. 유부초밥, 국, 볶음에 이용된다.

(4) 콩나물과 숙주나물

콩나물과 숙주나물은 기르기 쉽고 영양가가 풍부해서 한국인의 식생활에 큰 공헌을 해오고 있다. 콩나물과 숙주나물은 각기 8mg%와 10mg%의 비타민 C를 함유하고 있으며, 특히 유리아미노산인 아스파르트산(aspartic acid)이 풍부하고, 섬유소가 풍부하여 숙취 해소와 변비 방지에 도움이 된다.

크기가 작은 대두나 녹두를 선별하여 6~24시간 동안 물에 담가 수온이 40℃인 경우 3~4시간이 지나면 원래 크기의 2배로 팽윤되면서 발아하기 시작한다. 물이 잘 빠지는 구멍이 있는 통이나 시루 밑에 헝겊을 깔고 콩을 담은 뒤 검은 천으로 덮어 햇빛이 들어가지 않도록 어두운 곳에 둔다. 온도를 22~23℃로 유지하면서 매일 4회씩 미지근한 물을 주면 싹이 나오고 자라기 시작하여 5~6일이 지나면 10cm 정도까지 자란다.

알아보기

콩나물을 삶을 때 뚜껑을 닫아야 하는 이유

콩나물을 삶을 때 뚜껑을 열면 비린내가 나는 것은 콩나물의 리폭시게나제(lipoxigenase)가 85℃ 이하에서는 작용을 하지 않다가 85℃에서는 냄새를 만들기 때문이다. 따라서 뚜껑을 자주 열면 냄비 안의 온도가 내려가 효소의 활성이 유지되어 비린내가 나게 된다.

(5) 콩고기(meat analog)

콩고기는 콩단백질에 다른 채소 단백질, 당질, 지질, 비타민, 무기질, 색소와 향미를 넣어 갈아 만든 식품으로 소시지, 베이컨, 햄 등을 대체하는 데 사용되는 인조육이다. 또한, 밀가루에서 추출한 식물성 단백질인 글루텐과 대두를 주원료로 하여 만든 식물성 단백질 식품은 육류 대체품으로 각광받고 있다. 육류와 비교 시 지질 함량은 1/3 정도이고, 콜레스테롤은 전혀 없다. 채식주의자, 종교에 의해 고기를 금기하는 사람들이 즐겨 먹고 있다.

07
유지류

07 유지류

유지는 식품의 향, 색, 조직감과 입안의 감촉 등을 증진시켜 주는 것으로 식품에 매우 중요한 영향을 준다. 유지는 크게 fat과 oil로 나뉘는데 상온에서 고체인 것은 지방(fat)이라 하여 주로 동물에서 얻어지고, 반면에 액체인 것은 유(oil)라고 하여 식물에서 얻게 된다. 유지는 에너지원으로 세포막을 구성하고 필수지방산의 공급원이 되며 지용성 비타민의 용매로 작용하여 흡수를 돕는다. 단, 코코넛과 팜유는 식물성이나 상온에서 고체이며, 어유는 동물성이나 액체이다. 비가시지방은 식품에서 쉽게 보이지는 않으나 고기의 마블링에 있으며, 가시지방은 베이컨과 고기 가장자리의 흰 부분과 식물성 유지, 버터, 마가린, 쇼트닝, 라드 등이 있다.

1. 유지의 구조

1) 유지의 구성

지질은 당질처럼 탄소, 수소, 산소로 구성되지만 비율은 서로 다르다. 유지는 그림 7-1과 같이 1분자의 글리세롤(glycerol)과 3분자의 지방산(fatty acids)으로 결합되어 있으며, 3분자의 지방산은 수산기(-OH)를 가진 알코올이다. 3개의 지방산이 1개의 글리세롤과 결합한 것이 중성지방(triglyceride)이며, 2개의 지방산에 글리세롤이 결합한 것은 디글리세리드(diglyceride), 1개의 지방산과 글리세롤이 결합한 것을 모노글리세리드(monoglyceride)라 한다.

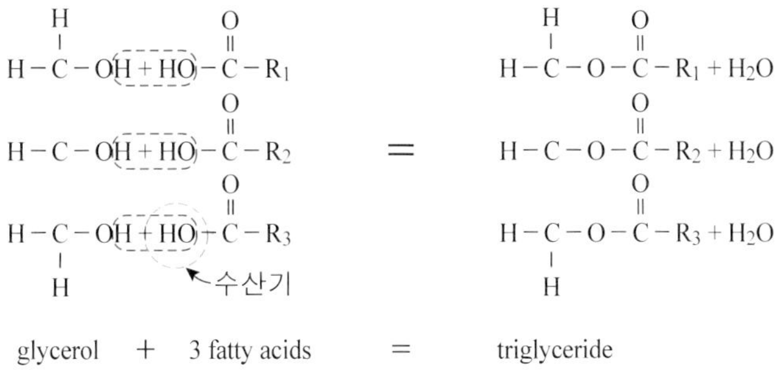

$$H-C-OH+HO-C-R_1 \longrightarrow H-C-O-C-R_1 + H_2O$$

$$\begin{array}{ccc}
H & O & \\
| & \| & \\
H-C-OH+HO-C-R_1 & & \\
& O & \\
& \| & \\
H-C-OH+HO-C-R_2 & = & \\
& O & \\
& \| & \\
H-C-OH+HO-C-R_3 & & \\
| & & \\
H & \leftarrow 수산기 &
\end{array}
\quad
\begin{array}{c}
H \quad O \\
| \quad \| \\
H-C-O-C-R_1 + H_2O \\
O \\
\| \\
H-C-O-C-R_2 + H_2O \\
O \\
\| \\
H-C-O-C-R_3 + H_2O \\
| \\
H
\end{array}$$

glycerol ＋ 3 fatty acids ＝ triglyceride

그림 7-1 》 **중성지질의 구조**

2) 지방산의 구조

　지방산은 탄소 수와 탄소 간의 이중결합 수에 따라 결정되는 포화의 정도에 의해 구별된다. 탄소의 수는 보통 2~22개이며, 탄소사슬 간에 이중결합이 없는 2개의 수소와 결합되어 있는 지방산을 포화지방산(saturated fatty acid)이라 한다. 탄소사슬에서 2개의 수소가 없어지고 이중결합이 나타나는 지방산을 불포화지방산이라 한다. 지방산에 이중결합이 하나이면 단일불포화지방산(monounsaturated fatty acid)이라 하며, 2개 이상인 경우 다가불포화지방산((polyunsaturated fatty acid)이라 한다(그림 7-2). 포화지방산은 육류, 가금류, 우유·버터·치즈, 난황, 라드 등의 동물성 지방에서 얻어지며, 초콜릿, 코코넛, 코코넛유, 팜유, 식물성 쇼트닝 등의 식물성 지방에도 많이 함유되어 있다. 단일불포화지방산은 아보카도, 땅콩, 땅콩버터, 올리브, 올리브유 등에서 얻는다. 또한 다가불포화지방산은 대부분의 식물성 기름과 어유에서 많이 얻는다.

　불포화지방산은 상온에서 주로 액체상태로 있으며, 포화지방산은 고체상태로 있다. 유지의 지방산이 가지는 이중결합의 수에 의해 유지의 성질에 영향을 미치며, 용해도와 융점 등에 영향을 준다.

　또한 이중결합의 형태에 따라 시스(cis)형과 트랜스(trans)형으로 나누어지며 대부분의 불포화지방산은 시스형이다.

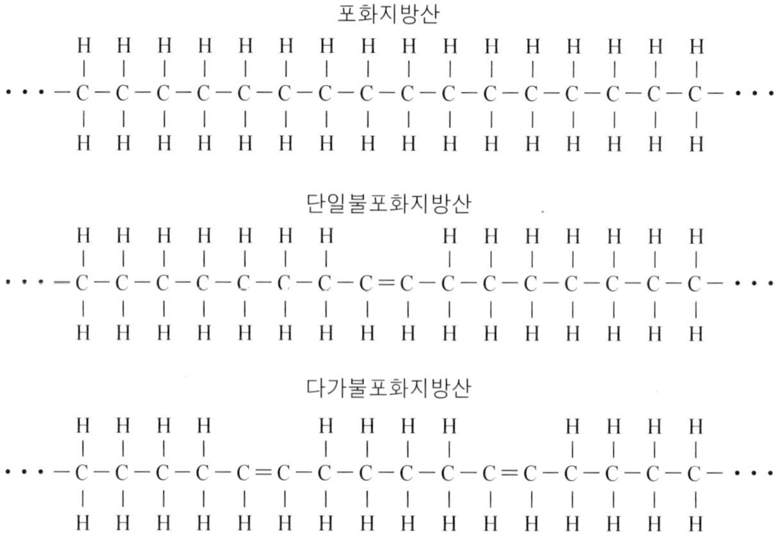

포화지방산

```
     H   H   H   H   H   H   H   H   H   H   H   H   H   H   H   H
     |   |   |   |   |   |   |   |   |   |   |   |   |   |   |   |
···─ C ─ C ─ C ─ C ─ C ─ C ─ C ─ C ─ C ─ C ─ C ─ C ─ C ─ C ─ C ─ C ─ ···
     |   |   |   |   |   |   |   |   |   |   |   |   |   |   |   |
     H   H   H   H   H   H   H   H   H   H   H   H   H   H   H   H
```

단일불포화지방산

```
     H   H   H   H   H   H                   H   H   H   H   H   H
     |   |   |   |   |   |                   |   |   |   |   |   |
···─ C ─ C ─ C ─ C ─ C ─ C ─ C = C ─ C ─ C ─ C ─ C ─ C ─ C ─ C ─ C ─ ···
     |   |   |   |   |   |                   |   |   |   |   |   |
     H   H   H   H   H   H   H   H   H   H   H   H   H   H   H   H
```

다가불포화지방산

```
     H   H   H   H           H   H   H   H           H   H   H   H
     |   |   |   |           |   |   |   |           |   |   |   |
···─ C ─ C ─ C ─ C = C ─ C ─ C ─ C ─ C ─ C ─ C = C ─ C ─ C ─ C ─ C ─ ···
     |   |   |   |           |   |   |   |           |   |   |   |
     H   H   H   H           H   H   H   H           H   H   H   H
```

그림 7-2 >> 포화 정도에 따른 포화지방산, 단일불포화지방산, 다가불포화지방산의 구조

알아보기

시스(cis)형과 트랜스(trans)형

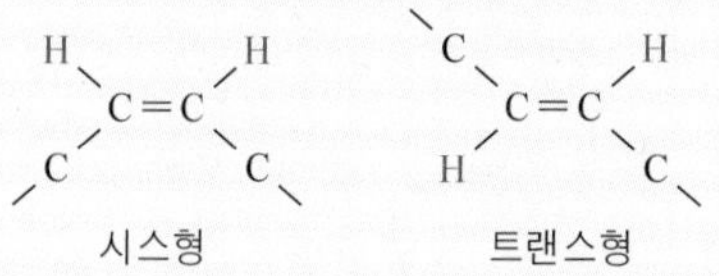

시스형 : 이중결합이 존재하는 탄소에 붙어 있는 수소가 같은 방향에 있는 경우

트랜스형 : 이중결합이 존재하는 탄소에 붙어 있는 수소가 반대 방향에 있는 경우

지방산에 대한 설명

분류	함유식품	특징과 역할
포화지방산	– 동물성 기름 (소고기 · 돼지고기 · 닭고기 기름, 우유 등) – 유일한 식물성 지방은 팜유 (커피 프림에 함유)	상온에서 고체 나쁜 콜레스테롤(LDL)을 높이고, 좋은 콜레스테롤(HDL)을 낮춤
불포화지방산	– 식물성 기름 (참기름, 콩기름 등)	상온에서 액체
다가불포화지방산	– 오메가3 지방산(등푸른 생선, 들기름) – 콩기름, 옥수수기름	LDL을 낮추고, HDL을 높임
단일불포화지방산	– 올리브유, 카놀라유, 땅콩기름	LDL을 낮추고, HDL을 높임 각종 암예방 효과

2. 유지의 특성

1) 용해성(solubility)

유지는 일반적으로 물에 안 녹으나 벤젠이나 클로로폼과 같은 유기용매에는 녹는다. 지방의 카복실기(−COOH) 부분은 수용성이며, 탄화수소 길이가 짧은 지방산의 경우 탄화수소 길이가 길어질수록 용해성은 떨어진다.

2) 녹는점(melting point)

모든 유지는 중성지방에 함유된 지방산이 다르기 때문에 녹는점이 모두 다르다. 이들 지방산의 녹는점에 영향을 주는 요인들은 다음과 같다.

① 포화의 정도

식물성 유지는 대부분 포화지방산보다 다가불포화지방산을 많이 함유하여 녹는점이 낮으므로 실온에서 주로 액체이다. 동물성 지방은 포화지방산이 많아 녹는점이 높으므로 실온에서 주로 고체상태로 있다.

② 지방산의 길이

짧은 탄소사슬을 가진 포화지방산은 녹는점이 낮다. 버터에서 발견되는 포화지방산인 뷰티르산(butyric acid)과 스테아르산(stearic acid) 중 뷰티르산은 탄소원자의 수가 4개이고, 스테아르산은 탄소원자 수가 18개로 뷰티르산의 녹는점이 더 낮다.

③ 시스·트랜스형

트랜스지방산은 시스형보다 녹는점이 높다. 시스형의 올레산(oleic acid)은 탄소 18개, 1개의 이중결합으로 녹는점이 14~16℃이며, 트랜스형의 엘라이드산(elaidic acid)은 44~45℃로 트랜스형의 녹는점이 더 높다.

④ 결정구조

지방은 중성지방에 대한 지방산의 재배열에 의한 결정구조를 갖는데 녹는점에 큰 영향을 미친다. 대부분의 지방은 동질이상(polymorphism)의 결정구조를 갖는다. 이 구조는 지방이 결정을 이룰 때 두 가지 이상의 결정형이 동시에 존재할 수 있다. 이 결정은 α형, β'형, β형으로 나뉘며, α형은 5㎛ 정도의 결정형, β'형은 α형보다 작은 1㎛이며 안정적이고, β형은 가장 안정적이며 25~50㎛로 가장 큰 결정을 가져 거친 질감을 준다. 지방의 녹는점은 결정크기가 α형에서 β형으로 커질수록 올라간다.

재빨리 식는 것은 왁스와 같은 불안정한 α결정을 가져오며, α결정은 매우 곱고 불안정하여 재빨리 녹고 재결정되어 커지면 안정한 β′형이 된다. 이 β′형 결정형은 유지가 식는 동안에 휘저어서 얻게 되며 중간속도일 때 얻어지고, 쇼트닝과 마가린을 제조할 수 있다. β′형 결정은 베이커리 제품에 좋은 조직감을 주고, 파이제조용 고체지방은 크기가 큰 β형 결정이 적당하다.

3) 가소성(plasticity)

지방의 가소성은 그 모양을 유지하는 능력으로 가소성은 지방의 퍼짐성에 관여한다. 이러한 특성은 제과제품, 아이싱, 패스트리 제품에 유용하며, 실온에서 고체로 보이는 지방은 실제로 고체지방 결정 안의 망상구조의 액체오일이다. 이러한 구조로 인해 지방은 부스러지지 않고 접혀 있거나 다양한 모양으로 있을 수 있는 것이다.

차가운 버터는 식물성유나 쇼트닝에 비해 가소성이 없다. 왜냐하면 불포화도가 높을수록 가소성이 크기 때문이다. 온도도 가소성에 영향을 주어 딱딱한 버터를 따뜻하게 하면 더 부드럽고 퍼짐성이 좋아진다. 상온에서 액체인 식물성 유지는 유동성이 좋아서 전분입자의 표면에 글루텐이 물과 결합하는 것을 방해한다. 그러나 고체유지는 반죽 내에서 넓게 퍼질 수 있어 글루텐의 형성을 막을 수 있다. 그래서 촉촉한 케이크를 만들 때는 액체상태의 버터를 사용하고, 켜가 있는 패스트리를 만들 때는 버터, 마가린 등의 고체지방을 사용한다.

4) 발연점(smoke point)

발연점은 유지를 가열하면 온도가 상승하면서 푸른 연기가 나게 될 때의 온도를 말한다. 이것은 그림 7-3과 같이 지방이 가열에 의해 글리세롤과 유리지방산으로 분해되고, 글리세롤은 다시 아크롤레인으로 분해되어 푸른 연기를 낸다. 연기의 주성분인 아크롤레인은 자극성이 강한 냄새와 좋지 못한 맛을 가진다.

유리지방산의 함량이 많을수록, 가열 시 사용되는 용기의 면적이 넓을수록 발연점이 낮아진다. 또한 기름 속의 이물질이 많을수록 발연점이 낮아지므로 재사용 시 이물질을 제거해야 한다. 기름은 사용횟수가 많을수록 발연점이 낮아져 한번 사용할 때마다 발연점이 10~15℃씩 낮아진다.

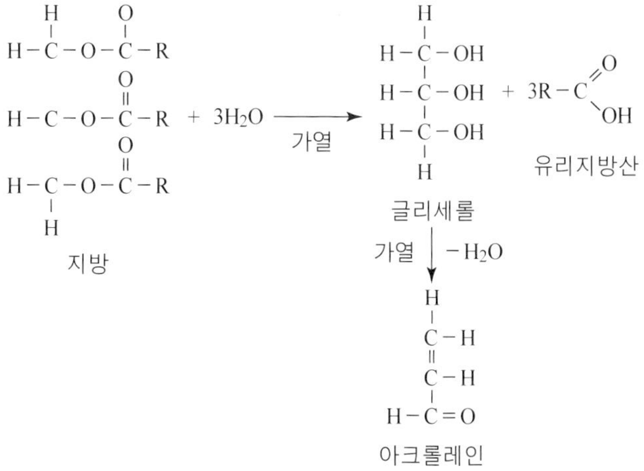

그림 7-3 》 **지방의 가수분해 및 아크롤레인 생성**

5) 점도(viscosity)

유지는 공기와의 접촉면적이 넓어지고 고온으로 가열할 때 점도가 증가한다. 이는 유도기간을 거쳐 산화속도가 빨라지고 가열 시 더욱 촉진되며 점성이 있는 중합반응 생성물이 생겨 점도가 증가하기 때문이다.

6) 유지의 산화도 측정가들

(1) 산가(acid value)

유지 1g 중에 함유된 유리지방산을 중화하는 데 필요한 KOH의 mg수로 나타내며, 개봉한 지 오래되고 사용횟수가 많을수록 산가가 높아진다.

(2) 요오드가(iodine value)

유지 100g에 흡수되는 요오드의 g수로 유지의 불포화도를 알아볼 수 있는 지표가 된다. 이중결합이 많은 불포화지방산이 많은 액체유지는 요오드가가 높다. 기름을 장시간 공기 중에 방치하면 이중결합에 산소가 결합하여 요오드가가 감소한다. 요오드가에 따른 특성 및 종류는 다음 표 7-1과 같다.

표 7-1 >> 요오드가에 따른 특성 및 종류

분류	특성	종류
건성유(130 이상)	공기 중에 쉽게 굳어짐	들기름, 겨자유
반건성유(100~130)	건성유와 불건성유 중간 성질	콩기름, 면실유, 참기름, 옥수수유, 해바라기유
불건성유(100 이하)	공기 중에 굳어지지 않음	올리브유, 피마자유, 낙화생유

(3) 과산화물가(peroxide value)

유지는 산화되면 이중결합된 산소와 결합하여 과산화물(peroxide)을 생성한다. 이는 유지 1kg 중에 생성된 과산화물의 mg당량으로 표시하며, 10 이하이면 신선한 유지이다.

(4) TBA가(thiobarbituric acid value)

유지가 산화되어 생성하는 알데하이드(aldehyde) 등이 TBA(thiobarbituric acid)시약과 반응하여 적색을 나타내는 반응으로 유지의 산화도를 측정한다. 가열시간이 길수록 TBA가가 높아진다.

3. 유지의 종류

1) 식물성 유지

(1) 옥수수유(corn oil)

샐러드유로 많이 사용되며, 옥수수의 배아를 분리, 압착하고 추출하여 옥수수유를 얻는다. 다량 생산되어 조리용 기름, 마가린, 쇼트닝의 원료로 이용된다.

(2) 올리브유(olive oil)

불포화지방산이 많이 함유된 기름으로 독특한 향을 가지며 연한 녹색을 띤다. 지중해 지역에서 많이 이용되며, 이탈리아 요리, 샐러드유나 빵에 찍어 먹기도 한다.

올리브 열매에서 압착하여 처음 나온 최상 등급의 올리브유는 엑스트라버진(extra virgin)이며, 그 다음이 버진(virgin), 퓨어(pure) 또는 퍼미스(pomace)이다.

(3) 대두유(soybean oil)

콩기름으로 유통되며, 가장 많이 사용하는 기름으로 불포화지방산인 올레산(oleic acid), 리놀레산(linoleic acid)을 많이 함유한다. 정제 정도에 따라 튀김용, 샐러드 드레싱용으로 나누며, 반건성유로 오래 저장하면 점성이 생긴다. 값이 저렴하고, 특정한 맛이 없어 드레싱을 만드는 데 이점이 있고, 발연점이 높아 튀김용으로 많이 사용한다.

(4) 참기름(sesame oil)

참깨를 볶아 압착하여 짜낸 기름으로 특유의 향미를 가지며, 항산화제 작용을 하는 토코페놀(tocopherol)과 세사몰(sesamol)을 함유한다. 주로 각종 나물 무침 등의 음식에 사용된다.

(5) 들기름(perilla oil)

독특한 향이 있는 유지로 리놀렌산(linolenic acid)이 많이 들어 있으며, 영양적으로 필수지방산을 많이 함유하고 있으므로 질이 좋은 기름에 속한다. 그러나 건성유에 속하므로 공기 중의 산소와 쉽게 결합하여 굳어지는 성질이 있고, 참기름과 달리 항산화제 함량이 낮아 쉽게 산화되어 저장성이 낮으므로 냉장 보관하는 것이 좋다.

(6) 면실유(cottenseed oil)

목화 종자를 이용하여 얻어지는 기름으로 정제과정을 거쳐 튀김류와 샐러드용으로 많이 사용한다. 쇼트닝이나 마가린 제조의 원료로 이용되며, 항산화성분이 있으나 고시폴(gossypol)을 함유하고 있어 독성이 있으므로 정제 시 제거해야 한다.

(7) 팜유(palm oil)

야자열매에서 얻어지는 식물성 유지로 포화지방산이 많아 상온에서 반고체상태이다. 이중결합이 적어 산화에 대한 안정성이 높으므로 장기간 보관이 가능하여 가공식품 제조에 많이 이용된다. 그러나 포화지방산이 많아 성인병 질환 등의 문제가 될 수 있다.

(8) 코코아 버터(cocoa butter)

카카오콩을 볶아 압착하여 얻은 지방으로 포화지방산이 많아 실온에서 고체상태이며, 융점이 30~36℃로 초콜릿이나 쿠키 및 캔디 제조에 주로 이용된다.

(9) 포도씨유(grape seed oil)

포도씨유는 포노씨를 압착하어 추출 정제한 것으로 팔미트산(palmitic acid)과 리놀레산(linoleic acid)이 많이 함유된 기름으로 체내의 LDL-콜레스테롤의 수치를 낮추고 HDL-콜레스테롤 수치를 높여 심혈관계 질환을 예방하는 효과가 있다고 알려져 있다. 다른 오일에 비해 산패가 늦게 일어나고 휘발성이 강한 합성 항산화제와 달리 높은 온도의 조리 시에도 산패를 방지해 준다.

2) 동물성 유지

(1) 버터(butter)

우유에서 교반되어 분리된 유지방의 크림으로 제조되는 것으로 크림을 가열하면 지방의 가수분해효소(lipase)가 불활성화되고 미생물이 살균된다. 살균된 크림에 젖산발효세균을 넣어 숙성시킨 다음 교반에 의해 유장을 제거하여 얻어진 유지방에 소금과 색소물질 등의 첨가물을 넣고 버터를 제조한다. 교반에 의해 수중유적형 유화액이 파괴되어 유중수적형 유화액으로 지방 80%, 수분 16%, 그 외 밀크 고형물질 4%로 구성된다. 버터는 교반에 의해 지방의 인지질막이 깨지고, 지방구들과 버터밀크로 분리되며, 지방구들의 응집에 의해 버터가 만들어진다.

버터의 노란색은 우유지방의 카로틴(carotene) 때문이며, 소가 먹은 사료의 성분들에 의해 버터의 색이 달라진다. 버터 특유의 향미는 다이아세틸(diacetyl) 때문이며, 그 외 유당에 의한 젖산균과 프로피온산(propionic acid), 아세트산(acetic acid)이 형성되어 향미가 더욱 좋아진다.

버터의 종류로는 발효시킨 것과 발효시키지 않은 것이 있으며 향을 첨가한 버터가 있다.

(2) 우지(beef tallow)

우지는 소의 복부, 내장, 조직 등에서 얻어지는 연한 황색을 띤 고체지방이다. 융점이 45~55℃로 높고, 50~55℃의 물에서 용출하여 얻은 것을 'prime beef fat'이라 하고, 60~65℃의 물로 용출하여 정제한 것은 'edible beef fat'이라 한다. 우지를 30~35℃로 가열하면 버터를 녹일 때와 비슷한 점성을 나타내어 주로 쇼트닝 제조나 제과, 제빵에 마가린과 함께 사용된다. 과거에는 육개장을 만들 때 소기름을 녹여서 다진 양념을 만들기도 하였다.

(3) 라드(lard)

돼지의 지방조직을 수증기나 건열로 추출하여 정제시킨 기름으로 돼지의 복부에서 얻어진 기름이 가장 좋으며, 색이 희고 냄새가 나지 않는다. 라드의 주요 성분은 포화지방산으로 우지보다 융점이 낮고 쇼트닝효과가 커서 제과제품에 많이 사용되며, 음식을 부드럽게 해준다. 발연점이 높지 않아 튀김용으로는 적합하지 않지만 발연점이 높은 라드도 생산이 가능해져 빈대떡 부칠 때나 중식당에서 튀김용으로 사용한다. 이는 바삭바삭한 질감과 부드러움을 주기 때문이다. 라드는 산패되기 쉬우므로 항산화제를 첨가하여 제조된다.

(4) 어유(fish oil)

동물성 유지이지만 불포화지방산이 많아 상온에서 액체상태이다. DHA와 EPA와 같은 $\omega-3$계열의 다가불포화지방산을 많이 함유하여 뇌세포 구성에 관여한다.

3) 가공유지

(1) 마가린(margarine)

버터 대용으로 만들어진 것으로 80%의 지방, 16%의 수분, 4%의 우유고형물로 버터와 조성이 비슷하게 제조된다. 식물성 유지에 수소로 경화시켜 탈지우유, 레시틴, 모노 및 디글리세리드(mono·diglyceride), 비타민 A와 D, 다이아세틸(diacetyl), 소금, 카로틴색소, 보존제 등을 넣어 만든다.

저렴한 가격의 마가린은 식물성 유지로 만들어져 버터 대용으로 많이 사용되고 있으나 최근 수소화과정에서 만들어지는 트랜스지방산이 문제가 되고 있다.

(2) 쇼트닝(shortening)

라드의 대용에 수소를 첨가하여 만들어진 것으로 식물성유에 수소를 첨가하여 원하는 경도를 만들며, 공기를 주입시켜 가소성을 증가시키고, 색을 더 희게 만들어준다. 쇼트닝은 쇼트닝효과와 크리밍성이 크기 때문에 모든 제과제품에 주로 이용된다.

4) 지방대체제

최근 건강상의 이유 등으로 지방의 감소식품에 관심을 갖고 있다. 하지만 지방의 감소는 식품의 향미, 외관, 조직감 등에서 지방의 주요 기능성이 떨어지게 되는 문제가 있어 이를 보완할 수 있는 지방의 대체에 관심이 모아지고 있다. 지방 대체제는 주로 당질, 단백질 또는 다른 형태의 지방으로 만들어지고 있다. 이를 좀 더 자세히 살펴보면 아래와 같다.

(1) 당질(섬유소)

식이섬유, 검류, 펙틴, 셀룰로오스 등이 물과 결합하여 팽윤되어 지방과 같은 부드러운 조직감과 촉감을 갖는다. 예를 들면 옥수수껍질의 섬유소와 물로 만든 지방대체제인 Z-Trim 등이 있으며, 건조된 자두, 무화과 등의 과일들도 대체제가 될 수 있다. 과일 속의 식이섬유, 펙틴과 당들이 이러한 작용을 한다.

(2) 단백질

우유(whey)와 달걀단백질 등이 소스에서 지방의 대체제로 이용되며, 콩단백질을 이용하여 육류, 소시지, 가금류 등에 사용하여 열량도 지방보다 적은 지방 대체제로 이용된다.

(3) 지방

지방의 분자구조가 짧은 또는 중간 길이의 지방산들이 큰 지방산들보다 더 적은 열량을 제공한다. 예를 들면 그림 7-4와 같이 뷰티르산(butyic acid, 탄소수 4)이 팔미트산(palmitic acid, 탄소수 16)보다 더 적은 열량을 내므로 이를 이용하여 식용유지 제조 시 지방 대체제로 사용된다.

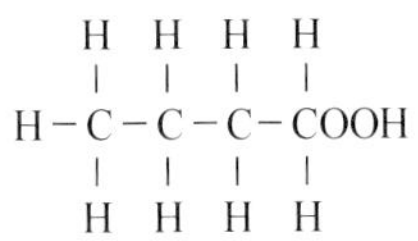

$$H-\overset{\overset{\displaystyle H}{|}}{\underset{\underset{\displaystyle H}{|}}{C}}-\overset{\overset{\displaystyle H}{|}}{\underset{\underset{\displaystyle H}{|}}{C}}-\overset{\overset{\displaystyle H}{|}}{\underset{\underset{\displaystyle H}{|}}{C}}-COOH$$

뷰티르산

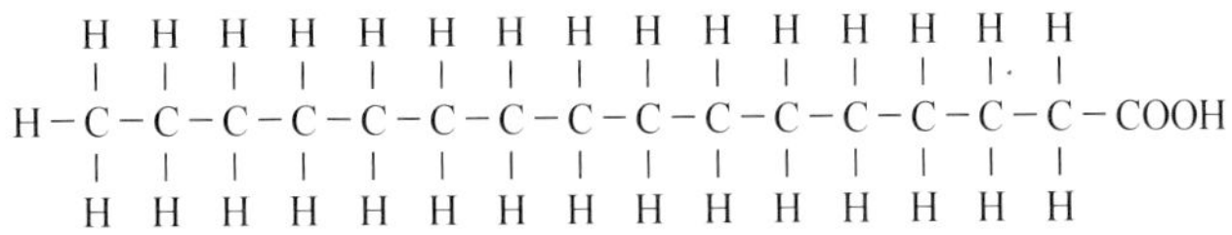

팔미트산

그림 7-4 》 뷰티르산과 팔미트산

4. 유지의 조리 시 변화

유지의 조리 시 표 7-2와 같이 여러 기능들이 나타나게 된다.

표 7-2 》 유지의 조리 시 기능

기능	예
열전달	볶음, 튀김
쇼트닝파워	비스킷, 패스트리, 케이크, 쿠키
유화	마요네즈, 샐러드 드레싱, 소스, 푸딩, 크림수프
다양한 녹는점	캔디
가소성	제과, 아이싱, 패스트리
용해성	물에 녹지 않으나 샐러드 드레싱처럼 독특한 향미와 조직감을 줌
향미·입안에서의 느낌	향미(버터, 베이컨, 튀긴 음식), 끈적임, 걸쭉함, 차가움
조직감	크림성, 바삭거림, 부드러움, 점성, 탄력성
외관	기름짐(oiliness), 색, 윤기
포만감	포만감(feeling full)에 영향
열량	9kcal/g

1) 향미 증가

튀김 음식은 향미를 증진시키고, 조리 시 어떤 식품에 지방을 넣으면 독특한 향미를 가지게 되므로 식욕증진을 가져온다. 또한 지방은 첨가되는 지용성 향미물질의 매개체로 작용한다. 지방은 참기름, 올리브유, 들기름, 버터 등과 같이 그 자신의 향을 식품에 부여하기도 하고, 스파게티를 만들 때 마늘을 기름에 볶아 향미를 내는 것처럼 지방이 녹은 향 화합물을 흡수하기도 한다.

2) 열전달

유지의 주요 기능은 열전달의 매개체이다. 유지는 열전달 능력이 물보다 훨씬 빠르며, 끓는점이 높고 비열이 낮아 음식이 빨리 익을 수 있게 하여 영양소 손실을 최소화시키고 외관을 좋게 한다. 다량의 음식을 조리할 때 팬에 튀기거나 볶으면서 열을 전달하여 음식을 익힌다. 이를 이용한 방법으로 튀김과 볶음이 있다.

비열

비열은 단위 질량의 물질 온도를 1℃ 높이는 데 드는 열에너지를 말한다.

(1) 튀김 시 열전달 변화

튀김을 할 때 그림 7-5와 같이 수분이동, 기름 흡수, 껍질형성, 내부조리 등의 여러 변화가 일어난다.

① 수분이동

지방에 식품을 담그면 식품 표면의 수분은 뜨거운 기름에 닿아 수증기로 일부 날아가고, 이로 인해 식품 내부의 수분이 표면으로 이동하게 된다. 그리고 기름은 식품 속으로 흡수된다. 튀긴 표면이 바삭거리는 것은 식품 표면의 수분이 증발하고 기름이 약간 흡수되었기 때문이다.

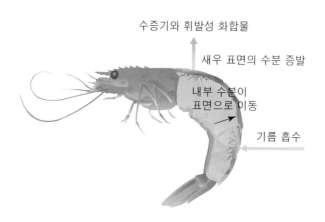

수증기와 휘발성 화합물

새우 표면의 수분 증발

내부 수분이 표면으로 이동

기름 흡수

그림 7-5 》 튀김에서 수분 증발과 기름 흡수 작용

② 껍질형성

메일라드반응으로 식품 표면이 갈색이 되어 먹음직스러운 껍질을 형성한다.

③ 내부조리

기름의 접촉으로 인한 것이 아니라 기름이 흡수되고 기름의 열이 내부로 전달되어 식품이 완전히 익게 된다.

 알아보기

바삭거리며 맛있는 튀김옷은 어떻게 만드나요?

튀김이 잘된 것은 튀김옷이 바삭거리며 기름이 적게 흡수된 것이다.
- 튀김옷의 밀가루는 글루텐 생성을 최대한 억제하는 방법을 사용하며, 밀가루 중에서 글루텐 함량이 가장 적은 박력분을 사용한다.
- 얼음을 이용하여 튀김재료의 온도를 최대한 낮춘 15℃ 찬물에 밀가루를 넣으면 수화가 적게 되어 글루텐이 적게 형성되며, 유리수가 많아지고 증발이 많아져 바삭거리게 된다.
- 튀김옷에 첨가되는 물의 1/4 정도를 달걀로 대체하면 글루텐이 덜 형성되며, 달걀 단백질의 응고에 의해 수분의 흡수가 방해되어 바삭거리게 된다.
- 튀김옷에 설탕을 첨가하면 글루텐을 연화시켜 수분 증발이 잘되어 튀김옷이 연해지고 바삭거리며 메일라드반응으로 갈색이 증진된다.
- 튀김옷에 중조를 조금 넣으면 튀김 시 탄산가스가 발생하면서 수분도 증발되어 바삭거리게 된다.

(2) 튀김 기름의 가열 시 변화

가열에 의해 지방의 가수분해적 산패와 산화적 산패가 촉진된다. 가수분해 산패는 차고 젖은 상태의 음식을 튀길 때 일어나는 것으로 중성지방의 결합이 가수분해되어 작은 화합물이 되는 것을 말한다. 이러한 반응에 촉매작용을 하는 것이 리파아제 효소와 열이다. 산화적 산패는 리폭시다아제(lipoxidase)에 의해 일어날 수도 있지만 대개는 무제한으로 계속 일어나는 것으로써 불포화지방에서 일어나는 연쇄반응이다.

산패가 촉진되는 동안 지방의 중합현상이 일어나 점도가 증가하며, 유리지방산과 이물질의 증가가 커져서 발연점이 낮아진다.

튀김 시 식품 내부의 단백질은 열에 의해 분해되어 생성된 아미노산과 당이 메일라드반응에 의해 갈색 색소를 형성하여 색이 짙어진다. 또한 튀김 기름을 오래 사용하면 거품이 형성된다.

(3) 튀김 기름

튀김 시 사용되는 기름은 발연점이 높으므로, 향이 진하지 않은 기름을 사용해야 한다. 유지의 발연점은 유지의 지방 조성과 가공방법에 따라 다르다. 대부분의 대두유, 옥수수유, 면실유 등의 식물성 유지는 200℃ 이상의 비교적 높은 발연점(그림 7-6)을 가지며, 유화제가 첨가된 쇼트닝, 버터와 마가린은 발연점이 낮아 튀김용 기름으로는 적합하지 않다.

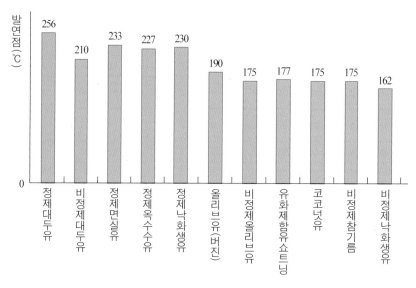

그림 7-6 》 기름의 종류에 따른 발연점

(4) 튀김의 가열온도와 시간

튀김에 적당한 온도와 시간은 보통 180℃에서 2~3분 정도이며, 기름은 비열이 낮기 때문에 온도가 쉽게 오르고 쉽게 낮아진다. 튀김시간은 튀김재료의 종류와 양, 튀김옷의 두께에 따라 달라진다. 표면만 익히고자 할 때는 고온에서 단시간에 튀겨야 하며, 속까지 완전히 익히고자 할 때는 저온에서 서서히 익혀야 한다.

기름의 온도가 낮으면 기름의 흡수가 쉬워지며, 튀김시간이 길수록 기름의 흡수도 많아진다. 기름 흡수가 많아지면 눅눅해져 맛이 없어지고, 소화되는 시간이 길어진다. 또한 가열되는 동안 기름이 분해되어 휘발성 물질을 생성하기도 한다. 그러므로 표 7-3과 같이 튀김의 재료에 따라 적당한 온도와 시간으로 튀겨져야 한다.

표 7-3 >> 재료에 따른 튀김의 적당한 시간과 온도

튀김 재료	튀김 시간(분)	튀김 온도(℃)
도넛	3	160
프리터(fritters)	1~2	160~170
근채류	2~3	165~175
어패류	1~2	175~180
감자튀김	2~3	185~195
치킨 커틀릿	1차 : 8~10	165
	2차 : 1~2	190~200
양파, 채소류, 크로켓	1	190~200

 알아보기

프리터(fritters)는 밀가루에 달걀노른자, 우유 또는 물을 넣어 반죽한 후 고기나 채소, 과일 등에 입혀 기름에 튀긴 음식을 말한다.

새우튀김의 종류

● 일식 새우튀김

새우에 칼집을 넣어 일자로 만든 후, 소금과 후추로 간한다. 밀가루, 물, 달걀을 넣고 묽은 반죽(batter)을 만들어(심하게 저어서 글루텐이 생기지 않도록 주의) 새우를 반죽에 살짝 묻힌 후에 튀긴다. 얼음을 넣어 온도차를 내서 바삭한 일식 튀김을 만든다.

● 중식 새우튀김

소금과 후추로 간한 후에 감자전분을 물에 불려 가라앉힌 후, 물은 따라 버리고 가라앉은 전분을 묻혀 튀기거나 달걀물과 가라앉은 전분을 1:4로 혼합한 것을 묻힌 후 튀긴다. 칼집을 내지 않아서 새우가 구부러져 있다. 보통 칠리소스에 버무려서 먹는다.

● 빵새우튀김(fried breaded shrimp)

새우에 칼집을 내서 일자로 만든 후 소금과 후추로 간을 하고, 밀가루, 달걀물, 빵가루를 묻혀 튀기는 새우튀김이다.

● 프랑스식 새우튀김(French fried shrimp)

달걀노른자와 밀가루를 넣고 묽은 반죽을 만든 후에 달걀흰자 거품을 폴딩하여 혼합한다. 새우에 칼집을 넣어 일자로 만들어서 밀가루를 묻히고 반죽에 넣은 후 튀긴다. 핫도그처럼 일자로 두툼한 모양이 된다.

중국식 튀김의 방법은?

① 재료 자체에 생전분만 묻혀 튀기는 방법 → 재료의 탈수효과를 방지하여 속은 부드럽지만 겉은 가장 딱딱한 튀김이 된다.

② 얼음물과 생전분을 혼합하여 재료를 튀겨내는 방법 → 재료의 튀김상태가 단단하며, 그 상태가 오래 유지된다.

①, ②의 방법과 같이 전분으로 튀기면 바삭거리고 소스와 결합될 때 바삭거림이 오래 유지된다.

3) 유화(emulsion)

모든 식품은 소량의 수분을 가지고 있으며, 만일 지방이나 오일이 있다면 결합하여 유화가 일어나게 된다. 유화란 서로 섞이지 않는 두 액체물질이 그림 7-7과 같이 혼합된 상태를 말한다. 유지는 물에 녹지 않으나 친수성기와 소수성기를 갖고 있는 유화제와 반응하여 그림 7-8과 같이 유화액을 이룬다. 천연 유화제로는 레시틴(lecithin)이 가장 대표적이고, 식품 중의 모노·디글리세리드(mono·diglyceride), 담즙산, 단백질 등이 있으며, 우유, 난황, 버터, 크림의 천연유화액이 있다. 합성유화제로는 모노·디글리세리드, 소르비톨 지방산 에스테르(sorbitol fatty acid ester) 등이 있으며, 마요네즈, 프렌치 드레싱, 소스 등의 인공유화액이 있다.

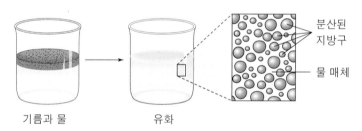

기름과 물　　　　　유화　　　　　분산된 지방구

물 매체

그림 7-7 〉〉 **유화액의 분산상태**

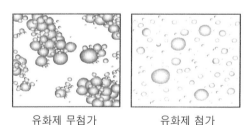

유화제 무첨가　　　　　유화제 첨가

그림 7-8 〉〉 **유화제 첨가의 영향**

(1) 유화의 두 가지 유형

① 수중유적형(oil in water emulsion : O/W형)

물속에 기름이 분산되어 있는 상태이다. 대표적으로 우유, 마요네즈 등이 있다.

② 유중수적형(water in oil emulsion : W/O형)

기름 속에 물이 분산된 형태이다. 대표적으로 버터, 마가린 등이 있다.

(2) 마요네즈(mayonnaise)

유화를 이용한 대표적인 샐러드 드레싱이다. 마요네즈는 식물성유, 식초, 난황으로 만들어지는 수중유적형 유화액으로 레시틴이 함유된 난황이 유화제이다. 기름을 조금씩 천천히 넣어주며 혼합한 후 서서히 기름의 양을 늘려야 안정된 유화액이 된다.

알아보기

마요네즈가 분리되었어요!

마요네즈가 분리되는 경우는 초기에 기름을 너무 많이 넣은 경우, 난황에 비해 기름이 많은 경우, 젓는 속도가 잘못되었을 경우, 기름의 온도가 너무 낮아 유화액 형성이 불완전한 경우, 냉동 저장하여 지방구를 둘러싸고 있는 유화제막이 파괴된 경우 등이 있다. 이런 경우 새로운 난황이나 새로 잘 형성된 마요네즈에 분리된 마요네즈를 조금씩 넣어주면서 잘 저으면 된다.

(3) 프렌치 드레싱(French dressing)

프렌치 드레싱은 식물성유, 식초, 소금을 섞고 잘 흔들거나 저어준다. 주로 기름과 식초를 3:1의 비율로 만들며, 기호에 따라 비율을 조절한다. 일시적인 유화액으로 기름과 수분을 연결시킬 유화제 없이 흔들어 젓는 순간에만 유화액이 되고 중지하면 분리된다. 일시적인 유화액은 거의 점도가 낮다.

4) 조직감(texture)

지방은 식품의 조직감을 좋게 하는데 제과제품에 부드러움, 부피감, 신선함 등을 준다. 지방 함량이 많은 아이스크림은 더 부드럽고 크림성이 있어 입안의 느낌을 좋게 한다. 또한 코코아버터는 체온에 가까운 녹는점을 가지므로 초콜릿은 입안에서 부드러운 느낌으로 녹는다.

5. 유지의 가공 처리 시 변화

유지는 식품 가공 시 추출하여 여러 처리 과정을 거친 후에 식용한다. 그러나 올리브유, 참기름, 들기름, 땅콩유 등은 고유한 향미를 유지하기 위해 압착추출 후 다른 가공단계를 거치지 않는다.

1) 수소화(hydrogenation)

수소화(경화)는 그림 7-9와 같이 니켈촉매에 의해 불포화지방산의 이중결합에 수소결합을 첨가하는 것이다. 수소화를 시키면 포화도가 증가하고 지방의 녹는점이 상승하게 되어 상온에서 고체상태가 되며, 이를 이용한 것이 마가린, 쇼트닝이다. 이 과정 중 이중결합이 시스형에서 트랜스형으로 변화될 수 있어 식물성 원료인 대두유를 사용하였으나 구조상으로는 동물성 포화지방과 비슷한 형태를 가지게 된다. 트랜스형이 많아지면 지방의 녹는점이 높아지고 저장성이 향상되지만 건강상의 문제를 일으킬 수 있다.

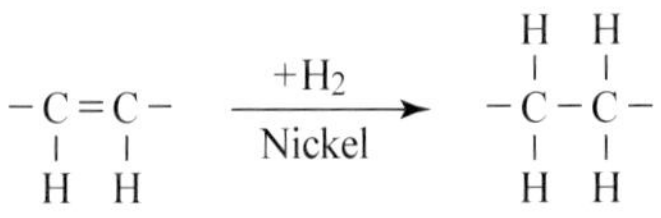

$$-C=C- \quad \xrightarrow[\text{Nickel}]{+H_2} \quad -C-C-$$

그림 7-9 》 유지의 수소화

2) 동유처리(winterization)

식물성 기름의 냉장 보관 시 기름이 뿌옇게 되는 현상이 일어난다. 이러한 현상은 녹는점이 높은 포화지방산이 결정이 되는 것이다. 이러한 결정을 제거하기 위해 결정화된 지방을 여과하는 동유처리를 하게 된다. 동유처리된 기름은 녹는점이 낮아져 냉장 온도에서 결정화되지 않는다.

알아보기

왜 냉장고에서 기름은 하얗게 될까요?

냉장고에 보관 중인 기름이 하얗게 된 것은 지방산의 결정 때문이며, 이 하얀 결정은 다시 실온에 두면 사라진다.

3) 에스테르 교환(interesterification)

유지에 금속염을 가하여 촉매하면 글리세리드에서 지방산이 분리되어 지방산을 서로 교환하여 다른 글리세리드를 형성하게 되는데 이 과정을 에스테르 교환이라 한다. 이러한 반응을 통해 녹는점이 높아지고, 에스테르화된 라드는 중성지방의 지방산 재배열에 의해 크리밍성이 좋아지고 부드러운 질감을 갖게 된다.

알아보기

기름은 어떻게 추출되나요?

동·식물 조직에서 유지를 추출하여 채유하는 방법은 다음과 같다.

① **압착법(pressing method)**

식물성 종자에 고도의 압력을 가하여 짜내는 방법으로 향미가 좋다.

② **추출법(extracting method)**

원료에 용제를 넣어 추출하는 방법이다.

③ **증기법(steam rendering)**

지방조직을 잘게 썰어 다량의 물을 넣고 압력을 가해 가열처리하는 방법으로 물 위에 뜬 기름을 채유한다.

④ **건열법(dry rendering)**

잘게 썬 지방조직을 반진공으로 가열처리하는 방법이다. 맛은 좋으나 채유량이 적다.

6. 유지의 저장 중 변화

유지는 온도와 빛, 산소의 영향을 받으므로 보관 저장 시 주의해야 한다. 버터와 마가린 같은 지방은 냉장 보관한다. 버터는 냉장에서 몇 달간 보관되지만 마가린은 유화상태가 분리될 수 있으므로 냉장 보관 시 주의해야 한다. 올리브 오일은 저장 수명이 다른 식물성 기름보다 짧으므로 개봉하자마자 곧바로 냉장 보관해야 한다. 올리브 오일과 같은 단일불포화지방들은 저장수명이 보통 1년 정도이며, 정제하지 않은 다가불포화지방은 6개월 정도이다.

1) 산패(rancidity)

식품 속의 지방과 식용유지는 조리가공과정 중의 가열 또는 보관 시 공기 중의 산소, 빛, 효소 등의 외부 요인으로 인해 불쾌한 냄새와 맛, 점성, 독성 물질 등을 가지게 되는데 이를 지방의 산패(rancidity)라 한다. 산패는 지방의 화학적 변질로 중성지방의 글리세롤과 결합한 지방산들이 분해되어 불쾌한 냄새가 나는 것이다. 지방의 저장기간이 길어질수록 산패가 더 많이 진행된다. 지방과 오일은 조리 시 더욱 산패되기 쉬운데 왜냐하면 산소, 열과 빛에 노출되기 때문이다.

산패는 튀김할 때 더욱 주의해야 하는데 낮은 발연점으로 인해 더욱 산패되기 쉽기 때문이다. 산패는 표 7-4와 같이 산소가 불포화지방산의 이중결합에 작용하여 2개 이상의 작은 분자로 분해되는 산화적 산패와 물에 의해 가수분해되어 작은 분자로 분해되어 일어나는 비산화적 산패가 있다.

표 7-4 》》 **지방의 산패**

분류		특징
산화적 산패	자동산화	● 상온에서 공기 중의 산소에 의해 서서히 산화 ● 온도, 빛, 수분은 산화속도 촉진 ● 산소와 결합 후 과산화물 형성 ● 유리라디칼에 의한 연쇄반응으로 진행
	가열산화	● 공기 존재하에 가열 시 일어남 ● 자동산화보다 산화속도가 매우 빠름 ● 유리지방산이 생성되고 중합반응이 일어나 점성 증가
	효소산화	● 리폭시다아제(lipoxydase), 리포하이드로퍼옥시다아제 (lipohydroperoxydase)에 의해 산화 ● 식물체인 콩류 또는 곡류에 다양하게 존재
비산화적 산패	가수분해 산화	● 물, 산, 알칼리, 지방분해효소 등에 의해 산화 ● 트리글리세리드가 글리세롤과 유리지방산으로 가수분해 ● 우유, 버터 등과 같은 유제품의 불쾌한 냄새와 맛
	기타	● 미생물작용에 의해 생성된 케톤(ketone)이 원인이 되는 이취 ● 외부 냄새를 흡수하여 나타나는 이취

(1) 산화적 산패

지방은 산소에 노출되었을 때 불포화도가 높을수록 산화적 산패가 더 쉽게 일어난다. 가수분해 산패와 달리 산화적 산패는 산소를 흡수하며, 그림 7-10과 같은 개시, 연쇄반응, 종결의 3단계를 거치게 된다.

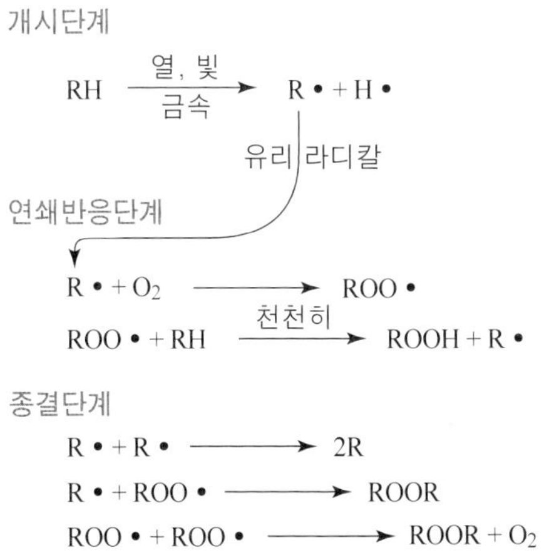

개시단계

$$RH \xrightarrow[\text{금속}]{\text{열, 빛}} R \cdot + H \cdot$$

유리 라디칼

연쇄반응단계

$$R \cdot + O_2 \longrightarrow ROO \cdot$$

$$ROO \cdot + RH \xrightarrow{\text{천천히}} ROOH + R \cdot$$

종결단계

$$R \cdot + R \cdot \longrightarrow 2R$$

$$R \cdot + ROO \cdot \longrightarrow ROOR$$

$$ROO \cdot + ROO \cdot \longrightarrow ROOR + O_2$$

그림 7-10 》 **산화적 산패과정**

① 개시단계

반응은 매우 천천히 일어나며, 불포화지방산의 이중결합에서 수소가 풀어져 나와 유리라디칼(free radical, R·)을 형성한다. 이것은 지방의 분해를 도와 더 작은 화합물이 되고, 그 결과 바람직하지 않은 냄새를 가져오게 한다. 이 과정이 시작되면 유리라디칼이 계속해서 반응하여 생성되므로 이중결합이 다 사용될 때까지 반응한다. 지방 속에 함유된 천연 항산화제나 합성 항산화제는 산화적 산패를 억제하여 저장 수명을 연장하여 준다.

② 연쇄반응단계

유리라디칼과 산소가 결합하여 화합물을 형성하며, 근처의 이중결합한 수소를 제거하여 다른 유리라디칼을 형성한다. 이러한 반응이 계속 되어 점점 작은 단위의 산, 알코올, 알데하이드(aldehyde)와 케톤체(ketone bodies) 등이 형성되고, 산패 냄새와 향미가 떨어지게 된다.

③ 종결단계

모든 유리라디칼은 다 반응한 후 연쇄반응이 종결되며, 각종 라디칼이 서로 결합하여 중합체를 형성한다.

(2) 가수분해 산패

지방이 가열되지 않으면 열에 의해 파괴되지 않은 리파아제효소에 의해 가수분해가 더 많이 일어나게 된다. 버터에 함유된 물은 산패를 쉽게 일으킨다. 따라서 실온에 둔 버터가 빨리 산패될 수 있으므로 냉장 또는 냉동 보관을 해야 한다.

버터의 불쾌취는 버터에 많이 함유된 휘발성 짧은 사슬지방산인 뷰티르산 (butyric acid)과 카프로산(caproic acid) 때문이다. 긴 사슬지방산인 팔미트산 (palmitic acid), 스테아르산(stearic acid), 올레산(oleic acid)은 휘발성이 아니지 만 산화가 일어나지 않는 한 산패에 영향을 주지 않는다.

(3) 산패 방지

산패된 제품은 저장수명이 짧아져 사용할 수 없게 된다. 이러한 이유로 예전에는 포화지방산이 많은 코코넛이나 팜유의 산패가 더디기 때문에 많이 사용되어 왔다. 그러나 최근에는 포화지방이 혈중 콜레스테롤을 증가시키는 건강상의 이유로 불포 화지방산이 많이 함유된 기름을 사용하고 있다.

① 산소와 빛 제거

진공상태를 만들어 산소를 제거하거나 산소의 접촉을 막는다. 식물성 기름의 포 장 시 갈색병이나 캔에 넣어 병마개를 하고, 냉장 보관 등을 하여 산소를 차단한다.

② 항산화제

항산화제는 산화과정 시 산소를 뺏는 역할을 하며, 유리라디칼에 전자를 주어 연쇄 반응을 중단시키는 물질로 유지의 산패유도기간을 연장시킨다. 천연 항산화제로는 토 코페롤(tocopherol, 비타민 E)류, 비타민 C, 세사몰(sesamol), 폴리페놀류, 일부 플라보 노이드류(flavonoids) 등이 있으며, 인공항산화제로는 BHA(butylated hydroxyanisole), BHT(butylated hydroxytoluene), PG(propyl gallate) 등이 있다.

🔍 **알아보기**

참기름의 산패를 방지하기 위해 어떻게 할까요?

빛 : 빛을 차단하는 갈색병을 사용한다.

온도 : 온도가 높으면 산화반응 속도가 증가되므로 낮은 온도 의 서늘한 곳에 보관한다.

산소 : 산소를 차단하는 병마개나 포장재를 사용한다.

금속 : 구리, 철과 같은 금속은 지방의 산화를 촉진하므로 조 리기구는 스테인리스스틸을 이용하는 것이 좋다.

08

채소류

08 채소류

채소는 음식에서 색과 비타민, 무기질 등의 영양소를 제공한다. 즉, 카로틴 (carotene), 리코펜(lycophene)과 같은 피토케미컬(phytochemicals)과 섬유소를 포함하고 있어 암이나 심장병과 같은 대사증후군의 위험요인을 감소시킨다. 또한 열량이 작아 대중적으로 인기가 많은 식품이다.

1. 채소의 분류 및 구성성분

채소는 잎, 줄기, 뿌리, 구근, 열매, 꽃 등을 이용하며, 먹는 부위에 따라 표 8-1과 같이 엽채류, 경채류, 근채류, 구근류, 과채류, 화채류로 분류된다. 엽채류에 속하는 채소는 주로 줄기를 함께 먹으므로 엽경채류라고도 한다. 토마토와 같은 일부 식품은 채소와 과일로 혼용하기도 하지만 초록색이고 식사의 후식보다 여러 가지 음식의 재료로 사용하므로 채소로 분류하였다.

표 8-1 》 **가식부에 의한 채소류의 분류**

분 류	종 류
엽채류	갓, 근대, 머위, 무청, 미나리, 배추, 상추, 셀러리, 시금치, 쑥갓, 양배추, 케일, 파슬리
경채류	두릅, 마늘종, 부추, 셀러리, 아스파라거스, 염교, 죽순, 참나리, 파
근채류	당근, 래디시, 무, 비트, 생강, 순무, 연근, 우엉, 토란
구근류	마늘, 샬롯, 양파
과채류	가지, 고추, 동아, 박, 오이, 월과, 피망, 토마토, 호박
화채류	브로콜리, 아티초크, 양하, 콜리플라워

채소의 향미성분은 당분, 유기산, 무기염류, 휘발성 황화합물 및 탄닌(tannin)류이다. 유기산은 비휘발성인 사과산(malic acid), 구연산(citric acid), 옥살산(oxalic acid), 숙신산(succinic acid) 등이며, 휘발성 황화합물과 함께 향미성분이 되나 특히 함황화합물은 채소에 강한 맛과 냄새를 준다.

일부 채소의 일반성분은 표 8-2와 같으며, 채소의 가식부는 폐기율을 빼고 계산한다. 채소는 전반적으로 지질의 함량이 낮고, 잎(엽채류)은 식물에서 활성적인 대사를 담당하는 부분으로 열량은 낮으나 수분, 칼슘, 철, 비타민 A와 C, 엽산의 함량이 많고, 초록색이 진할수록 비타민 A 함량이 많다. 시금치와 같은 채소의 칼슘은 수산(oxalic acid)과 결합하여 불용성의 칼슘염을 형성하므로 소화관에서의 흡수가 떨어진다. 경채류는 칼슘, 철, 칼륨의 함량이 많고, 초록이 진할수록 비타민 A 함량이 많다. 과채류는 수분 함량이 많고 당질의 양이 적으며, 토마토, 늙은호박, 적피망 등은 비타민 A의 전구체인 β-카로틴을 함유하고 있다. 근채류는 당질 중의 전분과 단백질의 함량이 많으나 단백질의 생물가는 낮다. 화채류는 수분 함량이 많고 당질 함량이 적으며, 비타민 A, 나이아신의 함량이 많다.

표 8-2 >> 채소류의 영양소 성분 함량 (가식부 100g당)

분류	식품명	열량(kcal)	수분(g)	단백질(g)	지질(g)	당질(g)	섬유소(g)	무기질(mg)					비타민(mg)					폐기율(%)
								칼슘	인	철	나트륨	칼륨	A(RE)	β-카로틴(μg)	나이아신	C	엽산(μg)	
엽채류	미나리	16.0	93.00	1.5	0.1	4.3	1.1	24.0	45.0	2.0	18.0	412	250	1,499	1.5	10.0	135.6	18.0
	상추	18.0	93.00	1.2	0.3	3.5	1.2	56.0	36.0	2.1	5.0	238	365	2,191	0.4	19.0	115.0	0.0
	셀러리	22.0	91.1	1.8	0.2	5.5	1.40	177.0	33.0	1.4	150.0	298	108	648	0.8	47.0	36.0	–
	시금치	27.0	90.4	2.8	0.4	5.3	2.93	43.0	48.0	2.50	72.0	595	477	2,860	0.6	66.0	293.6	15.0
	쑥갓	21.0	90.9	3.5	0.1	4.6	2.30	38.0	47.0	2.0	47.0	260	626	3,755	0.3	18.0	271.8	5.0
	양배추	19.0	93.5	0.6	0.1	5.4	2.20	29.0	25.0	0.5	5.0	205	1	6	0.3	36.0	98.0	14.0
경채류	두릅	21.0	91.1	3.7	0.4	3.7	3.58	15.0	103.0	2.4	5.0	446	67	403	2.0	15.0	160.0	18.0
	부추	31.0	89.80	4.3	0.4	3.7	2.10	34.0	27.0	2.9	36.0	480	0	–	0.0	41.0	95.4	–
	양파	34.0	90.1	1.0	0.1	8.4	1.50	16.0	30.0	0.4	2.0	144	0	0	0.1	8.0	17.0	8.0
	죽순	13.0	93.00	3.3	0.3	2.3	4.00	14.0	77.0	1.1	8.0	518	3	17	0.6	7.0	7.0	53.0
	대파	26.0	91.10	1.5	0.3	6.5	2.60	81.0	35.0	1.0	1.0	186	129	775	0.6	21.0	113.5	19.0
과채류	가지	19.0	93.3	0.9	0.1	5.3	1.80	16.0	33.0	0.3	3.0	210	6	35	0.4	9.0	46.8	6.0
	풋고추	19.0	91.30	1.6	0.3	3.6	7.76	13.0	38.0	0.5	10.0	246	52	312	1.1	72.0	40.9	8.0
	오이	9.0	96.30	0.8	0.1	2.3	0.70	26.0	33.0	0.2	5.0	162	30	181	0.2	10.0	3.8	5.0
	토마토	14.0	95.20	0.9	0.1	3.3	0.71	9.0	19.0	0.3	5.0	178	90	542	0.6	11.0	51.9	1.0
	피망	17.0	94.00	0.7	0.2	4.7	2.40	10.0	22.0	0.5	3.0	210	64	383	0.7	53.0	29.1	14.0
	적피망	24.0	91.70	1.3	0.3	6.2	2.00	8.0	24.0	0.7	3.0	218	389	2,336	1.1	191.0	18.0	13.0
	애호박	24.0	91.9	1.4	0.1	5.9	0.86	13.0	44.0	0.4	1.0	293	25	149	0.6	8.0	55.6	0.0
	늙은호박	27.0	91.00	0.9	0.1	7.5	1.80	28.0	30.0	0.8	2.0	334	119	712	1.5	15.0	16.0	17.0
근채류	당근	34.0	89.5	1.1	0.1	8.6	3.10	40.0	38.0	0.7	30.0	395	1,257	7,540	0.8	6.0	31.1	11.0
	마늘	126.0	63.1	5.4	0.0	30.0	5.90	10.0	164.0	1.9	3.0	664	0	0	0.4	28.0	86.4	–
	무	18.0	94.30	0.8	0.1	4.4	1.50	26.0	23.0	0.7	13.0	213	8	46	0.4	15.0	40.1	5.0
	연근	67.0	80.20	2.1	0.1	16.4	2.30	22.0	67.0	0.9	36.0	377	0	0	0.3	57.0	22.8	13.0
	우엉	64.0	80.30	3.1	0.1	15.5	4.10	56.0	72.0	0.9	5.0	370	0	0	0.5	3.0	23.0	20.0
화채류	브로콜리	28.0	88.6	5.0	0.3	5.0	2.90	64.0	195.0	1.5	10.0	307	128	766	1.1	98.0	63.0	39.0

자료 : 식품 영양소 함량 자료집, 2009

2. 채소의 구조

식물세포의 구조는 그림 8-1과 같다. 식물세포는 동물세포와 달리 세포벽, 엽록체, 액포가 있다. 세포벽의 구조는 그림 8-2와 같으며 세포벽은 세포의 내용물을 보호하고, 섬유소는 세포벽의 질기면서 부드러운 성질을 준다. 엽록체는 식물의 뚜렷한 녹색을 나타내는 색소인 엽록소를 포함하고 있고, 식물세포의 대사과정에 있어서 중요한 광합성 외에 질소대사, 아미노산 합성, 지질 합성, 색소 합성 등을 한다. 액포는 성숙한 식물세포에 잘 발달되어 있으며, 당류, 무기염류, 유기산, 색소 등이 물에 녹아 있고, 식물세포의 삼투압 유지에 중요한 역할을 한다.

채소는 식사 시 질감과 향미, 색을 제공한다. 채소의 외피나 껍질은 셀룰로오스(cellulose), 헤미셀룰로오스(hemicellulose), 펙틴물질(pectin), 리그닌(lignin), 검류(gums)와 같은 섬유소로 구성되어 있어 보호작용을 하며, 리그닌은 숙성함에 따라 그 농도가 증가한다. 아스파라거스, 가지, 시금치 줄기, 당근의 속, 브로콜리가 열에 의해 가열되어도 부드러워지지 않는 것은 바로 리그닌의 함량이 증가하기 때문이다.

가열은 식물조직의 펙틴물질을 분해시키고, 산은 조직을 더 단단하게 하며, 알칼리는 헤미셀룰로오스와 같은 섬유조직을 분해시킨다.

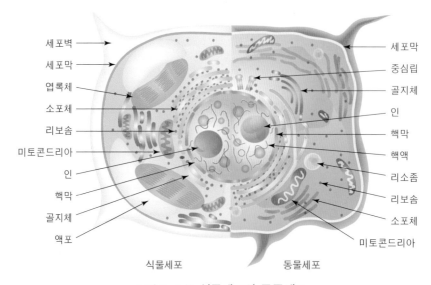

| 식물세포 | 동물세포 |

그림 8-1 〉〉 **식물세포와 동물세포**

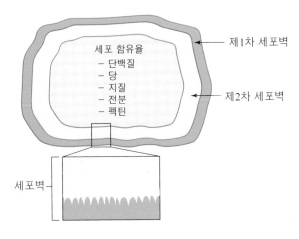

세포 함유율
  - 단백질
  - 당
  - 지질
  - 전분
  - 펙틴

제1차 세포벽
제2차 세포벽
세포벽

그림 8-2 》 세포벽의 구조

3. 채소의 색

채소는 표 8-3과 같이 클로로필(chlorophyll), 카로티노이드(carotenoid) 및 플라보노이드(flavonoid)의 안토시아닌(anthocyanin)과 안토크산틴(anthoxanthin) 등의 색소가 있어 아름다운 외관으로 식사의 즐거움을 더해주며 식욕을 돋운다.

표 8-3 》 채소의 색소

색소의 종류		색소명	색	함유식품
클로로필(Chlorophyll)		클로로필 a(chlorophyll a)	청록색	브로콜리, 양배추, 상추, 시금치, 케일
		클로로필 b(chlorophyll b)	황록색	
카로티노이드 (Carotenoid)	카로틴 (carotene)	알파 카로틴(α-carotene)	귤색	당근, 차잎
		베타 카로틴(β-carotene)		녹엽, 당근, 고추, 과피
		감마 카로틴(γ-carotene)		당근
		리코펜(lycopene)	다홍색	토마토
	크산로필(xanthophyll)		노란색	황색 옥수수, 녹엽, 치자, 샤프란
플라보노이드 (Flavonoid)	안토시아닌(anthocyanin)		자주색	당근, 비트, 자색 양배추, 가지, 래디시, 자소잎
	안토크산틴(anthoxanthin)		크림색, 흰색	콜리플라워, 양파, 무, 순무

4. 조리 시의 변화

1) 색소의 변화

채소가 조리 중에 영향을 받는 요소 중 가장 중요한 것은 표 8-4와 같이 색소의 변화이다.

표 8-4 〉〉 식물색소의 변화

색소 조건	클로로필	카로티노이드	플라보노이드	
			안토시아닌	안토크산틴
색	녹색	등황색	적자색	백색
용해성	지용성	지용성	수용성	수용성
산	녹색→녹황색	안정 밝은색	안정, 붉은색	안정
알칼리	선명한 녹색	안정, 갈색화	자색→청색	담황색
장기 가열	올리브색	당질 캐러멜화로 갈변, 밝은 오렌지색	안정	갈변
금속이온	구리, 아연에 의해 선명해지나 독성 때문에 가급적 사용하지 않음	안정	철, 구리이온, 알루미늄, 주석에 의해 암청회색이나 적갈색으로 변함	알루미늄은 흰색을 손상시켜 노란색으로 변함 철에 의해 흰색이나 크림색이 어두워짐

(1) 클로로필계 색소(녹색채소)

엽록소(chlorophylls)는 식물의 광합성에서 중요한 역할을 하고 녹색채소의 잎에 많이 들어 있으며, 세포 내의 엽록체(chloroplast) 안에 존재한다. 엽록소는 지용성 색소이므로 물에 녹지 않으나 산이나 알칼리 또는 가열에 의해 변색되는 경우가 많다. 조리 시 클로로필의 변화는 그림 8-4와 같다. 엽록소 a는 그림 8-3과 같이 3번 탄소에 메틸기($-CH_3$, methyl group)를 가지고 있고, 엽록소 b는 알데하이드기($-CHO$, aldehyde group)를 가지고 있다.

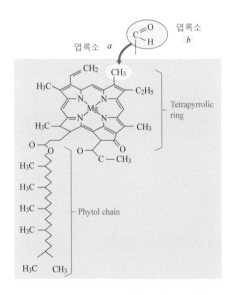

그림 8-3 》 엽록소의 구조

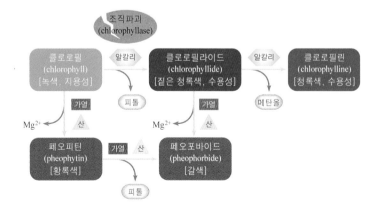

그림 8-4 》 조리 시 클로로필의 변화

① 물

엽록소는 물에 용해되지 않는다. 이는 그림 8-3과 같이 엽록소의 구조에서 탄소 7번에 결합되어 있는 피톨(phytol) 때문이다. 그러나 세포 내의 액포에는 여러 가지 유기산이 존재하여 채소를 가열할 때 엽록체와 액포의 막이 파괴되어 유기산이 엽록소에 접촉하게 된다. 그래서 녹색채소를 물에 데치면 수용성인 클로로필라이드가 침출되어 조리수를 푸르게 물들인다. 또한 녹색채소를 끓는 물에 넣으면 초록색이 매우 선명해지는데, 이는 세포 내의 공기가 외부로 빠져나가고 수분이 그 공간을 채워 클로로필색소가 표면에 두드러지기 때문이다.

② 산

산 용액 내에서 가열하면 엽록소 a는 회색을 띤 녹색이 되고, 엽록소 b는 황색을 띤 녹색이 된다. 이 두 종류의 색소가 섞이면 녹황색이 된다. 이것은 엽록소에 결합되어 있는 마그네슘(Mg^{2+})이온이 빠져나오고 수소(H^+)이온이 그 자리에 대치되어 페오피틴(pheophytin)을 형성하기 때문이다. 따라서 녹색채소를 데칠 때는 산의 접촉을 가능한 한 줄여야 한다. 가열 초기에 냄비의 뚜껑을 열어두면 휘발성 유기산이 휘발되므로 색의 변화는 어느 정도 막을 수 있다.

알아보기

시금치나물을 초고추장에 무치면 색이 변한다?

초고추장에 양념한 시금치나물은 시간이 지나면 시금치의 녹색채소가 산(식초)에 의해 녹황색으로 변화되기 때문이다.

③ 알칼리

엽록소는 알칼리에 안정하므로 조리수가 약알칼리일 때 녹색채소는 초록색을 최대한으로 보유한다. 이것은 알칼리성 용액에서 엽록소의 피톨과 메틸기가 검화되어 함께 떨어져나가 청록색의 수용성인 클로로필라이드를 형성하기 때문이다. 녹색채소를 가열할 때 중조($NaHCO_3$, baking soda)를 소량 넣어주면 이런 원리에 의해 색이 선명해진다. 중조는 약한 알칼리성이므로 엽록소에 접촉했을 때 엽록소를 클로로필린으로 변하게 하고 이것은 선명한 녹색물질이므로 채소의 색은 선명해진다. 그러나 알칼리는 섬유소를 연화시켜 채소의 질감을 나쁘게 할 뿐만 아니라 비타민 B_1, 비타민 C를 파괴하여 영양소의 손실을 초래하므로 사용 시 주의힌다.

알아보기

쑥인절미를 만들 때 쑥의 색을 선명하게 하기 위해 중조를 사용한다?

쑥을 데칠 때 알칼리인 중조를 넣으면 색이 선명하게 유지되나 섬유질(hemicellulose)이 물러질 염려가 있고, 비타민 B_1이 파괴되므로 중조를 넣는 방법은 잘 권장하지 않는다. 또한 과량 사용 시 향미, 질감, 비타민 함량 등에 좋지 않은 영향을 미치므로 주의한다.

④ 가열

엽록소는 지용성이고 안정하지 못하기 때문에 녹색채소의 선명한 녹색을 유지하기 위하여 채소를 끓는 물에 넣고 데쳐서 재빨리 찬물이나 얼음물에 헹구어 사용하거나 냉동 저장한다. 데칠 때는 되도록 시간을 단축하고, 소량의 설탕을 사용하거나, 뚜껑을 덮지 않고 가열하여 휘발성 유기산을 날려 보낸다. 또한 뚜껑을 덮고 녹색채소를 가열하면 채소에 함유된 산이 엽록소를 제거하므로 피한다.

조리시간이 길어지거나 온도를 유지하기 위하여 스팀 테이블(steam tables)에 둘 때 녹색채소의 색은 황록색에서 녹황색으로 변한다. 이를 방지하기 위하여 탄산마그네슘($MgCO_3$)이나 칼슘아세테이트[$Ca(C_2H_3O_2)_2$] 혼합물을 소량 첨가하면 녹색을 보존할 수 있다.

알아보기

녹색채소를 데친 후 왜 냉수에 헹굴까요?

데쳐낸 채소의 온도를 얼음 등으로 신속히 낮춰줌으로써 조직의 연화를 방지하고 색을 유지하며 비타민 C의 용출을 방지할 수 있다.
얼갈이배추 된장국을 끓일 때 배추를 미리 데쳐 황화수소(H_2S)를 휘발시켜야 질감, 향, 색이 유지된다.

⑤ 햇볕

신선한 파슬리가 햇볕에 오래 노출되면 색이 황색으로 변하는데 이는 엽록소의 함량이 감소되기 때문이다.

(2) 카로티노이드계 색소(등황색 채소)

카로티노이드는 오렌지색, 황색 또는 황적색을 띠는 색소로 물에는 녹지 않으나 기름에는 녹는 지용성이다. 따라서 녹색채소의 엽록체에 엽록소와 함께 존재한다. 카로티노이드는 carotene류와 xanthophyll류로 나누며, 카로틴류 중 α, β, γ−carotene은 당근에 비교적 많이 들어 있고, 적색을 띠는 리코펜(lycopene)은 토마토에 많이 함유되어 있다.

카로티노이드계 색소는 그림 8-5와 같이 보통 탄소수가 40개로 구성되어 있으며, 분자 내 이중결합의 수가 증가할수록 색이 붉어지고, 감소할수록 황색 쪽으로 기울어진다. 리코펜은 베타 카로틴보다 이중결합이 2개 더 많기 때문에 색이 더 붉다.

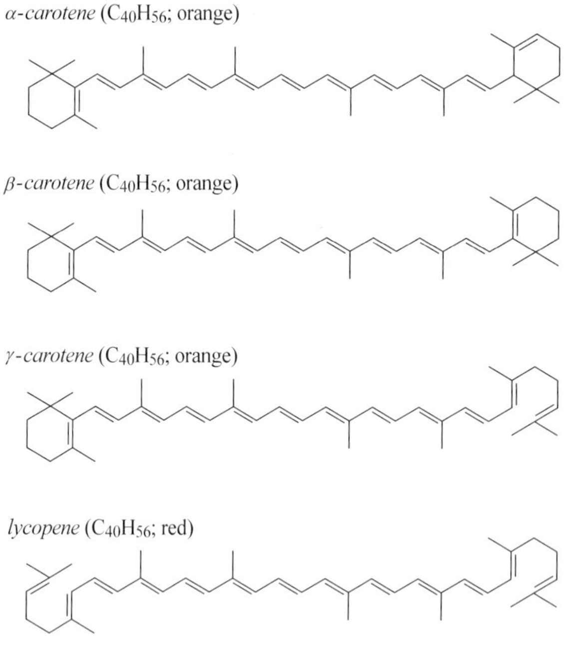

α-carotene ($C_{40}H_{56}$; orange)

β-carotene ($C_{40}H_{56}$; orange)

γ-carotene ($C_{40}H_{56}$; orange)

lycopene ($C_{40}H_{56}$; red)

그림 8-5 》 **카로틴의 구조**

① 열

카로티노이드계 색소는 열에 비교적 안정하며, 산·알칼리의 영향을 받지 않아 조리과정에서는 비교적 안정적인 색소이다.

지용성 색소가 포함된 식품은 기름으로 조리하면 유효성분의 흡수율이 좋아 영양면에서 효과가 있다.

알아보기

당근을 물에 삶으면 색소가 안 빠지는데 기름에 볶으면 색이 왜 빠져나올까요?

당근의 카로티노이드계 색소는 물에 녹지 않고 기름에 볶을 때 팬에 오렌지색 기름이 나온다. 이것은 당근이 지용성인 카로티노이드계 색소를 가지고 있기 때문이다.

② 공기

카로티노이드 색소는 식품에 존재할 때 공기 중의 산소와 접촉할 기회가 매우 적어 산화적 파괴는 거의 일어나지 않으나, 식품에서 분리했을 때는 공기 중의 산소와 접촉하여 색소가 산화·퇴색된다. 따라서 볶아둔 당근이 시간이 지남에 따라 어둡고 칙칙한 색으로 변하는 것은 공기 중의 산소와 접촉하여 산화·퇴색되기 때문이다.

(3) 플라보노이드계 색소

플라보노이드계 색소는 그림 8-6과 같이 크게 안토시아닌계 색소와 안토크산틴계 색소로 나눌 수 있다.

플라보노이드   안토시아닌

그림 8-6 》 **플라보노이드와 안토시아닌의 구조**

① 안토시아닌계 색소(적색채소)

당근, 자색 양배추, 비트, 가지 등과 같은 채소의 적·자색은 안토시아닌계 색소로 물에 녹으며, 산에 안정하여 색 자체를 더욱 선명하게 유지한다.

가. 물

안토시아닌계 색소는 물에 녹는 수용성이므로 가지를 밥에 넣고 찌면 밥의 색이 보랏빛으로 된다. 또 나박김치를 담글 때 고춧가루를 면보에 싸서 물에 넣어 고춧물을 내거나 깍두기를 고춧가루에 버무려 빨갛게 하는 것도 수용성 성질을 이용한 것이다.

알아보기

비트 물은 왜 붉은색인가요?

비트나 순무와 같이 붉은색을 나타내는 근채류에 들어 있는 색소는 안토시아닌과 비슷한 성질을 가진 베탈레인(betalains)으로 질소를 포함하고 있으며 수용성으로 물에 잘 용출된다.

나. 산·알칼리

안토시아닌계 색소는 산성 용액에서는 붉은색을 띠고, 중성 용액에서는 보라색을 띠며, 알칼리성 용액에서는 청색을 띤다. 알칼리성 용액에 의해 변색된 청색은 다시 산을 가하면 청록색에서 자색으로 돌아온다. 따라서 자색 양배추에 사과주스, 레몬주스, 식초와 같은 산을 첨가하면 청색으로 변색되는 것을 방지할 수 있다. 또한 유기산을 이용하여 색의 변화를 방지할 수 있다. 적색채소는 일반적으로 조리수를 소량 가하고 뚜껑을 덮어 조리하는 것이 유기산을 이용할 수 있어 바람직하다.

알아보기

우엉을 삶을 때 청색으로 변하는 이유는?

우엉 속에 들어 있는 칼슘, 나트륨, 마그네슘 등의 알칼리성 무기질이 녹아 나와서 우엉의 안토시아닌계 색소를 청색으로 변화시키기 때문이다.

다. 금속

안토시아닌계 색소는 주석, 철, 알루미늄 등의 금속과 반응하여 색이 암청회색이나 적갈색으로 변화되는 성질이 있으므로 스테인리스스틸이나 유리용기에 보관한다. 과일 통조림의 경우 통조림을 만들 때 청색이나 자색으로 변색되는 것을 방지하기 위하여 에나멜 코팅을 한 주석관을 사용하고, 남은 내용물은 유리나 스테인리스스틸 용기에 담아 보관한다.

라. 열

안토시아닌계 색소는 열에 의해 파괴되므로 가지를 쪄서 나물로 무쳐 먹거나 잘게 썰어 볶아 먹을 때는 생것일 때의 아름다운 색이 유지되지 못한다.

② 안토크산틴계 색소(백색채소)

안토크산틴계 색소는 무, 배추 줄기, 양파와 같은 가식부가 껍질부터 속까지 모두 백색인 것도 있고, 자색 양배추, 자색 양파, 가지와 같이 껍질은 붉고 속만 흰 것도 있다.

가. 산

안토크산틴계 색소는 조리할 때 식초, 주석산 등의 산을 넣거나 김치같이 저장 중 발효하여 생성되는 산에 의해 색이 희어진다. 무생채를 할 때 식초를 넣으면 산이 첨 가되어 무의 색이 더욱 선명해진다. 또한, 콜리플라워나 양파를 경수(hard water) 에 조리할 때 황색으로 변하는 것을 방지하기 위해 주석산, 식초나 레몬주스를 첨가 한다.

나. 알칼리

무, 배추 줄기, 양파, 연근, 죽순, 숙주, 콩나물 등의 백색을 띠는 안토크산틴계 색 소는 물에 녹고 산에는 안정하나 알칼리에서는 담황색으로 변한다.

다. 금속

많은 수산기(-OH)를 가지고 있는 채소는 금속이온과 반응하여 착화물을 만든다. 흰 배추, 흰 양파 등을 알칼리염의 함량이 많은 경수에 조리하면 색이 노랗게 착색되 거나 그 색이 더욱 선명해진다.

2) 질감의 변화

(1) 가열

고온에서 가열 시 셀룰로오스를 부드럽게 하여 부피를 감소시키고, 터거(turgor, 팽압) 시 수분 손실이 일어난다.

알아보기

터거(Turgor)가 무엇인가요?

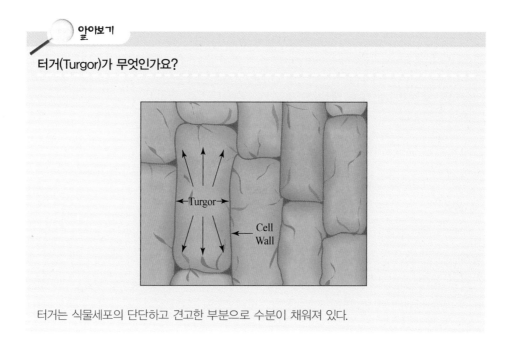

터거는 식물세포의 단단하고 견고한 부분으로 수분이 채워져 있다.

(2) 산·알칼리

식초나 토마토와 같은 산성 물질이 조리의 마지막에 첨가되면 조리시간이 길어지고 펙틴을 침전시켜 채소를 더 부드럽게 한다. 또한 베이킹소다와 같은 알칼리성 물질은 섬유소를 파괴시켜 물러지게 한다.

(3) 칼슘염

통조림과 피클 등은 가공과정 중에 칼슘염을 첨가하면 채소를 단단하게 한다. 염은 펙틴물질과 결합하여 불용성 염을 만들어 식품의 조직을 단단하게 한다. 또한 당밀, 경수, 황설탕도 같은 역할을 한다.

식물세포 간을 접착하고 있는 펙틴물질은 조리과정에 용해되어 연해진다. 염화칼슘(calcium chloride)이나 수산화칼슘(calcium hydroxide) 등이 들어 있는 조리수에 채소를 데치거나 삶으면 채소의 질감이 연해지지 않고 단단한 채로 있는 것은 펙틴물질이 이들과 작용하여 불용해성 칼슘염을 형성하여 식물조직에 침체되기 때문이다. 그러므로 연수에 삶았을 때보다 경수에 채소를 조리하면 섬유소가 잘 연해지지 않는다.

(4) 효소적 갈변

근채류는 대부분 폴리페놀(polyphenol)성분이 함유되어 있어 껍질을 벗기면 폴리페놀옥시다아제(polyphenol oxidase)에 의해 산화되어 효소적 갈변이 일어난다. 이러한 현상은 버섯, 우엉, 가지 등의 채소 껍질을 벗기거나 잘라 상처를 내면 그 부분이 급속히 갈변되는 것에서 볼 수 있다. 이는 채소의 조직이 공기 중에 노출될 때 조직 내의 갈변을 일으키는 물질인 페놀화합물에 효소인 폴리페놀옥시다아제가 작용해서 공기 중의 산소와 접촉하여 산화됨에 따라 멜라닌이라는 갈색채소를 형성하기 때문이다. 따라서 백색채소는 조리과정 중에 갈변을 방지하기 위하여 산소의 접촉을 차단하거나 효소를 불활성화시켜야 한다. 예를 들면 우엉이나 연근은 껍질을 벗겨 썰어 식초를 첨가한 물에 담그면 변색을 방지할 수 있고, 생아티초크는 레몬주스를 첨가하여 변색을 방지할 수 있다.

폴리페놀라아제(polyphenolase)효소의 최적온도는 대개 $40 \pm 10\,^\circ\mathrm{C}$이다. 그러므로 음식을 가열하여 익히는 경우 효소의 최적온도보다 온도가 더 높이 올라가면 효소가 변성되며 효소의 활성이 정지되므로 어느 정도는 갈변을 방지할 수 있다. 효소의 활성은 pH의 영향을 크게 받으므로 식품의 pH가 효소의 최적 pH 범위에서 벗어나면 갈색이 방지된다. 효소에 따라 약간의 차이가 있으나 보통 pH 2.5~2.7에서 폴리페놀라아제의 활성은 완전히 정지된다.

(5) 썰기

채소를 잘게 썰어서 실내에 방치해 두면 공기 중의 산소와 접촉해서 단면에 존재하는 여러 가지 성분을 산화하여 파괴시키고, 물에 씻으면 수용성 물질들이 물로 용출되어 손실된다. 그러므로 채소를 썰어서 조리하는 경우 먼저 씻은 후 알맞은 크기로 써는 것이 바람직하다.

마늘을 다질 때 칼자루로 짓찧으면 마늘에 있는 알린(alliin)물질이 알리나제(alliinase)에 의해 알리이신(allicin)이 되며, 마늘을 찧은 후 오래되면 디알릴디설파이드(diallyl disulfide)가 생성되어 매우 불쾌한 냄새와 맛을 낸다(그림 8-7). 그러므로 마늘은 칼날로 곱게 다지거나 필요량만큼 찧어서 즉시 사용하는 것이 좋다.

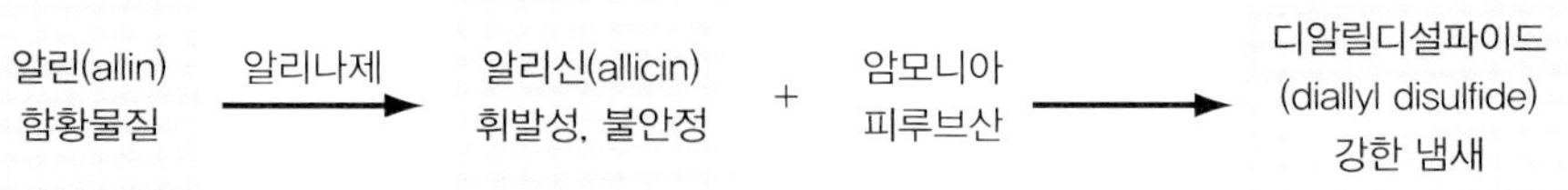

알린(allin)　　알리나제　　알리신(allicin)　　　암모니아　　　디알릴디설파이드
함황물질　　　 →　　　 휘발성, 불안정　＋　 피루브산　　→　(diallyl disulfide)
　　　　　　　　　　　　　　　　　　　　　　　　　　　　　　강한 냄새

그림 8-7 ≫ 알린의 분해과정

파류 채소를 썰거나 다질 때 눈물을 흘리게 되는데 이는 자극성 물질인 (+)-S-(propenyl)-L-cysteine sulfoxide가 효소에 의해 휘발성인 프로페닐설펜산(propenyl sulphenic acid)을 형성하기 때문이다.

(6) 팽압

팽압(Turgor pressure)은 식물의 세포를 저장액에 담그면 세포의 내용물인 원형질이 물을 흡수하여 팽창하고 세포벽을 넓히려는 압력이다. 이러한 압력은 식물의 체제를 유지하는 데 도움이 되며, 팽압이 영(0)이 되면 식물이 시든 상태가 된다. 이 압력으로 인하여 내부에서 외부로 세포벽이 늘어나면 세포벽은 세포가 살아 있는 한 세포 내부로 다시 되돌아가게 하는 압력이 생긴다. 세포는 내용물이 감소하면 말랑말랑해지거나 시들시들해지고 내용물의 양이 증가하면 단단해진다. 이는 양배추를 썰어서 물에 담가두면 세포 내의 용질이 담근 물보다 많으므로 삼투성에 의하여 수분이 세포로 침투해 들어가서 세포가 팽창되므로 아삭아삭한 질감이 증가한다. 그러나 배추를 소금에 절이면 삼투성에 의하여 세포로부터 수분이 빠져나가 세포가 시들시들 오므라드는 절인 상태가 된다.

3) 쓴맛, 아린맛, 떫은맛 제거

채소의 종류에 따라 알칼리성 물질, 옥살산(oxalic acid), 알칼로이드 화합물 및 탄닌물질 등을 함유하고 있어 아린맛, 쓴맛, 떫은맛이 있어 음식의 맛에 좋지 않은 영향을 준다.

오이와 가지의 쓴맛은 껍질을 벗기면 제거할 수 있다. 그러나 껍질 아래 있는 쓴맛은 조리하기 전에 소금을 뿌려 상온에 두면 표면에 작은 물방울이 생긴다. 이 물방울 속에 삼투압에 의해 쓴 물질이 빠져나오므로 종이타월로 물기를 닦고 씻어 가볍게 두드려 물기를 제거한 후 사용한다.

배추, 시금치, 쑥갓, 양배추 같은 채소들은 데친 후 냉수로 재빨리 헹구어주면 쓰고 떫은맛 성분을 제거해 주는 동시에 온도를 낮추어 아스코르브산의 자가분해를 방지하므로 데친 채소는 반드시 헹구는 것이 좋다.

도라지나 더덕과 같은 근채류의 쓴맛을 제거하기 위해서는 미리 소금에 비벼 물에 우려내고, 씀바귀, 물쑥 등은 질기므로 물에 한번 데쳐 연하게 한 후 물에 담가 쓴맛을 제거한다.

죽순, 고사리, 우엉, 아스파라거스의 아린맛은 호모겐티신산(homogentisic acid)
에 의하며, 여기에 수산화칼슘[Ca(OH)$_2$]이 다량 존재하여 아린맛을 더 강화시킨다.
일반적으로 아린맛이 강한 식품은 수산 함량이 높은 것이 많으므로 잘 우려내어 제
거하도록 한다. 가지에도 수산화칼슘이 소량 함유되어 있으므로 약간의 아린맛이 있
다.

생죽순의 아린맛은 죽순을 삶을 때 쌀뜨물을 넣으면 여기에 존재하는 전분성분이
나쁜 맛을 흡착하여 제거시키며, 표면을 전분입자가 둘러싸게 되어 산화를 방지하고
당분의 유출도 적어지는 효과가 있다.

4) 향의 변화

채소의 향미는 휘발성 지방(volatile oils), 유기산, 황화합물, 무기염, 당질, 폴리
페놀화합물로부터 발생한다.

양배추와 양파의 강한 향은 조리시간의 단축, 조리수에 식초를 첨가하여 감소시
킬 수 있다. 또한 조리 시 뚜껑을 열어 휘발성 유기산을 날아가게 하여 감소시킬 수
있다. 마늘류와 배추류의 냄새성분의 생성은 그림 8-8과 같다.

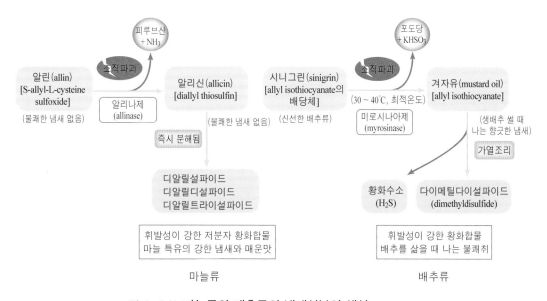

그림 8-8 >> 마늘류와 배추류의 냄새성분의 생성

5) 비타민의 손실

비타민 A는 조리하는 동안 안정적으로 존재하고, 비타민 C는 조리 시 파괴되나 컨
벡션오븐에서 조리할 때 손실이 제일 작다. 비타민 B₁은 비타민 B₂나 나이아신보다 열
에 불안정하며, 건열조리보다 습열조리 시 덜 안정하다. 비타민 B₂와 나이아신은 100℃
이상의 온도에서도 안정하고, 알칼리수일 때 비타민 B₁과 비타민 C의 산화가 빠르다.
조리 시 비타민의 특성은 표 8-5와 같다.

표 8-5 ≫ 조리 시 비타민의 특성

	물에 용해성	민감도			
		산소	빛	가열	
				산	알칼리
비타민 A	불용	민감	민감	안정	안정
비타민 D	불용	안정	안전	안정	안정
비타민 B₁	용해	안정	안전	민감	민감
비타민 B₂	용해	안정	민감	안정	민감
비타민 C	용해	민감	민감	민감	민감
나이아신	용해	안정	안전	안정	안정

5. 습열조리

채소에 물을 넣고 가열하면 공기는 팽창하여 압력이 커지므로 가장 약한 조직을 통
하여 외부로 빠져나가고, 그 자리에 수분이 흘러 들어와 수분으로 가득 차게 된다. 이
상태에 이르면 세포 내 용질의 농도가 높으므로 삼투압에 의하여 우선 세포 간 공간
에 존재하는 수분이 세포 내로 흘러 들어가게 될 것이다. 그러나 열이 내부로 침투해
들어감에 따라 원형질막이 변성되어 파괴되므로 세포 내·외로 액체의 교류가 일어나
게 된다. 이때 채소의 모든 조직에 액체가 차서 생채소일 때 백색으로 불투명하게 보
이던 것이 가열하면 반투명해진다. 또한 가열하면 열이 세포질과 원형질막에 있는 단
백질을 변성시켜 선택적 투과성을 잃게 되고, 세포가 죽게 되면 수분은 확산에 의하
여 세포 내·외로 이동한다. 따라서 액포는 물을 잃어버리게 되므로 조리된 조직은
그의 팽압을 잃어 시들시들해진다.

1) 삶기·데치기

채소를 물에 넣고 삶는 조리법에서는 수용성 물질의 손실이 크다. 열의 침투시간이 빠르고 열이 100℃ 이상으로 올라가지 않으므로 오븐요리보다 열에 의한 영양소 파괴율이 낮다. 수용성 물질의 손실을 줄이기 위하여 물의 양과 조리시간을 줄이고 표면적을 감소시킨다. 또한 조리수는 수프, 소스, 고기국물소스(gravy)를 만들 때 사용한다.

녹색채소의 초록색을 최대한 유지하기 위하여 끓는 물에 채소를 넣고 데칠 때 냄비의 뚜껑을 열면 휘발성 유기산이 휘발되고 유기산이 희석되어 녹색채소의 변색이 최대한 억제된다. 녹색채소는 선명한 녹색을 띠어야 하므로 본래 함유된 비타민 C의 손실이 적어야 한다. 조리수의 양이 많으면 비타민 C의 손실이 크므로 적절한 물의 양은 채소무게의 약 5배 정도가 좋다고 한다.

녹색채소를 데칠 때 색을 선명하게 하기 위하여 중조를 넣고 데친다. 또한 채소의 세포벽 구성성분인 헤미셀룰로오스는 알칼리에 의하여 쉽게 끊어지는 성질이 있으므로 중조를 넣고 데치면 채소의 질이 지나치게 물러질 가능성이 있다. 반면에 소금은 중성염이지만 녹색채소를 데칠 때 넣으면 채소의 색을 선명하게 하고 비타민 C의 산화도 억제한다. 그러므로 녹색채소를 데칠 때 중조를 사용하는 것보다 소금을 사용하는 것이 바람직하다.

마늘, 양파, 파 등의 백합과에 속하는 채소는 모두 매운맛을 가지며, 마늘과 양파는 가열함으로써 매운맛 성분이면서 최루성분인 시스테인(cysteine)이 단맛으로 변한다. 따라서 끓이는 음식에 마늘을 넣을 때는 불에서 내리기 직전에 넣어야 마늘 특유의 향을 살릴 수 있다. 또한 배추를 삶을 때 발생하는 냄새는 황화수소(H_2S) 때문이다.

2) 찌기

찌기는 온도가 높지 않고 수용성 성분이 용출될 우려도 적으므로 영양성분의 손실이 적은 좋은 방법이다.

6. 건열조리

채소를 건열로 조리하면 세포즙이 공간을 모두 채울 수 없으므로 물에서 가열할 때보다 덜 투명해진다.

1) 굽기

(1) 로스팅(roasting)

토마토나 단호박과 같은 채소를 오븐 속의 건열에 장시간 노출시켜 익히는 굽기는 표면 가까운 곳의 성분이 열에 의해 크게 파괴된다.

(2) 그릴(grill)

굽기는 조직을 부드럽게 하고 향미를 증진시키며, 캐러멜화가 일어난 후 단맛을 증가시킨다. 가지와 호박, 버섯, 피망은 표면이 건조되는 것을 보호할 수 있으므로 굽기에 적당한 채소이다. 더덕의 껍질에 열을 살짝 가하면 껍질과 점액 사이에 조직 변화가 일어나 껍질이 잘 벗겨지고, 점액이 손에 묻지 않으며, 더덕의 폐기율도 감소시킬 수 있다.

2) 볶기

뜨거운 냄비에 기름을 조금 두르고 채소를 저어가며 단시간에 익히는 볶기는 물을 사용하지 않으므로 비타민 C와 같은 수용성 물질이 용출될 우려는 없으나 잘게 썰어서 익히므로 단면이 넓어 영양성분의 산화와 열에 의한 영양소의 파괴가 있다.

호박이나 오이를 볶을 때 절여서 수분을 제거한 후 달구어진 팬에서 재빨리 볶아 색이 선명해지면 불을 끄고 펼쳐서 빨리 식혀야 휘발성 유기산이 날아가므로 오이와 호박의 색이 누렇게 변하지 않는다. 무국을 끓일 때 무를 살짝 볶아 매운맛 성분을 휘발시킨 후에 조리하면 더 부드러워지고 단맛이 생성되어 맛이 좋아진다.

3) 튀기기

튀김은 소량의 기름을 넣고 조리하는 스터프라잉(stir-frying)과 다량의 기름을 넣고 가열하여 일정한 온도에 달하면 식품을 넣어 익히는 딥프라잉(deep-frying)이 있다. 튀김은 영양성분이 물에 노출되지도 않고, 식품이 장시간 고열에 노출되지도 않기 때문에 비타민과 무기질의 손실이 적은 좋은 조리법이다.

7. 전자레인지 조리

전자레인지 조리는 채소의 조직, 색, 영양성분의 손실을 최소화하는 조리법으로 소량의 조리수가 필요하다. 냉동채소는 이미 자체 내에 수분을 함유하고 있으므로 물을 첨가하지 않고 조리하고, 통조림채소는 통조림 내의 액체를 넣고 재가열한다. 그러나 집에서 만든 산도가 낮은(pH 4.6 이상) 저장식품은 보툴리누스(botulism) 식중독을 일으킬 염려가 있으므로 전자레인지로 가열하는 것보다 끓는 물에 10분 정도 끓이는 것이 좋다.

브로콜리의 비타민 C와 비타민 B_1의 함량은 냉동, 찌기, 전자레인지 요리 시 비슷하다. 브로콜리와 아스파라거스를 전자레인지에 넣을 때는 그림 8-9와 같이 배열하여 열효율을 좋게 한다.

그림 8-9 》 **전자레인지 조리 시 아스파라거스와 브로콜리의 배열**

8. 보관 및 저장

채소를 고를 때는 신선도와 외관, 상태, 맛 등이 중요한 평가기준이 된다. 외관은 크기, 모양, 광택, 색 등으로 판단되며, 결함이 없는 것이어야 한다. 보통 채소는 생산지 근처의 제철에 생산된 것의 품질이 가장 좋다. 유통의 발달로 인하여 현재는 많은 채소들이 어느 지역에서든지 연중 판매되고 있으며 품질도 좋은 편이다.

1) 보관

채소를 수확한 후에도 호흡은 계속되어 산소를 흡수하고 이산화탄소를 내뿜는다. 이러한 현상으로 외관, 조직, 향미, 비타민 함량에 변화가 오게 된다. 또한 수분 손실이 일어나므로 분무기로 수분을 뿌려주거나 식용의 코팅 처리를 하여 85~90%의 수분을 유지해 준다. 수분을 보유하기 위해 작은 구멍이 뚫린 플라스틱 백은 호흡이 가능하므로 보관용으로 좋고, 밀폐용 플라스틱 백은 손상을 증진시키므로 적당하지 않으며, 종이타월은 탈수에 의한 손상을 막을 수 있다. 상추와 셀러리는 뚜껑이 있는 용기나 플라스틱 백에 담아 냉장 보관하면 신선한 질감을 느낄 수 있다.

2) 냉장 저장

냉장 저장은 호흡률을 감소시켜 신선한 상태를 최소한 3일 정도 연장시켜 준다. 여러 가지 채소의 저장시기는 수분 함량에 의해 결정되고, 상추, 시금치, 토마토와 같은 수분 함량이 많은 채소는 당근, 순무와 같은 수분 함량이 낮은 채소보다 저장 기간이 짧다.

3) 가스 저장

채소 중에는 급격한 호흡상승에 의하여 저장기간이 짧은 것이 있는데 이때 유통 기간을 늘리기 위해 식물의 종류에 따라 표면에 왁스코팅을 하거나 탄산가스의 조성 비율을 높이고 산소를 낮추는 가스 저장을 하기도 한다. 양상추의 경우 CO_2 2.5%, O_2 2.5%의 비율로 조절하면 75일까지 저장이 가능하다.

4) 건조

과채류는 채소 중 수분 함량이 가장 낮으므로 주로 건조하여 저장식품으로 많이 사용한다. 특히 호박은 호박고지로 건조하면 질감, 향, 맛, 색이 변화되면서 건조식품으로서의 특이한 질감과 맛을 갖게 된다. 시래기는 데쳐서 수분을 제거한 후에 말려야 잘 마르고 썩지 않는다.

대보름나물(上元菜)

'묵은 나물'을 '진채(陣菜)'라고 하며, 호박고지, 박고지, 말린 가지, 말린 버섯, 고사리, 고비, 도라지, 시래기 등 갖은 나물을 손질해서 겨울 동안 잘 말려두었다가 대보름날에 각종 나물들을 삶아서 기름에 볶아 먹거나, 대보름나물을 넣어 비빔밥을 해 먹는다.

5) 냉동

신선한 채소는 데치지 않고 냉동시키지 않는다. 채소는 수분 함량이 많으므로 냉동 시 세포막이 파괴되어 조직이 손상되고, 어떤 효소는 바람직하지 않은 갈변화를 일으켜서 품질을 저하시키기 때문이다. 냉동채소는 냉동 저장 동안 산화를 방지하기 위하여 데쳐서 보관하고, 냉동 전에 데치기 때문에 세포벽이 부드러워져서 신선한 채소보다 조리시간이 반 정도 줄어든다. 따라서 조리 전에 해동시키거나 끓는 물에 해동시킨다. 해동을 하면 해동하지 않고 바로 조리하는 것보다 수분을 조직 내에 더 많이 보유하게 되므로 질감이나 향미가 더 좋아지고 조리시간도 짧아지지만 해동 후에 비타민 C의 함량은 급격히 감소된다.

녹색채소는 냉동상태로 팬에서 조리될 때 뚜껑을 덮는다. 이는 산화효소가 페오피틴 형성을 촉진하여 데치기 전에 불활성화되었기 때문이다.

6) 통조림

통조림채소는 이미 가공 중에 조리되었기 때문에 빨리 가열하는 것이 좋다. 또한 통조림의 국물을 버리고 가열하였을 때 비타민 C, 비타민 B_1, 비타민 B_2의 함량이 감소된다. 통조림을 만들 때 칼슘염(calcium chloride)을 첨가하면 펙틴물질과 결합하여 불용성의 칼슘염을 형성하여 조직을 단단하게 하고 모양을 보존한다.

7) 장아찌, 절임

장아찌는 무, 오이, 마늘 등의 채소나 전복, 홍합, 달걀 등을 간장, 된장, 고추장이나 젓갈 등에 담가 침장액의 삼투와 효소의 작용으로 독특한 향미를 내게 한 음식이다. 잘게 썰거나 돌로 짓누르는 것은 담근 재료 안에 있는 수분의 탈출과 숙성에 도움을 주기 위함이다. 오이지를 담글 때 반드시 소금물을 끓여 붓고 돌로 눌러 놓는다. 끓는 소금물의 사용은 오이 속의 오이를 무르게 하는 효소인 PG(polygalacturonase)를 불활성화시키고, 오이를 단단하게 하는 효소인 PE(pectinesterase)를 활성화시켜 오이가 무르게 되는 연부현상을 막아준다. 또한 돌로 눌러 공기와 접촉하지 않게 함으로써 호기성 효모에 의한 연부현상을 막을 수 있다. 만드는 방법은 소금에 한 번 절였다가 담금재료에 담그는 법과 말렸다가 담그는 법(무 썬 것), 기름에 지지거나 볶아서 간장에 담그는 법 등이 있다. 또한 식염과 식초에 절이는 것은 식염과 식초가 상호 방부효과에 의해 부패가 방지되고, 향미가 생기며, pH가 떨어짐에 따라 염용성 단백질의 용해가 방지됨과 동시에 물리적으로 육질이 단단해지기 때문이다.

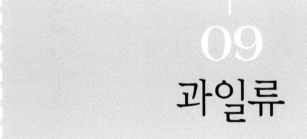

09

과일류

09 과일류

과일은 씨방이나 그 부속기관이 성숙한 과실로 식생활에서 과일의 범위는 과육이 많고, 단맛이 있으며 방향이나 적절한 감미, 산미를 가진 액즙을 함유하는 것이다. 과일을 구성하는 세포는 4종류로 식물의 표면을 구성하고 이물질의 침입이나 불필요한 수분증발을 막는 보호세포(protective cells), 긴 관 모양으로 물, 전해질, 영양분을 조직으로 운반하는 유도세포(vascular cells), 조직을 유지하는 지지세포(supporting cells), 영양소가 합성되고 저장되는 유세포(parenchyma cells)로 구성된다.

1. 과일의 분류 및 구성성분

과일은 표 9-1과 같이 핵과류, 장과류, 인과류, 열대과일류, 과채류, 견과류로 분류할 수 있다. 과일은 숙성되면서 전분 함량은 감소되고, 당질의 함량은 증가한다. 즉, 숙성됨에 따라 전분이 당질로 대체되면서 단맛이 강해진다. 당질에는 과당, 전화당, 서당, 포도당이 포함된다. 과일은 당분과 유기산의 함량이 높아 단맛과 신선한 신맛을 가지고 있다. 과일의 대표적인 유기산은 복숭아와 사과의 능금산(malic acid), 감귤류의 구연산(citric acid), 포도에 함유된 주석산(tartaric acid)이다. 또한 알데하이드, 알코올, 에스테르 등은 향기로운 냄새와 아삭거리는 질감, 다양한 색을 나타낸다.

과일의 영양소 구성성분은 표 9-2와 같이 과일에는 수분이 80~90% 정도로 많이 함유되어 있고, 당질이 주요 영양소이며, 단백질과 지질의 함량은 낮으나 비타민 C의 함량은 높다. 아보카도와 견과류는 예외적으로 단백질과 지질의 함량이 높다.

과육이 등황색인 과일은 비타민 A와 β-카로틴의 함량이 많고, 비타민 B군은 비교적 적게 들어 있다. 과일은 무기질과 비타민의 급원이고, 섬유소의 함량이 많다. 감귤류, 딸기, 키위, 멜론은 비타민 C 함량이 많고, 딸기는 자르는 것이 으깨는 것보다 비타민 C의 손실을 줄일 수 있다고 한다.

생과일과 건조과일의 철분 함량을 비교해 보면 건조과일의 철분 함량이 그림 9-1과 같이 더 많다.

표 9-1 》 **과일류의 분류**

분류	특징	종류
핵과류	씨방이 성장 발달하여 과일의 중간에 딱딱한 핵층이 있음	대추, 매실, 복숭아, 살구, 앵두, 자두 등
장과류	중과피와 내과피로 구성되고 그 속에 즙이 많은 육질로 구성되어 있음	딸기, 망고, 무화과, 바나나, 키위, 파인애플, 포도 등
인과류	꽃받침이 발달하여 성장한 것으로 꼭지와 배꼽이 서로 반대편에 있음	감, 귤, 배, 사과, 오렌지, 자몽 등
열대과일류	열대나 아열대 지역에 분포하는 과일로 생산지의 기후 특성에 따라 실온 보관해야 함	바나나, 아보카도, 키위, 파인애플 등
과채류	1년생 채소에 씨방이 발달하여 열매를 맺는 것	수박, 참외, 토마토 등
견과류	과육이 단단한 껍질에 싸여 있음	땅콩, 밤, 아몬드, 잣, 피스타치오, 헤즐넛, 호두 등

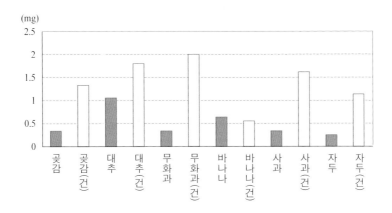

그림 9-1 》 **일부 과일의 철분 함량(100g당)**

표 9-2 >> **과일류의 영양소 성분 함량**   (가식부 100g당)

분류	식품명	열량 (kcal)	수분 (g)	단백질 (g)	지질 (g)	당질 (g)	섬유소 (g)	무기질(mg)					비타민(mg)						폐기율 (%)
								칼슘	인	철	나트륨	칼륨	A (RE)	β-카로틴 (μg)	B₁	B₂	나이아신	C	
핵과류	복숭아 (백도)	34.0	89.9	0.9	0.2	8.7	1.38	3.0	17.0	0.5	2.0	133.0	2	10	0.020	0.010	0.4	7.0	15.0
	매실	29.0	90.5	0.7	0.2	8.1	2.50	7.0	19.0	0.60	4.0	230.0	21	123	0.030	0.020	0.4	6.0	23.0
	대추 (건)	289.0	17.2	5.0	2.0	73.7	12.80	18.0	116.0	1.80	8.0	952.0	1	5	0.130	0.060	1.1	8.0	13.0
장과류	포도	59.0	83.7	0.5	0.3	15.3	1.90	4.0	29.0	0.50	108.0	5.0	0	0	0.04	0.02	0.5	0.0	29.0
	딸기	26.0	91.5	0.8	0.1	7.2	1.55	13.0	27.0	0.40	2.0	156.0	Tr	Tr	0.02	0.02	0.3	92.0	2.0
	바나나	80.0	76.9	1.2	0.2	21.1	1.30	4.0	18.0	0.70	2.0	380.0	7	43	0.03	0.06	1.0	10.0	36.0
	파인애플	23.0	92.9	0.4	0.1	6.3	1.59	10.0	9.0	0.40	5.0	107.0	0	0	0.110	0.010	0.2	15.0	48.0
	키위	54.0	83.5	0.9	0.5	14.4	1.63	30.0	26.0	0.30	3.0	271.0	8	46	0.000	0.020	0.3	27.0	14.0
	망고	64.0	82.0	0.6	0.1	16.9	1.30	15.0	12.0	0.20	1.0	170.0	102	610	0.04	0.06	0.7	20.0	35.0
인과류	사과	57.0	83.6	0.3	0.1	15.8	—	3.0	8.0	0.30	3.0	95.0	3	19	0.010	0.010	0.1	4.0	18.0
	배	39.0	88.4	0.3	0.1	10.9	1.80	2.0	11.0	0.20	3.0	171.0	0	0	0.020	0.010	0.1	4.0	17.0
	귤	38.0	89.0	0.7	0.1	9.9	1.10	13.0	11.0	0.0	11.0	173.0	1	5	0.13	0.04	0.4	44.0	18.0
	단감	83.0	72.3	0.9	0.0	23.0	2.50	6.0	34.0	3.9	13.0	379.0	474	2,845	0.06	0.14	0.6	13.0	—
	오렌지	43.0	87.4	0.9	0.1	11.2	1.90	33.0	20.0	0.2	1.0	126.0	15	90	0.11	0.02	0.3	43.0	27.0
	자몽	30.0	91.4	0.7	0.1	7.6	1.14	25.0	20.0	0.5	1.0	144.0	0	Tr	0.07	0.03	0.3	35.0	32.0
기타	멜론	38.0	88.20	1.4	0.1	9.5	0.90	7.0	43.0	0.5	13.0	374.0	3	18	0.080	0.030	0.8	22.0	48.0
	참외	18.0	89.0	2.2	0.4	7.5	1.10	6.0	79.0	3.2	10.0	663.0	6	36	0.07	0.03	0.6	21.0	—
	수박	24.0	93.2	0.8	0.4	5.3	0.20	1.0	12.0	0.2	1.0	133	143	856	—	0.02	0.2	14.0	—
	아보카도	187.0	71.3	2.5	18.7	6.2	5.30	9.0	55.0	0.7	7.0	720.0	13	75	0.10	0.21	2.0	15.0	30.0
견과류	땅콩 (볶은 것)	567.0	2.2	25.6	48.2	21.6	7.20	52.0	427.0	1.6	3.0	795.0	0	0	0.36	0.10	16.7	0.0	0.0
	밤	162.0	57.80	3.2	0.6	37.1	3.60	28.0	68.0	1.60	2.0	573.0	8	45	0.250	0.080	1.0	12.0	27.0
	아몬드 (조미)	779.0	0.9	23.7	56.0	15.8	11.90	190.0	363.0	4.7	256.0	612.0	0	0	0.06	1.03	1.4	0.0	0.0
	잣 (볶은 것)	704.0	0.5	17.6	75.0	4.7	6.90	10.0	176.0	5.6	30.0	427.0	0	0	0.37	0.10	1.1	0.0	0.0
	호두 (볶은 것)	665.0	2.9	16.0	68.4	10.5	7.50	79.0	369.0	3.3	47.0	487.0	4	23	0.19	0.29	2.7	0.0	—

자료 : 식품 영양소 함량 자료집, 2009

2. 과일의 색소

과일의 색소는 채소의 색소와 비슷한 성질이 있으며, 색소가 함유된 과일의 종류
는 표 9-3과 같다. 색소의 변화를 보면 안토시아닌을 포함하는 과일주스에 레몬주
스와 같은 산이 첨가되면 붉은색이 진해진다. 안토시아닌을 포함하는 주스에 경수나
알칼리가 혼합되면 청색이 된다. 딸기와 크랜베리(cranberry)의 색소는 아주 안정되
고, 과일주스에서 붉은색을 유지한다. 안토시아닌과 안토크산틴은 철, 주석, 알루미
늄에 불안정하므로 통조림으로 만들 때 주의한다.

표 9-3 》 **과일의 색소**

색 소		종 류
클로로필(chlorophyll)		멜론, 아보카도
카로티노이드(carotenoid)		살구, 수박, 오렌지, 파인애플, 황도
플라보노이드 (flavonoid)	안토시아닌 (anthocyanin)	딸기, 블루베리, 사과껍질, 석류, 앵두, 포도껍질
	안토크산틴 (anthoxanthin)	오렌지의 흰 껍질부분
탄닌(tannin)		미숙한 감, 바나나, 밤의 속껍질

3. 효소적 갈변

과일을 깎아 시간이 지나면 갈변현상이 나타난다. 껍질을 벗긴 배나 사과 등은
1% 정도의 식염수에 담가서 갈변을 방지한다. 바나나도 쉽게 갈변되지만 레몬즙을
뿌리면 어느 정도 갈변을 지연시킬 수 있다. 식품 중에 탄닌을 함유한 것은 구리나
철에 의해 변색되기 쉬우므로 철제 칼을 사용하지 않는다. 과즙은 공기와의 접촉이
크므로 갈변이 더욱 심하고, 블렌더나 주서를 사용하면 비타민 C의 파괴도 크다. 이
경우 식염을 가하면 효소작용이 억제되고, 비타민 C를 첨가하면 방지할 수 있다. 과
일의 갈변현상은 다음과 같이 효소의 불활성화, 산소 제거, 항산화제 사용, 아황산가
스나 아황산염, 염소이온의 사용, 천연 갈변 억제제 등으로 방지할 수 있다.

1) 효소의 불활성화

(1) pH 변화

폴리페놀옥시다아제(polyphenol oxidase)의 최적 pH인 5.7~6.8에서 멀어지게 하기 위하여 레몬즙이나 오렌지즙 등의 과즙에 담가 놓는다. 즉 복숭아, 사과, 바나나 같은 과일은 레몬, 오렌지주스, 구연산이나 식초와 같은 용액에 코팅하여 갈변을 방지한다.

(2) 온도 변화

갈변효소의 최적온도인 $40\pm1℃$를 피하여 냉장고에 넣어 두거나 얼음물에 담가두면 갈변을 방지할 수 있다.

(3) 효소의 불활성화

데치거나 열처리하면 갈변효소가 불활성화되어 갈변이 방지된다.

(4) 금속저해제

폴리페놀옥시다아제는 구리이온(Cu^{2+}), 철이온(Fe^{2+})에 의해 활성화되고, 염소이온(Cl^-)에 의해 활성이 억제되므로 과일을 자를 때 철로 만든 칼을 사용하지 않아야 한다.

2) 산소 제거

산소의 접촉을 피하기 위하여 껍질을 깎은 과일에 설탕을 뿌리거나 과일을 설탕물에 담그거나 진공포장 등을 하여 산소와의 접촉을 피한다.

3) 항산화제 사용

강력한 항산화제인 아스코르브산(ascorbic acid)이 산소를 소모시켜 갈변을 억제한다.

4) 아황산가스나 아황산염 사용

과일을 건조시킬 때 아황산가스에 노출시키면 산화를 방지하여 갈변이 억제되고, 효소의 작용을 강력히 저해한다. 또한 방부효과로 미생물의 번식을 억제하고, 과육 세포 중 원형질 분리와 삼투작용을 일으켜 건조가 촉진되기 때문에 아황산가스 처리를 한다. 일반적으로 0.2~2.0%의 수용액에 침지하거나 분무하여 사용한다. 그러나 1일 4~6g을 섭취할 때는 격렬한 호흡장애를 일으키고, 10mg/kg에서는 기침, 재채기를 유발하며, 20mg/kg에서는 눈을 자극하여 눈물이 흐르고 흉통을 일으킨다. 아황산가스는 호흡기를 자극하여 천식을 유발하여 심장에 부담을 주고, 심폐기능에 악영향을 주므로 식품위생법상 그 사용이 제한되어 2g/kg까지 사용이 허용되고 있다.

건조과일의 경우 곶감, 파파야, 대추, 자두, 포도, 살구 등에 사용되며, 아황산 처리로 살구의 경우 오렌지색이 유지되고 비타민 A의 전구체인 카로틴을 유지하며, 곶감은 박피과정에서 과육의 탄닌 등과 같은 폴리페놀물질이 건조 중에 산화되어 갈변되는 것을 방지한다.

5) 염소이온의 사용

염소이온(Cl^-)은 폴리페놀옥시다아제의 활성을 방해하는 성질이 있으므로 희석된 소금물에 담가둔다.

6) 천연 갈변 억제제 사용

건강상의 이유로 화학적으로 처리된 갈변 억제제보다는 천연 갈변 억제제의 이용이 선호되고 있다. 꿀, 파인애플주스와 같은 천연과즙, 여러 당류의 비효소적 갈변생성물 등이 이용되고 있다.

 알아보기

복숭아통조림은 왜 공기에 노출되어도 색이 변하지 않을까요?

복숭아통조림은 가공과정 중에 열처리를 하며, 시럽에 담겨 있어 산소와의 접촉을 피하고 갈변효소의 불활성화로 인하여 갈변이 일어나지 않는다.

4. 습열조리

1) 졸이기

딸기잼을 만들 때 냉장했던 딸기를 급히 가열조리하면 색이 빨리 퇴색하는 경우가 있다. 이는 냉장과 단시간의 조리로 조직 내에 충분히 이용되지 못하고 남아 있던 산소가 색소와 반응하기 때문이다. 서서히 가열함으로써 세포의 호흡에 필요한 산소를 완전히 소비하게 되면 적색이었던 딸기의 색을 선명하게 보존할 수 있다.

2) 끓이기·삶기

과일에 물을 넣고 가열하면 섬유소는 연화되고, 세포막은 변성되어 투과성을 잃는다. 생세포에서 수분은 주로 삼투압에 의해 세포벽을 통하여 이동되나 가열하면 확산에 의해 수분이 이동한다. 이렇게 가열되는 동안 세포 내의 용질이 조리수에 침출되고, 과일이 가열되고 있는 동안에 조직은 증기에 의해 부력을 지니게 되므로 과일이 조리수의 표면 위에 뜨지만 일단 열원을 끄면 가라앉게 된다. 또한 세포 간 공간에 차 있던 공기는 물과 대치되어 삶아진 과일은 생과일 때보다 투명해진다. 이런 현상은 배숙에서 볼 수 있다.

과일의 아삭아삭한 질감은 과일을 구성하는 섬유소의 양과 특성에 의해 좌우된다. 삶은 과일의 조직이 더욱 연해지는데 이것은 세포 간에 견고하게 부착되어 있는 불용성 프로토펙틴(protopectin)이 가열에 의해 용해성인 펙틴(pectin)으로 전환되기 때문이다. 과일을 진한 설탕물에 삶으면 조직의 연화가 지연되는데 이는 설탕이 펙틴의 용해를 저해하기 때문이다. 그러므로 과일을 연하게 하기 위해서는 과일에 물을 가하여 삶은 후에 설탕을 넣어야 한다.

과일을 오래 가열하면 유기산이 휘발되어 과일 자체가 지니고 있는 향미를 잃게 되므로 과일을 가공할 때 착향제를 사용하게 된다.

3) 포칭(poaching)

포칭은 셀룰로오스 등의 섬유소 조직을 연하게 하고, 향미를 변화시키며, 갈변효소를 정지시킨다. 보통 끓이는 것보다 적은 양의 물을 사용하고, 온도도 끓는점 이하이다. 사과, 배, 복숭아와 같은 과일에 사용되며, 모양이 변하지 않고 휘발성 향미물질의 손실이 적다.

4) 시머링(simmering)

건조과일을 어떤 음식에 사용할 때 부드럽게 하고 수화(rehydration)시키기 위해 시머링을 한다. 이렇게 하면 쉽게 자를 수 있기 때문이다. 시머링의 시간은 과일의 크기, 양, 자른 표면적의 양에 따라 다르고, 시머링 전에 물에 담가두는 시간에 따라 다르다.

5) 오븐구이

알칼리인 베이킹파우더나 베이킹소다를 첨가한 빵이나 케이크를 구울 때 사용되는 호두는 안토시아닌을 표면에 함유하고 있으므로 177℃에서 10분 정도 구워서 사용한다.

6) 소테잉(sauteing)

사과, 바나나, 체리와 파인애플은 얇게 썰어서 약간의 기름에 소테하여 설탕을 뿌려 구운 고기나 디저트 코스에 제공한다.

5. 과일의 저장

1) 인공숙성

수확한 후 소비자의 손에 들어오기까지 오랜 시간이 걸리므로 주로 완숙하지 않은 과일을 수확하며, 출하 시 인공적으로 숙성시킨다. 인공숙성은 주로 에틸렌(ethylene, C_2H_4)가스를 사용하여 과일 내에서 숙성과정과 관련된 생리적 변화를 일으켜 클로로필색소를 파괴시키고 적색소의 형성을 자극하여 과일을 숙성시키게 된다. 특히 감귤류, 토마토, 바나나의 숙성을 위하여 보편적으로 사용하지만 향미는 변하지 않는다.

2) 저온가스 저장법

대기 중의 산소를 2~3% 정도로 감소시켜 저장하는 방법으로 대사율을 낮추고,

숙성을 지연시켜 저장기간을 연장시킨다. 사과의 장기저장에 사용하며, 밀봉할 수 있는 창고에 사과를 넣고 호흡에 의한 이산화탄소 발생과 산소의 소비를 이용하여 창고 내 공기를 이산화탄소 5%, 산소 3%, 질소 92%로 조절하고, 실내온도를 0~4℃로 유지하면서 저장하면 6개월 이상 신선하게 저장할 수 있다.

이산화탄소(CO_2)는 곰팡이와 효모의 성장을 저해하고 숙성을 늦춰주므로 저장 중에 사용하지만 너무 많은 양을 사용하면 배나 사과에서 알코올을 형성한다. 또한 이산화황(SO_2)은 포도 저장 시 사용하여 곰팡이의 생성을 서해한다.

3) 건조

건조는 고전적으로 가장 광범위하게 사용되고 있는 저장법으로 과일의 수분 함량을 30% 이하로 감소시킨다. 건조방법은 일광건조, 탈수, 진공건조, 냉동건조 방법이 있으며, 수분은 감소되나 당질의 함량이 증가되고 미생물의 오염에 안전하다. 보관은 비닐, 유리용기, 금속용기에 밀봉하여 벌레의 감염으로부터 보호한다. 대추, 무화과, 건포도와 같이 일광조건에 의해 말린 과일은 수분 함량이 15~18% 정도 되며, 수분 함량이 28~30% 정도인 곶감 등은 유연하며 씹기에 알맞고 입안에서 건조되지 않을 뿐만 아니라 미생물에도 안전하다.

4) 냉장·냉동

과일은 냉장 저장상태에서는 단기간만 저장할 수 있고, 가열하면 향기가 손실되기 쉬우므로 냉동 저장하는 것이 효과적이다. 과일의 냉동 저장은 가공하는 동안 가열하지 않고 설탕의 농도를 달리하여 만든 시럽을 사용한다. 냉동하는 과정에서의 변색을 방지하기 위하여 설탕시럽에 아스코르브산(ascorbic acid)을 첨가하거나 소금 용액에 담갔다가 꺼내는 방법 등이 이용된다. 급속냉동하기 위해 질소가스를 사용하기도 한다.

-18℃ 이하에서 냉동 저장하는 방법은 과일을 그대로 얼리거나 효소의 파괴를 방지하기 위한 전처리로서 데치는 방법이 있는데, 이 방법을 이용하면 향기나 질감이 손상된다. 과일을 그대로 얼릴 때는 과일 위에 일정량의 설탕을 뿌리거나 시럽을 과일이 잠길 정도로 부어서 얼린다. 설탕시럽을 사용할 때는 미지근하면 냉동시간을 지연시킬 수 있으므로 완전히 식힌 후에 사용하도록 한다. 과일을 냉동시킬 때 과일의 당도와 같은 당용액인 설탕시럽을 이용하면 빙점이 낮아져 잘 얼지 않으므로 과육이 보존되고 과일의 조직감을 유지할 수 있다.

5) 당장저장법

　당장저장법의 대표적인 예는 잼과 젤리이다. 이는 가열 농축에 의해 수분이 증발되면서 질감이 형성되는 것으로 농축시간이 길어지면 펙틴이 산에 의해 분해되어 젤리화하는 것이 감소되고, 설탕의 캐러멜화에 의해 맛과 향미도 변한다. 그러므로 15~20분 안에 잼이나 젤리화되는 완성점을 결정하는 것이 중요하다. 젤리점(jelly point)의 판정법은 그림 9-2와 같이 스푼법, 컵법, 온도계법이 있다. 과일 젤리의 설탕농도는 60~65%가 가장 적당하다. 과일의 당도는 10~15% 정도이므로 설탕농도를 65%로 맞추려면 첨가되는 설탕의 양은 과일 양의 반이나 과일과 동량으로 넣는다.

스푼법　　　　　　컵법　　　　　　온도계법

103~105℃

그림 9-2 〉〉 젤리점의 판정법

알아보기

잼, 젤리를 만드는 원리

잼과 젤리를 만들기 위해서는 펙틴, 산, 설탕의 3조건이 필요하다. 펙틴은 물속에서 친수성 교질용액을 만들며, 이 교질용액은 충분한 유기산, 즉 산성인 pH와 충분한 양의 당이 존재할 때 반고체의 젤(gel)과 젤리(jelly)를 형성한다. 젤 형성의 최적조건은 펙틴이 입체적 망을 형성할 수 있을 정도의 양이며, 유기산은 pH 3.0~3.3이 최적조건이고, 설탕의 농도는 65% 정도이다.

삼투압

딸기에 설탕(용질)을 뿌려두면 얼마 지나 용기 바닥에 물(용매)이 생기고 딸기는 쪼그라드는데 이는 삼투압 때문이다. 삼투압은 반투과성 막을 기준으로 용매(물)가 세포내·외로 이동하는 것이다.

당도(Brix%)

과일이나 채소 속에 들어 있는 설탕의 함량을 나타내는 것으로 그 단위 명칭은 브릭스(°Brix)라 하며, 100g의 물 안에 녹아 있는 설탕의 양을 g수로 나타낸 것이다. 즉 물 100g에 대한 설탕농도를 말한다.

알아보기

잼을 만들기 좋은 과일은?

과숙한 과일은 펙틴이 펙티나아제(pectinase)에 의하여 분해되어 젤 강도가 약한 젤리가 되고, 미숙한 과일은 프로토펙틴(protopectin)이 물에 불용성이므로 젤리 형성에 적합하지 않다.

Protopectin		Pectin		Pectic acid
미성숙 젤 형성 안 됨 불용성	➡	숙성 젤 형성 가용성	➡	과숙 젤 형성 안 됨 산성에서 가용성

펙틴(pectin)

펙틴물질은 pectic acids, pectinic acids, protopectin의 3종류 물질이 속하며, 과일이 성숙함에 따라 조직이 연해지고 protopectin이 수용성인 pectin으로 전환된다.

6) 과일통조림의 저장

과일통조림은 과육의 변질을 막기 위해 열처리하므로 생과일이 갖고 있던 효소적 능력을 잃게 되며, 통조림을 만들 때 첨가되는 칼슘염과 산은 과일을 단단하게 한다. 과일통조림의 과일은 향과 질감이 조리에 의해 다소 달라지며, 비교적 저온에서 보관해야 영양소와 향미의 손상이 적다.

 알아보기

배 통조림을 고기 양념하는 데 사용해도 될까요?

배 통조림은 가열에 의해 연육작용을 할 수 있는 효소가 불활성화되었으므로 고기를 양념할 때 사용해도 연육작용은 할 수 없다.

젤라틴이 들어가는 제품에 파인애플 통조림을 사용한다?

생이나 냉동 파인애플은 효소의 활성이 있어 젤라틴 혼합물을 굳히지 못하지만 파인애플 통조림은 열처리에 의해 proteolytic enzyme(bromelin)이 파괴되어 젤라틴을 고정화시킬 수 있기 때문이다.

과일 컴포트(compote)란?

컴포트는 신선한 과일이나 건조한 과일을 설탕시럽에 천천히 조리한 것을 차게 해서 먹는 것으로 형태를 유지하기 위해 천천히 조리하는 것이 중요하다. 많이 사용하는 과일통조림으로는 밀감, 살구, 서양배, 파인애플, 황도이고, 이를 먹기 좋게 잘라서 조식 뷔페에 많이 이용한다.

10
해조류·한천·버섯류

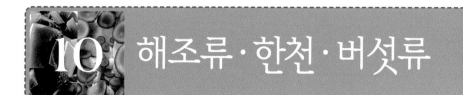

10 해조류·한천·버섯류

Ⅰ. 해조류

우리나라 연안에 서식하는 해조류의 종류는 400종이 넘으며, 식용할 수 있는 것은 약 50여 종이다. 해조류의 당질은 비소화성 복합다당류로 에너지원으로는 가치가 없지만 식이성 섬유소를 가진 식품으로 포만감을 주고, 변비를 예방한다. 또한 비타민, 무기질이 풍부하고, 독특한 맛과 향이 있어 기호식품으로 가치가 있다. 식용 이외에 한천, 알긴산(alginic acid), 카라기난(Carrageenan) 등의 해조 다당류는 공업의 원료로 사용되고, 사료용, 비료용 등으로도 널리 쓰인다.

1. 해조류의 분류와 종류

해조류는 바다의 깊이와 색깔에 따라 그림 10-1과 같이 녹조류(green algae), 갈조류(brown algae), 홍조류(red algae)로 나뉜다. 녹조류는 얕은 바다에서 서식하며, 갈조류, 홍조류 순으로 생육환경이 깊어진다. 녹조류에는 파래, 청각, 청태 등이 포함되고, 갈조류에는 톳, 미역, 다시마 등이 속하며, 홍조류에는 김, 우뭇가사리 등이 있다. 해조류는 대부분 모래나 바위에 뿌리를 내리고 엽록소에 의해 영양소를 합성하고 성장한다.

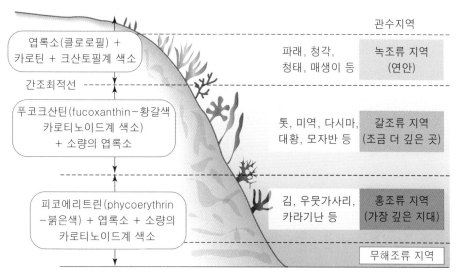

그림 10-1 》 **해조류의 수직분포**

1) 녹조류

(1) 파래(green laver)

파래는 종류에 따라 생육시기가 다르지만 보통 늦가을부터 초여름까지 번성하며, 양식용 김발에도 잘 착생하여 시중에서 팔리는 파래김의 주종을 이룬다. 파래는 향기가 많고, 맛이 독특하여 한국과 일본 등지에서 즐겨 먹는 해산식물의 한 종류로 특히 알칼리성 원소가 많은 주요 무기질식품이다. 다만, 단백질에는 메티오닌, 라이신 등이 들어 있지 않아 영양가는 낮다. 파래는 겨울이 제철이지만 건파래를 물에 불려 사용하기도 한다.

(2) 청각(靑角, sea staghorn)

청각목 청각과의 바닷말로 사슴뿔 모양으로 자라며, 김장김치의 맛을 내는 데 이용된다. 김치를 담글 때 넣으면 젓갈이나 생선의 비린내, 마늘 냄새를 중화시켜 뒷맛을 개운하게 한다. 《자산어보》에는 감촉이 매끄러우며, 빛깔은 검푸르고, 맛은 담담하여 김치의 맛을 돋운다고 기록되어 있어, 예로부터 김치의 맛을 내는 재료로 사용되었음을 알 수 있다. 일본에서는 바다 속에 사는 소나무라는 뜻으로 '미루(ミル)'라고 부른다. 배추 등과 함께 물김치를 담그거나 나물처럼 무쳐서 먹는다.

(3) 매생이(seaweed fulvescens)

주로 남도지방에서 식용하는 가늘고 부드러운 갈매패목의 녹조류이다. 파래와 유사하나 파래보다 가늘고 부드러우며, 겨울철에 주로 채취된다. 우리나라에서는 완도, 부산 등 남해안 지역에 주로 서식한다. 채취는 주로 11월에 시작하여 이듬해 2월까지 이루어지며, 모두 자연 채묘에 의해 이루어지므로 생산량이 불안정하여 시장에서 가격 변동폭이 매우 큰 편이다. 철과 칼륨을 많이 함유하고 특유의 향기와 맛을 지니고 있다. 굴을 넣고 국으로 끓여 먹는다. 채취된 매생이는 포구에서 마을 아낙들이 헹군 뒤 물기를 빼어 적당한 크기로 뭉치는데 이를 '재기'라 한다.

2) 갈조류

(1) 톳(sea weed fusiforme)

갈조식물 모자반과의 바닷말로 봄에서 초여름에 가장 연하고 맛이 좋아 식용으로 이용된다. 마산, 진해, 창원, 거제에서는 '톳나물'이라 하며, 고창에서는 '따시래기', '배기' 등으로 부른다. 예로부터 기호식품의 하나로서 특히 일본 사람들이 잘 먹는다. 톳밥이나 무침, 샐러드, 냉국 등으로 조리한다.

(2) 미역(sea weed)

미역은 우리나라에서 가장 많이 소비하는 해조류의 하나로 많은 양을 양식으로 생산하고 있다. 미역에는 김이나 파래와 같이 비타민 A가 풍부하며 칼슘, 칼륨, 요오드 및 철이 많이 들어 있는 알칼리성 식품이다. 미역에는 섬유질인 알긴산이 다량 함유되어 있어 포만감을 주고 배변을 원활하게 해준다. 생미역의 색이 검게 보이는 것은 클로로필이 지단백질과 결합되어 있기 때문이며, 85~100℃의 뜨거운 물에 30~60초 정도 데치면 녹색으로 변한다. 이는 결합되어 있던 지단백질이 변성되어 클로로필의 녹색이 표면화되기 때문이다.

우리나라 산모가 미역국을 먹는 관습은 미역의 알긴산이 노폐물을 원활하게 배설시켜 산모의 피를 맑게 해주고, 혈액순환을 원활하게 해주며, 미역에 요오드가 많아 젖의 분비를 촉진하는 작용이 있기 때문이다. 또한 미역의 섬유소는 소화가 안 되므로 임산부의 변비를 예방한다. 건조미역을 사용할 때는 물에 담가 불려서 사용하며, 물이 흡수되면 부피는 약 6~7배 정도 증가한다.

(3) 다시마(sea tangle)

다시마는 대부분 말려서 이용하며, 데친 후 쌈으로 사용하기도 한다. 마른 다시마 표면의 흰 분말은 만니톨(mannitol)이며, 이로 인해 단맛을 지니므로 물로 씻지 말고 마른 행주로 먼지만 살살 제거한 후 물에 넣어 국물을 우려낸다. 다시마에는 글루탐산(glutamic acid), 아스파르트산(aspartic acid), 숙신산(succinic acid) 등이 있어 구수한 맛을 내며, 물에 너무 오래 끓이면 구수한 맛이 쓴맛으로 변하므로 끓인 후에는 건져내도록 한다. 다시마 역시 알칼리성이 강한 식품이며, 영양분은 미역과 유사하고 요오드의 함량이 매우 높다. 다시마는 튀각이나 국물용으로 사용되고, 색이 붉게 변한 것이나 잔주름이 간 것은 안 좋고, 흑색에 약간 녹갈색을 띠는 것이 좋은 제품이다.

3) 홍조류

(1) 김(laver)

김은 자연산만으로는 수요를 충당하지 못해 대부분 양식으로 생산되고, 한국 김은 세계적으로 가장 우수하다. 건조과정에서 습기가 많으면 클로로필이 분해되고, 피코빌린(phycobilin)색소가 많이 잔존하여 흑자색에서 흑갈색으로 변하고, 향미도 나빠지게 된다. 김은 홍조류에 속하며 단백질, 탄수화물이 풍부하다. 김의 단백질 함량은 약 38%로 필수아미노산을 고루 함유하고 있으며, 특히 타우린의 함량이 많다. 또한 비타민 A, 비타민 B_2, 비타민 C 등의 비타민이 풍부하며, 칼슘, 철, 칼륨이 풍부한 알칼리성 식품이다.

(2) 우뭇가사리(agar-agar)

홍조류인 우뭇가사리에 물을 넣고 푹 고아서 제조한 한천은 식용, 약용, 연구용, 공업용 등으로 많이 사용되고 있다. 한천은 설탕과 같이 가열하면 점성과 탄력성이 증가하므로 후식을 만드는 데 주로 사용되고, 양갱이나 저열량 다이어트식품으로 사용된다.

2. 해조류의 구성성분

해조류를 구성하는 성분은 계절과 생육 장소에 따라 다소 차이가 난다. 해조류의 영양소 성분 함량은 표 10-1과 같이 당질과 단백질, 무기질, 비타민 등이 주성분이다. 지질의 함량은 낮고, 무기질과 비타민이 풍부하며, 특히 요오드와 비타민 A의 함량이 높다.

표 10-1 》》 해조류의 영양소 성분 함량　　　　　　　　　　　　　　(가식부 100g당)

	식품	열량 (kcal)	수분 (%)	단백질 (g)	지질 (g)	당질 (g)	섬유소 (g)	회분 (g)	무기질(mg)						비타민(mg)				
									칼슘	인	철	나트륨	칼륨	요오드* (µg)	A	B₁	B₂	나이아신	C
녹조류	매생이(건)	90.4	15.6	20.6	0.5	40.6	–	22.7	574.0	270.0	43.1	–	–		0	–	–	–	–
	청각(생)	7.3	95.1	1.7	0.3	2.4	9.86	0.5	40.0	180	4.6	928.0	152.0		77	0.01	0.05	1.4	9.0
	파래(생)	8.2	90.5	2.4	0.1	3.0	4.60	4.0	22.0	31.0	13.7	848.0	424.0	1,370	0	0.02	0.11	0.6	15.0
갈조류	다시마(생)	8.6	91.0	1.1	0.2	4.2	3.18	3.5	103.0	23.0	2.4	554.0	1,242.0		129	0.03	0.13	1.1	14.0
	다시마(건)	87.0	12.3	7.4	1.1	45.2	27.6	34.0	708.0	186.0	6.3	3,100.0	7,500.0	179,060	96	0.22	0.45	4.5	18.0
	미역(건)	97.0	16.0	20.0	2.9	36.3	43.4	24.8	959.0	307.0	9.1	6,100.0	5,500.0	8,730	1,300	0.26	1.00	4.5	18.0
	톳(생)	11.1	88.1	1.9	0.4	5.0	1.86	4.6	157.0	32.0	3.9	410.0	1,778.0		126	0.01	0.07	1.9	4.0
홍조류	김(건)	123.1	11.4	38.6	1.7	40.3	34.65	8.0	325.0	762.0	17.6	1,294.0	3,503.0	3,570	3,750	1.20	2.95	10.4	93.0
	우뭇가사리 (생)	39.0	70.3	4.2	0.2	21.5	1.07	3.8	183.0	47.0	3.9	160.0	980.0		360	0.04	0.43	1.1	15.0
	한천	136.4	20.1	2.3	0.1	74.6	74.10	2.9	523.0	16.0	7.8	42.0	29.0		0	0.00	0.00	0.0	0.0

자료 : 식품 영양소 함량 자료집, 2009
　*: 한국영양학회지, 31(2): 206–212

1) 당질

해조류의 당질은 대부분 비소화성 복합다당류로 소화율이 낮아서 저열량식품에 이용된다. 녹조류(파래, 청각)에는 헤미셀룰로오스가 풍부하고, 갈조류(미역, 다시마)에는 알긴산(alginic acid), 푸코이딘(fucoidin), 라미나린(laminarin)이 풍부하다. 홍조류(우뭇가사리, 김)는 한천(agar), 만난(mannan)이 풍부하다. 알긴산은 갈조류에 존재하며, 끈적끈적한 물질로서 안정제, 유화제로 사용된다.

2) 단백질

갈조류에는 약 10%, 홍조류에는 약 20~30%의 단백질이 함유되어 있으며, 메티오닌, 이소로이신, 라이신 등은 부족하나 이들을 제외한 대부분의 필수아미노산이 많아 단백가가 높은 편이며, 유리아미노산의 함량도 높아서 좋은 맛을 낸다.

3) 비타민과 무기질

해조류의 무기질 함량은 종류에 따라 다르나 전반적으로 무기질이 풍부하다. 특히 나트륨, 칼슘, 칼륨, 인, 철 그리고 요오드가 풍부하게 함유되어 있다. 신선한 해조류에는 비타민 C, 비타민 B_2, 나이아신 함량이 많다.

4) 향

해조류에는 해산물 특유의 향이 있으며 갈조류의 향은 테르펜(terpene)계 물질이다. 녹조류와 홍조류에는 함황화합물이 방향을 나타내며, 김의 향은 디메틸설파이드(dimethyl sulfide)이다.

5) 감칠맛

김의 구수한 맛은 글라이신(glycine), 알라닌(alanine) 등의 유리아미노산에 의한 것이다. 다시마는 글루탐산(glutamic acid)이 나트륨과 결합하여 MSG(monosodium glutamic acid)가 생성되어 감칠맛을 내므로 국물 내기용으로 많이 사용된다.

3. 해조류의 조리

1) 습열조리법

(1) 미역국, 매생이국

미역은 대부분 국을 끓이거나 생미역으로 나물을 무치고, 미역줄기는 불려서 기름에 볶거나 튀기기도 한다. 건미역을 물에 불리면 약 6~7배 이상 증가하는데, 불린

미역과 소고기를 기름에 볶아 끓이기도 하고 고기육수에 미역을 넣어 끓이기도 한다. 홍합, 굴, 조개 같은 조개류를 넣어 구수한 국물 맛을 살리기도 한다. 미역만을 참기름에 볶다가 물을 넣고 끓이기도 한다.

매생이국은 매생이를 깨끗이 씻어 체반에 받쳐 놓는다. 냄비에 물을 붓고 끓으면 굴을 넣어 끓인다. 굴이 어느 정도 익으면 매생이를 넣고 파란빛이 나도록 잠깐 끓인다. 한번 끓어 오르면 불을 내린다. 소금과 국간장으로 간을 한다. 오래 끓이지 않도록 한다.

(2) 미역무침, 톳무침, 파래무침, 매생이무침

미역, 톳은 데쳐서 물기를 꼭 짠 뒤, 파, 마늘, 설탕, 식초, 간장을 넣고 잘 버무려 시고 달콤하게 무친다. 파래와 매생이는 데치지 않고 그대로 씻어 양념을 한다.

(3) 다시마국물

다시마에는 맛 성분인 글루탐산이 많이 들어 있고, 알라닌, 아스파라긴산 등도 많아 국물 맛을 만드는 데 자주 사용한다. 다시마에 칼집을 내어 찬물에 10분 정도 담가두었다가 처음부터 다시마를 넣고 끓인 뒤 끓기 시작하면 건져내야 나쁜 맛이 우러나지 않는다. 다시마를 끓는 물에 오래 두면 향미가 사라지고, 맛이 변할 수 있다. 다시마, 무, 멸치를 함께 넣고 끓이면 더욱 시원하고, 향미가 좋은 국물이 된다. 또한 다시마 국물에 가다랑이포(가쓰오부시)를 넣고 국물을 내어 우동국물, 소바국물 등의 여러 음식에 사용한다.

2) 건열조리법

(1) 미역줄기볶음

미역줄기는 소금에 절여져 있으므로 물에 담가 짠맛을 제거한다. 물기를 제거한 뒤 프라이팬에 마늘을 볶은 후 미역줄기를 볶고, 참기름, 깨소금을 넣는다. 장마철 초록색 나물이 부족한 시기에 대체하기 좋은 반찬이다.

(2) 김구이

김구이는 참기름이나 들기름을 바르고, 소금을 뿌려 굽는 음식으로 검은빛을 띠고 광택이 좋으며, 불에 구웠을 때 청록색으로 변하는 것이 좋은 김이다. 김을 구울 때 기름을 바르면 김의 향기와 맛을 더욱 살려주고, 김에 많이 들어 있는 카로티노이드색소의 이용을 증진시킬 수 있다. 김을 구울 때 160℃에서 순간적으로 녹색으로 변하는 것은 피코에리트린(phycoerythrin)이 탈수소화되어 청색의 피코시아닌(phycocyanin)으로 변했기 때문이다. 오래되어 붉어진 김은 구워도 녹색으로 변하지 않는데 이는 광선과 공기와 접촉하여 크산토필(xanthophyll)이나 클로로필이 분해되었기 때문이다.

(3) 김부각

부각은 채소와 해조류에 찹쌀풀을 발라 튀긴 음식으로 바삭하고 고소하다. 김은 얇기 때문에 찹쌀풀을 2~3겹으로 겹쳐서 말리면 튀겼을 때 켜가 있고 부풀어 올라 부피감이 있다.

Ⅱ. 한천(agar)

1. 한천의 구조와 성분

한천은 펙틴과 같은 일종의 갈락탄으로 고등식물 세포벽에 존재하며, 특히 우뭇가사리와 같은 홍조류에서 추출되는 다당류로 아밀로오스와 같은 직선상의 분자구조를 가진 아가로스(agarose)와 아밀로펙틴과 같이 많은 가지 구조를 가진 아가로펙틴(agaropectin)의 두 성분이 약 7:3으로 혼합되어 있다. 아가로스는 β-D-갈락토오스와 α-L-3,6 무수 갈락토오스(anhydrogalactose)가 β-1,4결합으로 이루어진 이당류인 아가로비오스(agarobiose)의 중합체이다. 아가로펙틴은 분자 내의 황산기가 칼슘이온(Ca^{2+})과 이온결합하여 횡적구조를 이룬다(그림 10-2). 아가로스는 젤 형성력이 크며, 아가로펙틴은 점탄성을 크게 한다.

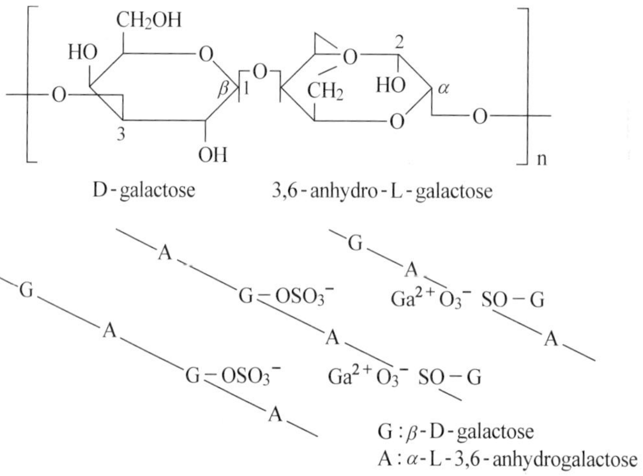

그림 10-2 >> 아가로스와 아가로펙틴의 구조와 결합

2. 한천의 제조

우뭇가사리와 같은 홍조류의 추출액을 여과하고 냉각한 후 얻어진 젤을 잘게 썰어서 동결시킨다. 이때 함유된 수분은 해동시켜 제거하고 냉동과 해동의 과정을 반복하여 수용성 불순물 등을 제거한다. 그 후 건조 탈수하여, 여러 모양으로 제조하거나 분말형태로 만들어 시판된다.

한천에는 자연 그대로의 날씨를 이용해 동결건조시킨 천연 한천과, 인공적으로 동결건조시킨 공업 한천이 있다.

3. 한천의 성질

1) 흡수팽창

한천은 보수성과 젤 형성 능력이 매우 크며, 물에 용해되지 않으나 침수하면 물을 강력히 흡수하여 팽윤되고, 가열하면 용해된다. 용해된 한천을 냉각하면 젤화한다. 팽창

도는 중성의 물에서 가장 높고, 알칼리성, 산성 순으로 적어진다. 분말 한천은 침지
한 뒤 5~10분 후면 80% 정도의 물을 흡수하고, 봉 모양의 한천이나 실한천은 1~2
시간 침지하면 80% 정도의 물을 흡수한다.

2) 가열용해

한천은 고온에서 잘 견디어 식품산업에 많이 사용된다. 물에 침지한 후 80%의 물
을 흡수하면 가열한다. 한천농도가 낮을수록 빨리 용해되고 2% 이상이면 용해하기
어렵다. 그러나 과즙이나 설탕 등을 첨가할 때는 2% 이상을 첨가할 때도 있다. 이런
경우는 물을 가하여 농도를 2% 이하로 한 뒤 가열에 의한 수분 증발로 농도를 조절
해야 한다. 한천의 용해온도는 80~100℃이며 농도가 높아질수록 용해온도가 높아
진다.

3) 응고

30℃ 전후에서 응고되기 시작하여 38~40℃에서 망상구조를 형성하여 젤을 형성
하며, 일단 젤화된 것은 80~85℃ 이하에서는 녹지 않는다(그림 10-3). 한천의 젤
형성은 0.1~0.3%의 저농도에서도 이루어지므로 식품 중 가장 우수한 젤화제이다.
농도가 진할수록 단단한 형태의 젤을 형성하며, 보통 0.5~3% 용액으로 젤을 형성
하여 사용한다. 한천의 응고온도는 30℃ 전후이나 한천의 농도, 설탕의 첨가량에 따
라 다르다. 즉, 한천의 농도가 높을수록, 설탕의 농도가 높을수록 응고온도는 높아
지고 굳기 쉬워진다.

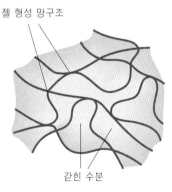

젤 형성 망구조

갇힌 수분

그림 10-3 》 **젤 형성 구조**

4) 이장

한천으로 만든 젤리는 가만히 두면 그 표면에 물기가 배어 나오게 되는데 이를 이
장현상(syneresis)이라 한다. 이것은 시간이 지남에 따라 젤 내부의 망상구조가 서서
히 수축되면서 망 속에 갇혀 있던 유리수가 빠져나오는 것이다. 이를 방지하기 위해서
한천과 설탕의 농도를 높이고, 가열시간을 늘리며, 방치시간을 짧게 한다. 한천농도가
1% 이상이고, 실탕농도가 60% 이상이면 이장은 일어나지 않는다.

4. 조리 시 첨가물의 영향

1) 설탕

한천에 설탕을 첨가하면 점성과 탄력이 증가하고 투명도도 증가한다. 즉, 한천의
농도가 일정할 때 설탕의 첨가량이 많을수록 젤의 강도가 높아진다. 이는 젤 형성
시 망상구조에 갇힌 물분자가 설탕의 탈수작용에 의해 제거되어 한천분자 간의 결합
을 촉진시키기 때문이다. 또한 설탕 첨가 시 응고온도가 높아지는 것은 설탕 첨가에
의해 한천용액의 응고온도가 달라지기 때문이다. 설탕을 첨가하지 않은 한천용액의
응고온도는 약 33℃이고, 60%의 설탕을 첨가한 한천용액의 응고온도는 약 38℃로
높아진다. 그러나 75% 이상의 설탕 첨가 시 젤의 망상구조 형성이 어려워 젤의 강도
는 저하된다.

2) 산

한천은 보수성은 좋으나 산에는 약하여 가수분해된다. 한천용액에 과즙을 첨가하면
유기산의 작용에 의해 젤의 강도가 약해진다. 이는 산이 한천을 가수분해하여 망상구조
를 만드는 것을 방해하기 때문이다. 그러므로 과즙을 포함한 젤을 만들 때는 한천을 가
열하여 완전히 용해시킨 후 60℃ 정도로 식혀서 과즙을 첨가하는 것이 좋다.

3) 우유

한천 젤에 우유를 첨가하면 우유의 지방과 단백질이 한천 젤의 망사구조 형성을

방해하여 젤의 강도가 약해진다. 그러나 우유의 첨가량이 많아지면 젤의 강도가 약해지나 우유와의 결합으로 이장량이 감소하여 안정된 젤이 된다.

5. 한천의 이용

한천은 물에 담가 충분히 흡수, 팽윤시켜 녹이되, 농도가 낮을수록 녹기 쉬우므로 물을 많이 더해 녹이고, 필요한 양까지 가볍게 끓이면서 조린다.

한천은 0.1~0.2% 농도로 뜨거운 물에 녹인 후 냉각되면 젤을 형성하는 능력이 높고 일단 형성된 젤은 녹는 온도가 높아 젤상태가 잘 유지되므로 제과나 제빵 시 또는 과즙, 유제품, 청량음료 등의 제조 시 안정제로 사용된다. 또한 한천은 표 10-2와 같이 젤리, 과자의 제조, 저열량식품, 안정제, 미생물 배양배지 등에 이용된다. 또한 요구르트의 유청분리 방지, 양조업의 청정제, 식품공업의 응고제, 젤 형성제, 증점제로 사용된다.

표 10-2 》》 한천 이용 예와 제조 및 특성

한천 이용 예	제조 및 특성
과일젤리	한천에 물을 넣어 흡수시킨 후 설탕을 넣고 가열 용해한 후 60℃ 정도에서 일정량의 과즙을 넣어 냉각 응고시켜 만든다.
양갱	한천에 물을 넣고 30분 정도 후에 가열하여 용해시킨 후 설탕을 넣고 끓인다. 끓으면 팥앙금을 넣고 다시 끓여 틀에 넣고 40℃를 유지하면서 응고시킨다.
청량음식 및 반찬	여름에 얼음을 띄운 콩국에 말아 먹거나 우무채, 우무장아찌 등의 반찬으로 이용된다.
안정제	청량음료, 우유, 유제품, 빵이나 과자류 등의 안정제로 이용된다.
배양배지	의약품 원료나 미생물 배양의 한천 배양기로 쓰인다.

알아보기

우동 먹을 때 먹는 곤약은 한천과 같은 것인가요?

한천은 우뭇가사리와 같은 해조류에서 추출되어 만들어진 것이고, 젤 형성 능력이 있어 응고제 역할을 하며, 과일젤리, 양갱, 콩국 등에 사용한다.

곤약은 구약감자라는 식물이 주원료로 뿌리부분의 전분으로 만든 묵 형태이다. 곤약은 특유의 냄새가 있으며, 한천은 냄새가 없다.

6. 젤라틴

젤라틴은 흡수성이 있어 물에 담그면 물을 흡수하여 팽윤한다. 젤라틴은 중량의 6~10배에 해당하는 물을 흡수하며, 장시간 물에 담그면 무한히 팽윤한다. 젤라틴의 응고에 관여하는 조건은 다음 표 10-3과 같다.

표 10-3 》》 젤라틴의 응고에 관계하는 조건

종류	특성
온도	일반적으로 3~15℃에서 응고 온도가 낮을수록 빨리 응고 → 빨리 응고할 때 냉장고나 얼음물 사용
농도	농도가 높을수록 빨리 응고 보통 사용하는 젤라틴의 농도는 2~10%인데 여름(실내온도 30℃ 이상)에는 2배 정도 농도를 높여줌
시간	농도와 온도에 따라 응고시간이 다르며, 온도가 낮을수록 빨리 굳음
산	과일즙, 토마토주스, 레몬주스, 식초 등은 젤라틴 응고를 방해 산을 약간 사용하면 응고물이 부드러워지나 많이 사용하면 응고가 방해되고 심하면 응고되지 않음
염류	단단한 응고물 형성 NaCl은 물의 흡수를 막아 젤의 강도를 높임 연수보다 경수에 의해 응고되고 단단해짐 우유 중의 염류가 응고작용
설탕	젤의 강도를 감소시켜 설탕의 농도가 증가할수록 응고가 감소됨 설탕의 첨가는 20~25%가 적당
효소	파인애플의 브로멜린(bromelin)은 단백질 분해효소로 젤라틴을 분해하여 응고를 방해하므로 2분 정도 가열하여 사용함

알아보기

젤라틴의 이해

젤라틴은 글리신(glycin), 프롤린(proline), 알라닌(alanine), 류신(leucine), 발린(valine), 페닐알라닌(phenylalanine) 등의 아미노산들로 구성되며, 35℃ 이상에서는 졸 즉, 콜로이드상태로 존재하나 35℃ 이하에서는 젤상태 즉, 반고체의 상태로 존재하며 이러한 변화들은 가역적이다. 젤라틴은 분말상, 판상, 입상 등으로 판매되며, 뜨거운 물이나 미지근한 물에 녹으면 졸상태의 콜로이드용액이 되고 이것을 식히면 응고된다. 젤라틴은 직화로 가열하면 분해취가 나오므로 중탕으로 용해시키는 것이 좋다. 젤라틴은 단독식품으로서의 가치보다는 응고제로서 다른 식품과 같이 사용하면 질감을 좋게 한다.

젤라틴 젤과 한천 젤의 특성을 비교하면 표 10-4와 같다.

표 10-4 ≫ **젤라틴 젤과 한천 젤의 특성**

특 성	젤라틴 젤	한천 젤
주성분	단백질, 콜라겐	당질, 불용성 식이섬유
제조법	동물조직 내 콜라겐을 산 또는 알칼리로 분해한 후 정제한 동물성 식품	해조류인 우뭇가사리를 삶아 얻은 콜로이드용액을 냉각하여 젤화시킨 식물성 식품
제품	입상, 판상, 분상	실한천, 봉모양 한천, 분말상 한천
영양적 가치	불완전단백질로 우유, 육류, 달걀과 함께 사용하면 단백질의 질 향상	정장작용에 도움
소화성	소화됨	소화되지 않음
응고온도(℃)	3~15	30 전후
융해온도(℃)	30~40	80~100
사용농도(%)	3~4	0.8~1.5
투명도	투명함	젤라틴 젤보다 불투명함
질감	부드러운 촉감을 가짐	단단하여 길게 갈라짐
작용	응고제, 유화제, 결정 방해물질	응고제
이용식품 예	족편, 미생물배지, 바바리안 크림, 무스케이크, 마시멜로, 과일젤리	과일젤리, 과일케이크, 양갱, 양장피, 저열량식품, 미생물배지

 알아보기

아스픽 젤리(aspic jelly)

프랑스 요리의 하나로 육수를 굳힌 젤리를 말한다. 콩소메를 굳힌 것을 아스픽 콩소메라고 한다.

바바리안 크림(Bavarian cream)

커스터드에 거품을 낸 생크림과 젤라틴을 넣고 다양한 맛(과일 퓌레, 초콜릿, 리큐어 등)을 첨가해서 만든 차가운 디저트이다.

Ⅲ. 버섯류

버섯은 고대 그리스와 로마인들이 '신(神)의 식품(the food of the gods)'이라고 극찬하였으며, 중국인들은 불로장수(不老長壽)의 영약(靈藥)으로 이용하여 왔다. 독특한 향미로 널리 식용되거나 약용으로 사용되지만 독버섯은 목숨을 앗아기는 두려움을 주기도 하였다. 버섯은 비타민 D의 좋은 공급원이며, 저열량식품이라는 점에서 그 수요가 점점 증가하고 있다. 버섯류는 담자균에 속하며, 독특한 맛과 향으로 기호성이 높고, 저지방, 저칼로리, 친환경 및 유기농 식품이라는 의미에서 소비자의 수요가 꾸준히 증가하고 있는 식품이다. 버섯류에는 항산화작용, 항바이러스효과, 항염증 활성, 항암 및 면역 제어효과가 있는 것으로 보고되고 있다.

1. 버섯의 분류

버섯은 엽록소를 가지고 있지 않은 하등식물로 수천 종에 이르며, 크게 식용버섯, 약용버섯, 독버섯의 3가지로 분류한다. 식용버섯은 약 100여 가지나 되며, 독특한 향기와 맛을 가진다. 또한 버섯은 재배하는 장소와 방법에 따라 천연버섯과 재배버섯으로 분류된다.

1) 천연버섯

천연에서 얻는 버섯은 송이버섯, 표고버섯, 느타리버섯, 송로버섯, 서양송로버섯(truffle), 싸리버섯 등이 있다.

2) 재배버섯

재배버섯에는 표고버섯, 양송이버섯, 느타리버섯, 팽이버섯, 새송이버섯, 석이버섯, 목이버섯 등 약 20종이 있는데 이는 연중 재배가 가능하여 조리에 많이 사용된다.

2. 버섯의 성분과 종류

버섯에는 단백질과 지질의 함량보다 당질의 함량이 많으며, 비타민 A, C는 거의 없고, 비타민 B₁, B₂, B₆와 비타민 D의 전구체인 에르고스테롤(ergosterol)이 많이 들어 있다. 비타민 C는 느타리버섯, 양송이버섯, 팽이버섯, 표고버섯에 2~5mg% 포함되어 있으며, 건조버섯이나 통조림에는 없다. 버섯의 구수한 맛은 핵산성분으로 아데닐산(adenylic acid), 구아닐산(guanylic acid) 등과 글루타민산의 상승효과에 의해 감칠맛이 강하게 나타난다.

버섯의 향을 즐기려면 구이를 하고, 맛이나 질감을 즐기려면 전골, 찌개, 국, 덮밥, 튀김, 볶음 등의 조리법을 이용한다.

표 10-5 ⟩⟩ 버섯류의 영양소 성분 함량 (가식부 100g당)

식품명	열량(kcal)	수분(g)	단백질(g)	지질(g)	당질(g)	섬유소(g)	회분(g)	무기질(mg)						비타민(mg)				
								칼슘	인	철	나트륨	칼륨	아연	B₁	B₂	B₆	나이아신	엽산(µg)
느타리버섯	25.0	90.9	2.6	0.1	5.8	3.88	0.6	1.0	54.0	0.5	3.0	260.0	1.00	0.21	0.11	0.08	0.9	100.9
목이버섯 (건)	248.0	14.8	10.0	0.3	71.4	18.18	3.5	173.0	228.0	41.1	51.0	861.0	2.10	0.09	1.08	0.10	0.6	87.0
석이버섯 (건)	279.0	15.10	4.4	1.8	77.4	52.87	1.3	78.0	57.0	54.6	41.0	90.0	2.06	0.100	0.010	1.25	1.6	263.0
송이버섯	36.0	87.3	2.7	0.3	8.8	4.70	0.9	2.0	34.0	3.3	2.0	404.0	0.80	0.15	0.48	0.15	4.7	16.0
양송이버섯	23.0	90.8	3.5	0.1	4.8	1.42	0.8	7.0	102.0	1.5	3.0	535.0	0.80	0.07	0.53	0.07	4.0	16.0
표고버섯 (건)	282.0	11	18.5	3.2	58.8	31.60	4.3	13.0	296.0	4.2	20.0	2,172.0	0.42	0.42	1.10	0.45	20.0	92.7

자료 : 식품 영양소 함량 자료집, 2009

1) 표고버섯(oak mushroom)

생표고버섯은 수분이 너무 많지 않고 갓이 적당하게 퍼져 있으며 갓 안쪽 주름이 뭉개지지 않고 줄기가 통통하고 짧은 것이 좋다. 향은 약하지만 질감이 우수하여 찌개, 나물, 전, 튀김, 찜 등의 조리에 많이 이용된다.

건표고버섯은 건조과정에서 핵산성분인 구아닐산(guanylic acid)과 향기성분인 레티오닌이 들어 있어 특유의 맛난 맛과 생표고버섯과는 다른 특유의 향기를 지닌다. 구아닐산은 콜레스테롤 수치를 낮추는 역할을 하므로 돼지고기를 조리할 때 같이 넣으면 좋고, 레티오닌은 강력한 항암물질로 면역체계를 활성화한다. 한국음식이나 중국음식에는 생표고버섯보다 건표고버섯을 많이 사용한다. 전통적으로 조미료가 없었던 우리 조상들은 음식에 소고기와 건표고버섯을 채 썰어 넣어 오늘날의 조미료에서 얻는 감칠맛을 대신해 왔다.

표 10-6 》 **건표고버섯의 종류와 특징**

등급	종류	특징
특품	백화고	● 이른 봄과 늦가을에 생산 ● 흰색에 검은 줄무늬를 띠고 있음 ● 부드럽고, 향이 짙으며 맛이 우수 ● 성장기간이 길고 귀한 버섯이라 가격도 고가품
	다화고 (흑화고)	● 이른 봄과 늦가을에 생산 ● 자라는 과정에서 이슬을 먹은 버섯 ● 백화고보다 약간 검은색을 띠고 있음
1등품	동고	● 여름에 자라는 버섯 ● 습기를 흡수하여 색상이 다소 어두워진 표고버섯 ● 일반적으로 시장에서 구입할 수 있는 등급이며 가격이 백화고와 다화고에 비해 저렴 ● 제일 많이 사용되는 버섯
2등품	향고	● 동고와 향신의 중간 크기 ● 갓이 크고 두꺼움 ● 갓의 퍼짐 정도가 50~60% 정도로 겉모양이 반구형 또는 타원형으로 동고와 향신의 중간 ● 가격이 저렴함
3등품	향신	● 기온이 높고 습한 계절에 생긴 것이나 채취시기를 넘긴 제품 ● 갓이 얇고 크게 벌려 있음 ● 가격은 매우 저렴 ● 채썰어 사용

알아보기

건표고버섯을 급하게 불리려면?

건표고버섯은 충분한 시간을 갖고 불리는 것이 좋으나, 급하게 불려야 할 때에는 미지근한 설탕물에 10~30분 정도 담가두면 생표고와 같이 불게 된다. 확산에 의해서 건표고버섯 안으로 물이 빨리 침투되기 때문이다. 불린 물에는 버섯의 맛난 맛이 녹아 있으므로 조리에 사용하도록 한다.

2) 송이버섯(pine mushroom)

송이는 살아 있는 소나무의 뿌리에서 기생하는 독특한 버섯으로 글루탐산, 아스파르트산(aspartic acid)과 구아닐산이 있어 감칠맛이 있고, 질감과 향이 우수하다. 송이버섯은 구이, 산적, 덮밥, 전골 등에 사용하는데, 송이 자체의 고유한 향이 살아나도록 양념을 강하게 하지 않는다. 일부는 냉동, 염장, 통조림 형태로 저장하여 이용한다.

3) 새송이버섯(king oyster mushroom)

새송이버섯은 육질이 치밀하고 씹는 맛이 자연송이와 비슷하여 저장성이 좋은 큰 느타리버섯으로 1977년경부터 인공재배되면서 '새송이버섯'이라는 상품명으로 시판되고 있다. 새송이버섯은 영양학적 가치가 우수하고, 건조물에는 약 30%의 단백질을 함유하고 있어 효과적인 단백질 공급원이며, 식이섬유 및 각종 비타민과 미네랄 성분을 함유하고 있다.

새송이버섯 자실체의 에탄올 추출물이 암세포 성장을 억제하고, 리놀레산(lino-leic acid)에 대한 과산화물 생성 억제효과, 새송이버섯의 혈당 및 혈중 콜레스테롤 저하효과, 항산화 활성 및 대장암 세포증식 억제효과 등이 있다. 새송이버섯의 소비가 확대되면서 인공재배를 통한 대량생산이 가능하게 되었다.

4) 양송이버섯(button mushroom)

세계적으로 가장 많이 재배되는 버섯으로 송이버섯에 비해 갓이 부드럽고, 자루가 짧으며, 색은 백색이거나 크림색이다. 비타민 B_2, 엽산을 많이 함유하고 있으며, 수프, 샐러드, 구이, 볶음 등에 많이 사용된다.

5) 느타리버섯(agaric mushroom)

느타리버섯은 참나무나 오리나무 등의 뿌리에서 자라며, 맛이나 향은 약한 편이다. 비타민 B_2와 나이아신이 풍부하고, 비타민 D의 전구체인 에르고스테롤이 많이 들어 있다. 볶음, 전골이나 찌개, 잡채, 나물로 많이 이용된다.

6) 팽이버섯(winter mushroom)

팽이버섯은 물에 살짝 씻어 날것 그대로 식용하거나 버터구이, 찌개, 전골, 튀김 등에 이용한다. 너무 오래 가열하면 질겨지므로 맨 마지막에 넣어 조리한다.

7) 목이버섯(juda's ear mushroom)

일반직으로 건조 목이버섯이 유통되고 있으니 미지근한 물에 불려서 사용한다. 불리면 약 5배가량 증가한다. 잡채, 무침, 볶음, 수프 등 중국 음식에 많이 사용된다.

8) 석이버섯(stone mushroom)

석이버섯을 미지근한 물에 불렸다가 까만 물이 나오지 않을 때까지 손으로 비비면서 흐르는 물로 씻어 안쪽의 껍질을 벗겨 사용한다. 볶을 때 참기름을 소량 이용하여 저온에서 볶는다. 석이버섯은 가루로 만들어 저장해 두고 사용하며, 색을 내기 위해 주로 고명으로 사용한다.

 알아보기

석이버섯가루로 지단을 만드는 방법은?

석이가루는 석이버섯을 뜨거운 물에 불렸다가 비벼 껍질을 벗긴 후에 말려서 가루로 곱게 빻아 준비한다. 달걀흰자 1개에 석이가루 1작은술을 넣어 섞은 후에 지단을 부치면 검은빛의 지단이 된다. 우리나라 음양오행의 뜻을 가진 오방색인 적, 녹, 황, 백, 흑에 근거하여 흑색에 해당하는 음식을 만들 수 있다.

9) 송로버섯(알버섯, 송로(松露))

4~5월경 모래땅의 소나무숲, 특히 해변의 땅속에서 발생한다. 속살은 처음에는 백색이나 점차 황색에서 암갈색으로 변한다. 포자는 긴 타원형이고 무색이다. 맛있고 향기로운 식용버섯이다. 한국·일본을 비롯한 북반구에 널리 분포한다.

10) 서양송로버섯(truffle)

담자균류에 속하는 송로버섯(알버섯)과는 전혀 다른 버섯이며, 한국에서는 아직 발견되지 않고 있다. 주로 프랑스, 이탈리아, 독일 등지의 떡갈나무 숲 땅속에 자실체를 형성하며, 지상에서는 발견하기 힘들다. 나무뿌리 근처의 땅속에서 8~30cm 정도 자란다. 버섯은 호두 크기에 주먹만한 감자 모양의 덩이이다. 표면은 흑갈색이고, 내부는 처음에는 백색이나 적갈색으로 변한다. 서양송로는 찾기 어려워 몇 년 동안 특별히 훈련된 동물을 이용해서 찾게 되며, 일단 찾으면 농부는 손이 버섯에 닿지 않도록 조심해서 땅을 판다. 만약 덜 자란 상태라면 나중에 수확을 위해 다시 묻는다. 미식가들에 의해 수세기 동안 맛있는 음식으로 평가받아 왔으며, 고대 그리스와 로마에서는 치료약이나 정력을 주는 음식으로 여겨왔다.

프랑스에서는 흑송로(black truffle), 이태리에서는 백송로(white truffle)가 인기가 있어 고급 요리에 사용되며, 음식 속의 다이아몬드라고 불린다. 품질이 가장 좋은 흑송로는 이탈리아의 움브리아주, 프랑스의 페리고르(Perigord)와 케르시(Quercy) 지역에 존재한다. 극도로 얼얼한 맛의 과육은 하얀 줄무늬에 검은색을 띤다. 다음으로 인기 있는 백송로는 이탈리아 피에몬테(Piemonte) 지역에서 자라며 흙냄새가 나고 마늘 같은 맛과 향이 있다.

트러플 표면에 묻어 있는 먼지를 잘 털어낸 다음 어두운 색의 트러플은 껍질을 벗기고, 벗겨낸 껍질은 수프에 사용하기 위해 남겨둔다. 흰색의 송로는 껍질을 벗길 필요가 없다. 트러플 통조림, 튜브에 든 트러플 페이스트, 얼린 트러플은 특산품 상점에서 구입할 수 있다. 어두운 색의 트러플은 오믈렛, 폴렌타죽(polentas, 보리, 옥수수, 밤가루 등으로 만든 죽), 리조토(risotto) 등에 사용되며, 페리게소스(Perigueux sauce : 데미글라스에 마데이라 와인과 트러플을 넣어 만든 소스)가 음식에 맛을 내기 위해 사용된다. 부드러운 향미가 있는 흰색 트러플은 대개 파스타나 치즈 요리 같은 음식 위에 신선한 것을 갈아서 뿌린다.

알아보기

세계 3대 진미는?

캐비아(caviar, 철갑상어알), 푸아그라(foie gras, 거위간), 땅속의 황금이라 불릴 만큼 비싼 프랑스의 송로버섯(truffle)이다. 이 중 프랑스 요리는 2가지나 포함되어 있어 명실공히 프랑스의 요리는 세계적인 미식임을 증명해 준다.

II

육류 및 가금류

11 육류 및 가금류

육류(meat)란 포유동물의 가식부를 말하며, 우리나라에서 주로 식용하는 육류에는 소고기, 돼지고기, 양고기 등이 있다. 그 외에 염소, 말, 물소, 개 등의 육류를 식용으로 한다. 가금류(poultry)에는 닭, 칠면조, 오리, 거위, 메추리, 꿩 등이 있으며, 우리나라에서 가장 많이 식용하는 가금류는 닭고기이다. 최근에는 오리고기의 섭취도 증가하고 있다.

나라마다 육류에 대한 선호도는 식습관, 공급의 용이성, 종교적 금기 등에 따라 다르다. 우리나라에서는 소고기를, 중국에서는 돼지고기를, 이슬람국가에서는 양고기를, 인도에서는 염소고기를 가장 좋아한다. 종교에 따라 유대교와 이슬람교는 돼지고기를 금기시하고, 인도의 힌두교는 소고기를 금기시한다.

1. 육류의 종류

1) 육류의 종류

(1) 소고기

소고기는 1년 이상된 소의 고기로 과거에는 오늘날처럼 항상 인기가 있지 않았다. 미국은 1500년 중반 이래 소를 키웠으나, 대부분의 이민자들은 돼지고기나 닭고기를 더 좋아하였다. 남북전쟁 동안 돼지고기와 닭고기의 부족으로 소고기가 갑자기 매력적이고 수요가 많아진 이후부터 소고기의 인기는 계속되었다.

한우(韓牛)는 한국소이고, 국내산 소고기는 국내에서 태어난 소(한우, 육우, 젖소)

와 외국에서 송아지를 수입하여 6개월 이상 비육된 소를 뜻한다. 국내산은 품종이
아닌 원산지를 말하는 것이다. 육우(肉牛)는 육용종(肉用種), 교잡종(交雜種), 젖소
수소, 송아지를 낳은 경험이 없는 젖소 암소를 말한다. 소고기는 나이와 성별에 따
라 표 11-1과 같이 분류한다.

표 11-1 》 **소의 성별과 나이에 따른 명칭(미국)**

	명칭	성별 과 나이	특징
소	Steer	어려서 거세한 수소 (male, castrated)	● 체중 증가가 빠름
	Stag meat	거세하지 않은 수소 (male, not castrated)	● 질긴 고기 ● 가공육이나 애완동물의 사료용
	Heifer	송아지, 새끼를 낳지 않은 암소 (female, has not calved)	● 식육으로 사용
송아지	Bob veal	3주 이하, 70kg 이하	● 담백 ● 부드러운 육질
	Veal	3주~3개월, 70~180kg	● 부드러운 육질
	Calf	3~8개월, 180~360kg	● 우유 향미, 색깔이 옅음 ● 부드러운 육질

자료 : Brown A.(2008), Understanding food, Thomson Wadsworth, p. 119
　　　　Meat Identification & Fabrication Courseguide(2002), CIA Courseguide로 재구성함

알아보기

소의 품종

육우(Beef cattle)는 고기를 얻기 위해 사육되는 품종들로 외형상의 특징은 다리가 짧으며, 어
깨 부위와 앞가슴 부위, 뒷다리 부위의 근육이 잘 발달되어 있다.
비육(肥育)은 가축을 육용(肉用, 식용)하기 위해 짧은 시일에 살이 찌게 기르는 것이다.

사료에 따른 육질의 특징

곡물사육(Grain fed)은 옥수수, 보리, 콩을 사료로 먹이고, 살코기와 지방의 비율이 적절하며,
풍부한 육즙을 얻는다. 목초사육(Grass fed)은 운동량이 많아 육질이 질기고, 목초사육 특유
의 냄새가 난다.

표 11-2 〉〉 소의 품종과 특징

명칭	원산지	대략 체중	특징
한우 (韓牛)	한국	암소 400kg 수소 500kg	● 역용종(役用種)이었으나 70년대 이후 육용종(肉用種)으로 바뀜 ● 피모색은 황갈색, 성질이 온순하고 체질이 강함 ● 환경적응력이 뛰어나 조악한 사료에도 잘 적응 ● 육조직이 세밀하고 치밀하여 고급육 생산 시 마블링 형성이 좋아 국내의 소비자 선호도가 높음
화우 (和牛, Wagyu)	일본	암소 420kg 수소 700kg	● 흑모화종(Japanese Black), 갈모화종(Japanese Brown), 무각화종(Japanese Polled), 일본단각종(Japanese Shorthorn)의 4개 품종이 있음 ● 고베육(Kobe beef)으로 유명한 흑모화종이 85% 정도를 점유하고 있고, 일본 전국 각지에 분포
애버딘앵거스 (Aberdeen Angus)	영국 (스코틀랜드)	암소 500~600kg 수소 800kg	● 환경적응력과 조악한 사료조건에 견디는 힘이 아주 강하고, 도체율은 65~67% ● 전 세계적으로 분포하고, 미국에서 가장 많이 사육됨 ● 마블링이 좋아 육질과 향미가 우수
헤리퍼드 (Hereford)	영국	암소 550kg 수소 700kg	● 전 세계적으로 분포, 사육 ● 미국 및 호주 등지에서 가장 많이 사육 ● 충분한 근육과 골격구조로 인하여 도체율이 이상적인 육우품종(도체율은 약 65~67%)
쇼트혼 (Shorthorn)	영국	암소 600kg 수소 900kg	● 단각(짧은 뿔)이고, 도체율은 65~69% ● 뼈가 가늘고 근육의 마블링이 좋아 육질이 연하고 다즙형
리무진 (Limousine)	프랑스 남서부 지역	암소 600kg 수소 900kg	● 프랑스가 원산지이나 미국에서 개량됨 ● 분만을 쉽게 하고 성장이 빠름
샤롤레 (Charolais)	프랑스	암소 600~700kg 수소 900kg	● 육색이 적육으로 유명 ● 샤롤레종은 도체율이 67%~69%, 정육률은 70.3%로 아주 양호하고 우수한 육질
브라만 (Brahman)	-	-	● 미국에서는 브라만, 유럽과 남미에서는 제부(Zebu)라고 함
브랑거스 (Brangus)	-	암소 500kg 수소 750kg	● 브라만종과 애버딘앵거스종의 교배로 만들어진 품종

와규(Wagyu)와 블랙앵거스(Black Angus)의 차이점

와규는 일본 → 미국 → 호주로 번식하여 우리나라에서 미국산 와규와 호주산 와규가 판매된다.

블랙앵거스는 영국 → 미국 → 호주로 번식하여 우리나라에서 미국산 블랙앵거스와 호주산 블랙앵거스가 판매된다.

자료 : 한성욱(1996), 가축의 품종, 선진문화사 ; http://www.usmef.co.kr/info.page

코셔미트(Kosher meat)

유대인의 규범에 따라 도축되는 고기류로 소, 양, 염소가 해당되고, 돼지는 해당되지 않는다. 랍비(rabbi)가 도축되는 곳에 있어야 하고, 단 한번에 칼로 베어서 피를 완전히 제거하도록 한다. 유대법에 의하면 피는 생명이어서 먹지 않는다. 소의 hindquarters(우둔과 허리 부분)는 코셔 고기에 해당되지 않는데, 이 부분의 혈관을 제거하기 어렵기 때문이다.

할랄미트(Halal meat)

아랍어로 '이슬람교에 의해 허용할 수 있는 고기'라는 뜻이다. 돼지고기를 금하고, 허용된 고기는 무슬림 규범에 따라 도살된다. 한국에 거주하는 이슬람교인들은 할랄고기를 먹고, 이들은 레스토랑에서도 할랄고기를 찾는다.

(2) 돼지고기

돼지는 표 11-3과 같이 분류되고, 거의 모든 부위가 다 사용되며, 돼지기름(lard), 손질할 때 나오는 재료(trimming)와 내장류(발, 턱, 꼬리 등)는 소시지에 사용된다. 돼지고기는 베이컨이나 햄과 같은 육가공품 생산에 사용되며, 신선한 돼지고기로도 이용된다.

표 11-3 》 돼지의 성별과 나이에 따른 명칭(미국)

명칭	성별	나이	무게
Suckling pig	젖을 먹는 아기돼지	～2개월	7～16kg
Barrow	거세한 수돼지(male castrated)	7～9개월	77～86kg
Gilf	새끼를 낳지 않은 암돼지(female, never had litter)	7～9개월	77～86kg
Boar	거세하지 않은 수돼지(male, breeding stock)		180kg 이상
Sow	새끼를 낳은 암돼지(female, after having a litter)		180kg 이상

자료 : Meat Identification & Fabrication Courseguide(2002), CIA Courseguide

애저(애지)찜이란?

아주 어린 새끼돼지를 구이가 아닌 백숙으로 통째로 고아서 음식을 만들어 먹는 것으로 전라북도 진안 지방에서 많이 먹는다. 인삼과 같은 한약재를 가미하여 그 지방의 특화 음식으로 개발하여 인기가 높다. 서양에서는 아기돼지를 주로 구이(roasting)해서 먹는다.

(3) 양고기

양고기는 나이에 따라 육질이 달라지며, 표 11-4와 같이 나누어진다. 양고기를 많이 먹는 지역은 미국, 유럽, 지중해, 아프리카, 중동, 남아시아, 중국 등이다. 우리나라에서는 수입에 의존한다.

표 11-4 》 양의 나이에 따른 명칭(미국)

구분	나이	무게
Lamb	12개월 이상	41kg 이하
Yearling	18~24개월	54kg 이하
Mutton	24개월 이상	54kg 이상

자료 : Meat Identification & Fabrication Courseguide(2002), CIA Courseguide

2) 가금류의 종류

가금류 가운데 가장 애용되는 것은 닭고기이며, 서양에서는 칠면조, 중국에서는 오리고기가 유명하다. 중국에서는 북경오리(Peking duck)가 유명하고, 프랑스에서는 거위와 오리의 간을 요리한 푸아그라(foie gras)가 유명하다. 오리는 다른 가금류에 비해 색이 붉고 탄력이 있다. 오리에 유황을 주어 사육하면 오리는 유황을 해독하는 능력이 있어 체내에 들어온 유황을 시스테인(cysteine)과 같은 함황 아미노산이나 기타 황을 함유한 물질로 만들어 황을 해독하나, 닭은 다량의 유황을 해독할 수 없어 죽게 된다. 식용 가금류에는 닭, 칠면조, 오리, 거위, 비둘기, 꿩, 메추리 등이 있다.

2. 육류의 구성성분

수조육류의 구성성분은 표 11-5와 같이 품종, 연령, 부위, 곡물이나 풀 등의 사료에 따라 차이가 있다.

표 11-5 》 **육류 및 가금류의 영양성분** (가식부 100g당)

식품		열량 (kcal)	수분 (g)	단백질 (g)	지질 (g)	콜레 스테롤 (g)	당질 (g)	무기질(mg)					비타민(mg)				
								칼슘	인	철	나트륨	칼륨	A (RE)	B₁	B₂	나이 아신	C
소 고 기	등심	192.0	67.4	20.1	11.3	64.0	0.2	22.0	172.0	4.6	442.0	415.0	7	0.07	0.20	5.4	0.0
	사태	130.0	74.1	20.2	4.7	49.0	0.1	3.0	156.0	2.1	75.0	344.0	12	0.04	0.14	1.4	0.0
	안심	148.0	71.6	20.8	6.3	49.0	0.2	23.0	175.0	4.7	453.0	381.0	12	0.08	0.25	5.2	0.0
	양지	167.0	69.3	21.3	8.1	51.0	0.3	16.0	158.0	5.0	361.0	372.0	14	0.06	0.18	5.2	0.0
	우둔	132.0	73.1	21.2	4.5	47.0	0.1	20.0	180.0	5.8	449.0	386.0	7	0.07	0.22	5.3	0.0
	간	131.0	72.8	19.0	4.6	246.0	2.2	6.0	228.0	8.0	65.0	318.0	9,472	0.27	2.23	14.7	20.0
	양	61.0	87.7	9.9	2.0	164.0	0.1	14.0	67.0	3.0	33.0	105.0	2	0.05	0.16	1.5	0.0
돼 지 고 기	갈비	208.0	65.80	18.5	13.9	69.0	0.8	12.0	196.0	0.4	61.0	210.0	6	0.74	0.16	6.1	2.0
	뒷다리	235.0	63.6	18.5	16.5	60.0	0.3	1.0	179.0	1.7	59.0	300.0	2	0.92	0.18	4.9	0.0
	삼겹살	331.0	53.3	17.2	28.4	55.0	0.3	8.0	132.0	0.7	44.0	202.0	6	0.68	0.30	4.4	1.0
	안심	223.0	70.8	14.1	13.2	66.0	0.5	2.0	227.0	1.6	49.0	117.0	2	0.91	0.18	4.1	0.0
	소장	265.0	63.9	13.0	22.1	180.0	0.1	132.0	102.0	1.6	63.0	153.0	21	0.69	0.30	9.8	0.0
	돼지족발	239.0	60.3	22.5	16.8	106.0	0.0	12.0	32.0	1.4	110.0	50.0	6	0.05	0.12	0.7	0.0
양고기		144.0	74.4	16.4	8.0	53.0	0.0	7.0	210.0	2.0	–	–	0	0.15	0.20	5.0	0.0
염소고기		107.0	75.4	21.8	1.5	57.0	0.2	7.0	170.0	3.8	45.0	310.0	3	0.07	0.28	6.7	1.0
닭고기		180.0	69.4	19.0	10.6	75.0	0.1	10.0	170.0	0.9	66.0	59.0	50	0.20	0.21	2.7	0.0
오리고기		318.0	55.3	16.0	27.6	89.0	0.1	15.0	180.0	1.7	85.0	233.0	6	0.21	0.31	3.9	2.0
칠면조		119.0	74.2	21.8	2.9	50.0	0.0	14.0	195.0	1.5	70.0	296.0	0	0.07	0.17	4.5	0.0

자료 : 식품 영양소 함량 자료집, 2009

1) 단백질

육류의 단백질 함량은 근섬유의 양에 따라 다르며, 보통 20% 정도 함유되어 있으며, 좀 더 구체적으로 보면 근장단백질(구상단백질, globular protein), 근원섬유단백질(섬유상 단백질, fibrous protein), 그리고 결합조직단백질로 되어 있다. 근장단백질은 미오글로빈(myoglobin), 헤모글로빈(hemoglobin) 등의 색소단백질과 각종 효소 등을 함유하고 있다. 근원섬유단백질은 근원섬유에 존재하는 단백질로 근육구조단백질이라고도 하고, 생근육의 수축, 사후경직, 보수성, 결착성과 관계가 있으며, 미오신(myosin), 액틴(actin), 트로포미오신(tropomyosin)을 함유하고 있다. 결합조직단백질은 단백질의 결체조직을 구성하고, 콜라겐(collagen), 엘라스틴(elastin)과 레티큘린(reticulin) 등이 있다.

2) 지질

육류는 5~40%의 지질을 함유하고 대부분 중성지방으로 이루어져 있다. 암컷이 수컷보다 지질 함량이 높고, 육류의 종류와 부위에 따라 지질 함량이 다르다. 육류의 지질은 녹는점(융점)이 높은 포화지방산의 함량이 많으므로, 녹는점 이상의 뜨거운 온도로 먹어야 한다. 특히, 소고기와 양고기는 녹는점이 높아 아주 뜨겁게 조리해야 맛이 좋고, 음식의 온도가 낮아지면 지방이 굳어 음식의 맛이 저하된다. 그러나 닭고기는 불포화지방산이 돼지고기나 소고기보다 많이 들어 있어서 식어도 딱딱해지지 않는다.

불포화지방산의 함량이 많을수록 녹는점이 낮아지고, 포화지방산 함량이 많을수록 녹는점이 높아진다. 불포화지방산의 함량은 소기름 〈 돼지기름 〈 닭기름 〈 오리기름 순서이다. 녹는점은 이와 반대로 소기름 〉 돼지기름 〉 닭기름 〉 오리기름 순서이다. 소고기와 양고기의 지방에는 포화지방산이 많아 녹는점이 높다. 돼지고기가 소고기에 비해 혀에 닿는 촉감이 좋게 느껴지는 것은 녹는점이 사람 혀의 온도에 가깝기 때문으로 보인다.

표 11-6 〉〉 육류 지방의 녹는점

종류	녹는점(℃)
거위	26~34
오리	27~39
닭고기	30~32
돼지고기	33~46
소고기	40~50
양고기	44~55

3) 당질

글리코겐은 간이나 근육에 존재하는데, 동물의 종류, 고기의 부위, 도살 당시의 상태, 사후시간의 경과 등에 따라 그 함량이 다르다. 글리코겐의 함량은 고기의 pH, 사후강직 및 숙성과 관련이 있다. 도살 당시 스트레스를 많이 받아 근육 내 글리코겐이 감소하면 젖산의 생성량이 너무 적어 pH가 5.8 정도로 정상치보다 높게 되어 고기의 색이 검어지고, 질척한 질감으로 바람직하지 않다. 이를 dark-cutting beef라고 한다.

4) 무기질

육류에는 약 1% 정도의 무기질이 함유되어 있으며, 주로 인, 철과 약간의 칼륨이 있다. 칼륨은 근섬유에 있고, 나트륨은 심장, 신장, 간 등에 많으며, 칼슘은 뼈에 많으나 근육에는 거의 없다. 칼슘, 마그네슘, 아연 등의 2가 금속이온은 전하를 띠어 물과 결합하므로 고기의 보수성과 밀접한 관계가 있다.

5) 비타민

육류에는 비타민 B_1, 비타민 B_2, 나이아신 등의 비타민 B복합체가 있으며, 비타민 B_1은 돼지고기에 특별히 많이 들어 있다. 내장육에는 식육보다 더 많은 비타민이 함유되어 있으며, 간에는 비타민 B군 외에 비타민 A와 비타민 C가 다량 함유되어 있다.

 알아보기

탄광촌 광부들이 소고기 대신 돼지고기를 먹는 이유는 무엇인가요?

소고기의 지방은 체온보다 녹는점이 높아 미세먼지를 엉기게 하고, 돼지고기의 지방은 녹는점이 사람의 체온(36.5℃)보다 낮아 돼지고기는 민간요법으로서 폐병이나 기관지 계통의 병치료를 목적으로 사용되어 왔고, 진폐증의 예방에도 효과가 있다고 알려져 있다. 또한 돼지고기는 황사로 인한 먼지의 배출 및 인체에 유해한 중금속인 카드뮴(Cd), 납(Pb) 등의 체내 축적을 억제하여 해독작용에도 효과적인 것으로 알려져 있다.

공장근로자들에게 돼지고기를 제공한 연구 결과에 의하면 중성지방의 농도가 유의하게 증가했고, 혈중 중금속 농도가 감소했다고 보고되었으나 보다 더 정밀하게 통제된 연구가 필요할 것으로 사료된다.

자료 : 한국동물자원과학회지(2007), 49(3) : 415-428
　　　한국축산식품학회지(2008), 28(1) : 91-98

6) 색소(pigments)

육류의 색소는 육류조직의 미오글로빈(myoglobin)과 혈액의 헤모글로빈(hemo-globin)에 의해 결정되며, 근육에서는 미오글로빈이 색에 큰 영향을 준다. 미오글로빈과 헤로글로빈은 모두 철(Fe)을 함유한다.

(1) 미오글로빈(myoglobin)

미오글로빈은 글로빈(globin)과 철을 포함하는 헴(heme)으로 구성되었으며, 산소를 근육 내에 보유하여 근육의 수축·이완작용에 관여한다. 근육에서 미오글로빈의 농도는 동물의 종류, 연령, 그리고 부위에 따라 다르며, 연령이 증가할수록 더 많아 소가 송아지보다 더 붉고, 돼지고기·송아지고기·소고기 순으로 미오글로빈을 많이 함유하고 있어서 소고기가 가장 붉은색을 띤다. 근육을 잘랐을 때 암적색을 나타내나 공기 중의 산소와 접촉하여 색이 점차 선홍색으로 변한다.

이 과정은 그림 11-1과 같이 미오글로빈이 공기 중의 산소와 결합하여 옥시미오글로빈(oxymyoglobin)을 형성하기 때문이다. 옥시미오글로빈이 서서히 산화되면 적갈색인 메트미오글로빈(metmyoglobin)을 형성한다. 이때 미오글로빈의 구조 내에 존재하는 제1철(Fe^{2+})이 화학반응에 의하여 제2철(Fe^{3+})로 산화된다.

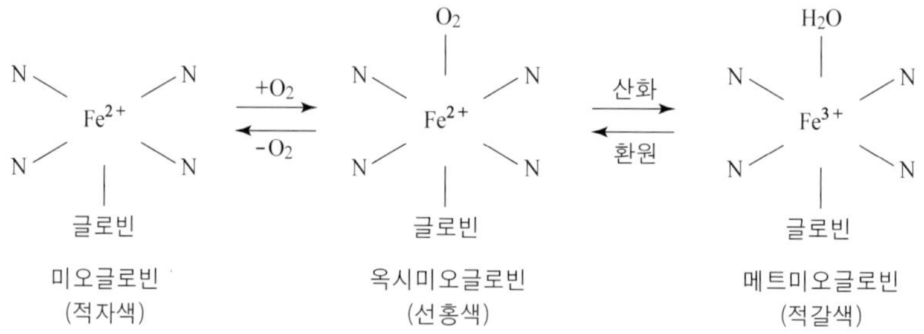

그림 11-1 》 육류 색소의 구조변화에 따른 색변화

3. 육류의 구조

육류는 근육조직(muscle tissue), 결체조직(connective tissue), 지방조직(adipose tissue), 골격(bone), 내장(intestine)과 같은 부산물 등으로 구성되어 있다. 육류는 어린 동물이 뼈에 비해 살이 많으며, 결체조직의 비율은 높고, 지방 함량은 낮다. 성숙한 동물은 지방 함량과 결체조직의 함량은 많으나, 그 비율은 적어진다. 지방 함량이 많을수록 수분이 적어지고, 고기의 육즙(juiciness)은 더 증가한다. 성숙될수록 고기의 색은 짙고 붉어진다.

1) 근육조직(muscle tissue)

근육이나 순살코기 부분의 고기는 근섬유로 구성되어 있고, 수분 75%, 단백질 18%, 지질 함량은 다양한데 대개 4~10% 정도이다. 근육 내의 당질은 글리코겐으로서 1% 정도 존재한다. 그림 11-2와 같이 근육조직에서 근육 미세섬유(myofilament)인 미오신과 액틴을 기본으로 하는 단백질 분자들이 모여서 근원섬유(myofibril)를 만들고 이 근원섬유가 모여 근섬유(muscle fiber)를 형성하고 이것이 더 커

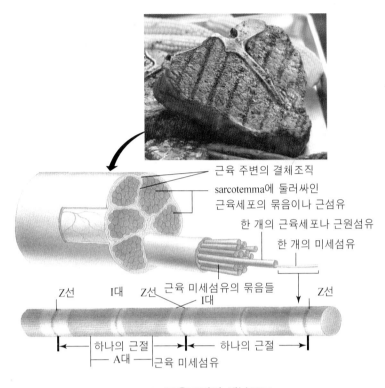

근육 주변의 결체조직

sarcotemma에 둘러싸인
근육세포의 묶음이나 근섬유

한 개의 근육세포나 근원섬유

한 개의 미세섬유

Z선   I대   Z선 근육 미세섬유의 묶음들   Z선
I대

하나의 근절   하나의 근절
A대 근육 미세섬유

그림 11-2 》 **근육조직의 세부구조**

져서 근속이 되고 더욱 커져서 근육이 된다. 근육은 근섬유의 묶음으로 구성되는데 근섬유는 근원섬유의 묶음이며, 각 근원섬유는 근육의 수축/이완에 관여한다.

근원섬유를 자세히 보면 어두운 A대와 밝은 I대로 된 가로무늬를 가지며, I대는 액틴으로 이루어진 가는 필라멘트로 이루어진 영역이고, A대는 미오신으로 이루어진 굵은 필라멘트로 이루어져 있고 I대 가운데 어두운 Z선이 그림 11-2에서 보듯이 Z선에서 Z선까지를 근절(sarcomere)이라 하며 근육수축의 소단위가 된다.

조리하는 부위는 근육조직의 횡문근으로 동물체의 30~40%를 차지하고 있다. 근육조직은 연령이 낮을수록 연하고, 같은 동물이라도 운동이 심한 사태, 목심과 같은 부분보다 운동이 적은 등심, 안심 같은 부분의 고기가 연하다.

2) 결체조직(결합조직, connective tissue)

결체조직은 교원섬유(collagen fiber)와 탄성섬유(elastic fiber)로 되어 있다. 교원섬유는 주로 백색의 콜라겐으로 구성되어 있고, 직선상의 가는 섬유상으로 장시간 물로 가열해야 끊어져서 젤라틴(gelatin)으로 변한다. 탄성섬유는 황색의 엘라스틴을 주성분으로 하고, 열과 화학적 처리에도 강하다. 결체조직의 대부분인 콜라겐과 엘라스틴은 껍질, 근육, 힘줄 안에 많이 들어 있고, 질긴 고기는 결체조직이 많다. 나이가 많이 들거나 운동을 많이 하면 결체조직이 발달하는데, 암컷보다 수컷, 돼지고기와 닭고기보다 소고기에 많다. 결체조직이 많은 부위는 목심, 양지, 사태, 갈비 등이 해당된다.

3) 지방조직(adipose tissue)

지방조직은 근육 내, 근육의 사이에 존재하며, 고기의 촉감, 향미에 관여한다. 근육 내에 흰색 반점이 분포되어 있는 지방조직을 근내지방(marbling, 마블링)이라 하며, 적당히 분포되어 있는 근내지방은 연한 육을 형성하고, 촉촉하고 연하다. 마블링이 우수한 등심, 꽃등심, 목살 등의 고기는 스테이크, 불고기, 전골, 로스구이 등의 건열조리법에 적합하다. 지방조직의 색은 연령이 어릴 때는 흰색이지만 나이가 들수록 노란색을 띠게 된다. 이는 카로티노이드색소가 축척되기 때문이다.

알아보기

마블링이란?

'마블링(Marbling, 근내지방도)'이란 말 그대로 해석하면 '대리석 무늬'를 뜻하는 것으로 소고기를 단면으로 잘랐을 때 살코기 속에 박혀 있는 지방층이 마치 대리석 무늬와 같다고 하여 붙여진 이름이다. 소고기의 등급을 결정하는 데 있어 소의 성숙도(연령)와 함께 품질등급에 가장 중요하게 사용된다.

4) 골격(bone)

뼈의 상태는 동물의 연령, 암수에 따라 다르다. 어린 동물의 뼈는 작고 가늘며 연하고 분홍빛을 나타내고, 성숙한 동물의 뼈는 단단하고 흰색이다. 뼈에는 황색 골수(yellow marrow)가 들어 있는 것과 해면체형으로 적색 골수(red marrow)가 채워져 있는 것이 있다. 뼈를 고를 때 지저분하거나 핏기가 있는 것이 있는데, 뼈를 끓이기 전에 찬물에 충분히 담가서 핏물을 충분히 우려내고, 뜨거운 물로 한 번 데친 후에 찬물을 부어 끓이는 것이 좋다.

5) 부산물

소고기의 부산물인 양, 간, 위(처녑), 소장(곱창), 허파(부아), 염통(심장) 등은 탕류에 많이 이용된다. 이들은 특유의 이상한 냄새가 나므로, 이를 제거하기 위해 소금이나 밀가루를 이용하여 문질러 씻거나 우유 등을 이용하여 냄새를 제거한다.

4. 육류의 사후경직과 숙성

1) 사후경직

　동물은 도살 후 시간이 지나면 근육이 신장성을 잃어 뻣뻣해지는데, 이 현상을 사후경직(사후강직, rigor mortis)이라고 한다. 경직상태는 시간이 지남에 따라 근육이 풀려 연화되는데, 이것을 해경(thaw rigor) 또는 경직의 해제라고 한다. 경직 중에 있는 고기는 가열 조리하여도 연해지지 않고 질기므로 조리 시에는 해경 후의 고기를 사용한다. 그림 11-3은 사후경직과 숙성 시 근육의 변화를 보여주고 있다.

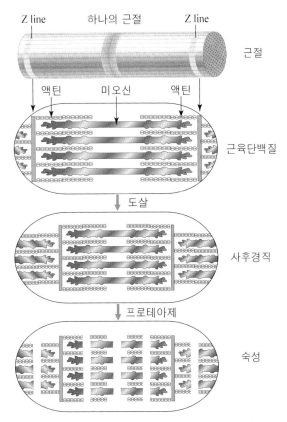

그림 11-3 〉〉 **사후경직과 숙성 시 근육의 변화**

표 11-7 》 육류의 사후경직과 숙성시간

종류	경직 시작	최대 경직(냉장)	숙성 완료(냉장)
소고기	12시간	24시간	7~10일(4~7℃)
돼지고기	12시간	24시간	3~5일
닭고기	6시간	12시간	2일

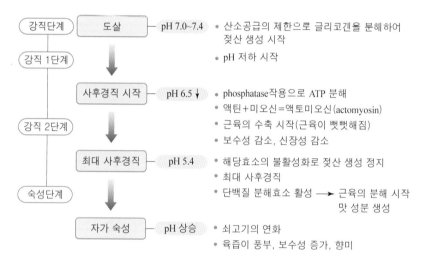

그림 11-4 》 육류의 사후경직과 숙성

2) 숙성

해경한 후 냉장온도에서 저장하면 그림 11-4와 같이 근육 자체의 단백질 효소에 의해 자가소화, 즉 자가분해(autolysis)가 일어나 고기의 근육 길이가 짧아져서 연해지고 맛이 증가한다. 이러한 과정을 숙성(aging 또는 ripening)이라고 한다. 육류의 사후경직과 숙성은 냉장온도에서 이루어져야 안전하다. 숙성온도를 높이면 숙성속도는 빨라지나, 실온에서 숙성시키면 세균에 오염되어 고기가 상하게 된다.

5. 육류의 조리 시 변화

육류를 조리하는 목적은 근육을 연하게 하여 소화를 증진시키고, 색을 변화시켜 고기의 맛을 향상시키며, 고기에 오염된 세균 및 기생충을 사멸시켜 안전하게 먹을 수 있도록 하는 데 있다.

1) 열에 의한 변화

가열하면 지방은 녹아서 부드러워지고, 단백질은 변성되며, 가열 초기단계의 결합수 일부가 자유수로 전환되면서 수분 손실이 많아져 육즙이 많아진다. 그러나 고기 내부온도가 소고기의 웰던단계인 78~82℃가 되면 수분 손실량이 증가하여 육즙이 감소된다. 또한 가열 시 근육섬유소의 직경과 길이가 감소되어 부피가 감소되고 건조해진다.

가열에 의해 결체조직이 변하고, 습열조리에 의하여 엘라스틴(elastine)은 거의 변화가 없으나 콜라겐(collagen)은 트로포콜라겐 섬유(tropocollagen strand) 간의 수소결합이 파괴되면서 젤라틴으로 된다. 질긴 고기를 65~80℃에서 장시간 가열하면 콜라겐이 젤라틴으로 많이 전환되어 고기가 부드러워진다. 온도가 증가하면 근육단백질은 점점 질겨지고, 콜라겐은 점점 연해지므로 결체조직(콜라겐)이 많은 고기는 장시간 가열해야 부드러워지고, 콜라겐이 적고 근육 단백질이 많은 고기는 단시간 가열해야 한다.

가열에 의한 색의 변화를 보면 그림 11-5와 같다. 생육의 색소는 옥시미오글로빈보다 미오글로빈이 많으나 가열하면 옥시미오글로빈의 양은 감소되고 단백질이 변성되어 변성 글로빈(globin)인 헤미크롬(hemichrome)으로 되어 회갈색의 독특한 색이 된다. 가열의 정도에 따라 고기 색의 변화가 표 11-7과 같이 단계적으로 나타나므로 고기의 색은 조리과정의 지표가 되기도 한다. 불고기나 육포를 만들 때 설탕이나 물엿을 넣고 양념한 후 가열하면 단백질-당 갈변반응(메일라드반응, Maillard reaction)으로 먹기 좋은 갈색을 형성한다.

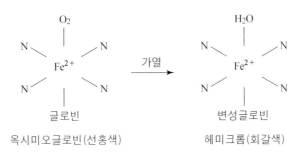

그림 11-5 》 가열 시 육류의 색소 변화

표 11-8 >> 조리 시 육류의 내부온도와 특징

가열 정도	내부온도(℃)	특징
레어(rare)	58~60 (60)	● 고기의 표면은 갈색이나 안쪽은 빨간색 ● 부드럽고 육즙이 많고 씹었을 때 고기 안의 온도가 실온 온도가 되어야 함
미디엄 레어(medium rare)	60~70	● 육즙이 많은 편
미디엄(medium)	71~75 (71)	● 고기의 표면은 갈색이나 안쪽은 빨간색이 약 간 남아 있음 ● 육즙이 보통
미디엄 웰던(medium well-done)	75~77	● 육즙이 적은 편
웰던(well-done)	78~82 (77)	● 고기의 표면과 안쪽이 갈색 ● 육즙이 아주 적고 많이 수축됨

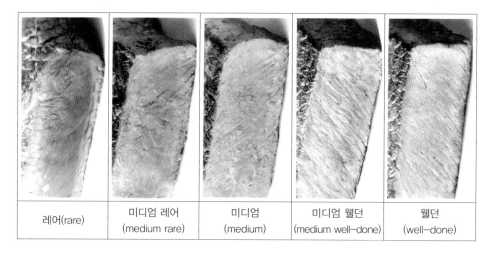

| 레어(rare) | 미디엄 레어
(medium rare) | 미디엄
(medium) | 미디엄 웰던
(medium well-done) | 웰던
(well-done) |

그림 11-6 >> 육류의 굽는 정도

2) pH의 영향

알칼리성인 베이킹소다를 첨가하면 pH가 증가하여 고기 색이 검게 되고, 고기가 뻣뻣해진다. 산성물질을 첨가하면 고기가 부드러워지고, 육즙이 증가한다. 예를 들어 식초를 다른 양념과 사용할 경우 고기가 부드러워진다. 또한 고기에 와인, 맥주, 토마토 페이스트, 식초, 레몬 등을 적절히 사용하면 고기의 pH가 산성으로 되어 육류 단백질의 수화능력이 커져서 고기가 연해진다.

3) 소금의 영향

소금에 의해 수분 보유력이 약간 증가하고, 육즙도 약간 증가한다. 그러나 지나친 소금의 첨가는 탈수작용을 일으켜 중량이 감소되며, 고기가 질겨지고 맛이 없어진다.

4) 연육작용(meat tenderizers)

(1) 효소 처리(enzymes)

단백질 가수분해효소(proteolytic enzyme)는 콜라겐과 액토미오신을 가수분해하여 고기의 연화를 증가시킨다. 단백질 분해효소로 사용되는 것은 파파야의 파파인(papain), 파인애플의 브로멜린(bromelin), 무화과의 피신(ficin), 키위의 액티니딘(actinidin)으로 연육소로 작용을 한다. 파파인에는 키모파파인(chymopapain), 파파인(papain), 펩티다아제(peptidase)의 세 가지 효소가 있다. 연육소를 너무 많이 사용하면 고기가 물러지므로 주의한다. 특히 키위의 액티니딘은 단백질 분해효과가 매우 크므로 지나치게 사용하면 고기가 물러진다. 우리나라에서는 육류 요리에 배와 무를 갈아 많이 사용하며, 여기에도 단백질 분해효소가 들어 있어 고기의 연화를 돕는다. 그러나 배즙은 단백질 분해효소의 연화능력이 매우 낮다.

> **알아보기**
>
> 러시아 소고기로 불고기를 만들어서 구워 먹었더니 너무 질겼다. 그래서 한국의 불고기 양념에 배 대신 파인애플을 갈아서 넣었더니 고기가 훨씬 부드러워졌다. 이런 양념을 한국산 소고기에 사용하였다면 고기가 물러졌을 것이다.

(2) 기계적 처리

근섬유의 길이와 반대 방향으로 자르거나, 칼날로 고기를 두드리거나, 방망이로 고기를 두드리면 고기가 부드러워진다. 또한 고기를 슬라이스(slicer)로 얇게 썰거나 육절기(grinder)로 갈면 부드러워진다. 산적이나 돈가스를 할 때 고기에 잔칼집을 넣어주면 고기가 부드럽고 열에 의해 구부러지지 않는다.

알아보기

고기는 결대로 혹은 결 반대 방향으로 자르나요?

고기는 육류의 근섬유 길이방향을 직각으로 잘라야 근섬유가 짧아져 연해진다. 육회에 많이 사용되는 부위는 안심, 우둔, 홍두깨살이며, 한정식 육회의 경우 고기를 결 반대 방향으로 잘라 양념 후 바로 제공한다. 가끔 뷔페에 제공하는 육회는 결 반대로 자를 경우 대량으로 양념하면 고기가 부스러지며, 실온에 방치되고 여러 사람의 뒤적거림으로 고기가 해동되어 고기가 뭉쳐 버리므로, 이런 단점을 최소화하기 위해 고기 결대로 약간 두툼하게 자르는 경우가 있다.

잡채, 비빔밥, 탕평채에 들어가는 소고기는 고기결 반대로 잘라 해동 후 양념하여 센 불에 단시간에 볶아 부스러짐을 줄이도록 한다.

6. 육류의 선택

육류는 수급상태, 고기의 부위, 사료의 가격에 따라 가격이 다르며, 조리 목적에 따라 고기의 종류와 부위를 선택하게 된다.

1) 소고기의 선택

(1) 한우의 등급기준

한우의 등급은 표 11-9와 같이 근내지방도, 육색, 지방색, 조직감, 성숙도에 따라 질 등급과 양 등급을 평가하여 구분한다.

표 11-9 》 한우 도체의 등급기준(2007년 6월 농림부 축산물 등급판정 기준)

구분		육질 등급					
		1++등급	1+등급	1등급	2등급	3등급	등외(D)
육량 등급	A등급	1++A	1+A	1A	2A	3A	
	B등급	1++B	1+B	1B	2B	3B	
	C등급	1++C	1+C	1C	2C	3C	
	등외(D)						

(2) 미국의 등급기준

미국은 농무성에서 육류의 품질등급을 8등급으로 나누며, 미국 소고기 등급의 분류는 표 11-10과 같다. 수율등급(yield grade)은 1, 2, 3, 4, 5의 5개 등급으로 나누어진다.

마블링의 정도에 따라 소고기 품질등급이 정해지는데, 마블링이 좋은 고기는 맛도 좋고 부드럽다. 그 이유는 첫째, 고기의 결합조직 강도를 약하게 하여 가열할 경우 결합조직이 쉽게 끊어지므로 먹었을 때 고기의 육질이 부드럽다. 둘째, 고기 속에 박혀 있는 지방은 열전도율이 낮아 가열했을 경우 고기 내의 수분증발을 억제시키므로 고기를 씹었을 때 육즙이 풍부한 것을 느낄 수 있다. 셋째, 마블링이 좋은 고기는 전체적인 밀도가 낮아 순살코기를 씹었을 때보다 연한 것을 느낄 수 있다.

표 11-10 》 **미국산 소고기의 품질등급 기준**

등급명	내용
프라임(Prime)	● 최상급으로 미국 내에서 생산되는 소고기 중 3.3%를 차지함 ● 육즙이 풍부하고 마블링이 우수
초이스(Choice)	● 미국 내에서 생산되는 소고기 중 59.7%를 차지함 ● 육질이 연하고 육즙이 풍부
셀렉트(Select)	● 미국 내에서 생산되는 소고기 중 37%를 차지함 ● 지방 함량이 적고 수축이 덜 되며 향미가 적음
스탠더드(Standard)	● 지방 함량이 적고 맛이 떨어짐
커머셜(Commercial)	● 성숙한 소에서 생성되어 질김
유틸리티(Utility)	● 가공용
커터(Cutter)	● 가공용
캐너(Canner)	● 가공용 또는 사료용

2) 소고기의 부위와 조리

소고기의 부위별 절단에 따른 명칭은 나라마다 차이가 있다. 우리나라와 미국의 부위별 명칭은 그림 11-7과 같다. 운동량이 많은 목심, 양지, 사태 등의 부위는 결체조직이 많아 질기나 움직임이 적은 안심, 등심 등의 부위는 결체조직이 적어 연하다. 질긴 부위는 물과 함께 장시간 가열하는 습열조리법이 적당하고, 연한 부위는 건열조리법이 적당하다. 소고기 부위별 조리법은 표 11-11과 같다.

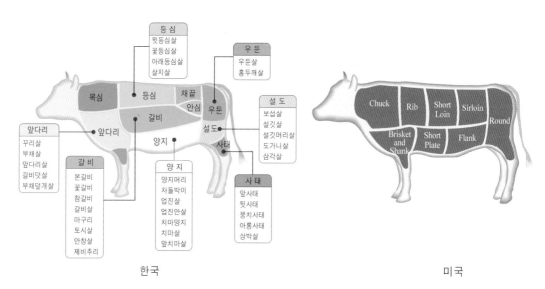

그림 11-7 》 **소고기의 부위별 명칭(한국과 미국)**

표 11-11 》 **소고기의 부위별 조리법**

부위명	특징	세부명칭	조리법
목심, 장정육 (chuck)	● 어깨 위쪽에 붙어 있는 근육으로 여러 개의 다양한 근육이 모여 있고, 두꺼운 힘줄이 여러 갈래로 표면에 존재하기 때문에 약간 질김	목심살	스테이크나 구이(고급육) 불고기, 장조림(2등급 이하)
등심 (loin)	● 등 쪽에 척추 좌우로 원통모양으로 위치하고 있으며, 마블링이 잘 발달되어 있어 고급 부위 ● 육질이 곱고 연하며, 지방이 적당히 섞여 있어 맛이 좋음 ● 결조직이 그물망 형태로 연하여 맛이 있음	윗등심살 꽃등심살 아래등심살 살치살	구이나 스테이크(고급육) 전골, 불고기(저급육)
안심 (tenderloin)	● 유일하게 척추뼈 안쪽에 위치하고 있는 근육으로 움직임이 없어 조직이 부드럽고 연함 ● 저지방으로 담백하며, 육즙이 많고 고기 결이 가늘고 비단결처럼 곱다. 소고기 중 양이 적은 부위 ● 조리 시에는 너무 굽지 않도록 하고, 변색이 빠름		고급 스테이크 및 구이용
갈비(rib)	● 육즙과 골즙이 어우러진 부위로 농후한 맛을 냄 ● 갈비살에는 막이 많고 근육이 비교적 거칠고 단단한 부위지만 근 내지방이 많아 맛이 있음	본갈비 꽃갈비 참갈비 갈비살 마구리 토시살 안창살 제비추리	● 갈비살, 토시살, 안창살, 제비추리 : 구이용 ● 그 외 : 찜갈비, 갈비구이 ● 마구리살 : 통갈비 상하 단 부위로 갈비탕용
채끝살 (striploin)	● 허리부분(등심 뒷부분에 연결)의 등심과 맞닿은 운동성이 없는 부분으로 등심과 비슷한 모양 ● 육질이 연하고 지방이 적당히 섞여 있음 ● 등심보다는 지방이 적고 살코기가 많음	채끝살	로스구이, 샤브샤브용 (고급육) 불고기, 국거리(저급육)

우둔 (round)	● 지방이 적고 살코기가 많음 ● 홍두깨살은 결이 거칠고 단단함	우둔살 홍두깨살	주물럭, 산적, 육포, 불고기용 육회나 장조림(홍두깨살)
설도 (flank steak)	● 엉덩이살 아래쪽 넓적다리살로서 바깥쪽 엉덩이 부분 ● 다소 결이 거칠고 질긴 편으로 우둔과 비슷하며 부위별 육질차가 큼 ● 설깃살은 가장 운동량이 많은 부위 ● 도가니살은 가장 근육 결이 가늘고 부드러움 ● 보섭살은 막이 적고 맛이 좋음	보섭살 설깃살 설깃머리살 도가니살 삼각살	설깃살 : 산적, 편육, 불고기 도가니살 : 육회, 불고기 구이, 불고기 전골(삼각살 과 설깃머리살) 스테이크(보섭살)
앞다리 (plate flank)	● 갈비 바깥쪽에 위치 ● 내부에 지방층과 근막이 많기 때문에 연한 부위와 질긴 부위가 서 　로 섞여 있으며, 운동량이 많아 육색이 짙음 ● 설도, 사태와 비슷함	꾸리살 부채살 앞다리살 갈비덧살 부채덮개살	꾸리살 : 카레, 육회, 징기 즈칸 요리 부채살, 갈비덧살 : 구이용 그 외 : 불고기, 장조림용
양지 (brisket)	● 앞가슴에서 복부 아래쪽에 걸쳐 있는 부위로 결합조직이 많아 육 　질은 질김 ● 오랜 시간에 걸쳐 끓이는 조리를 하면 맛이 매우 좋음 ● 국물 맛이 좋고 육질이 치밀 ● 업진살과 치마살은 양지의 뒤쪽 부분으로 지방과 살코기가 교차 　하여 향미가 좋음	양지머리 차돌박이 업진살 업진안살 치마양지 치마살 앞치마살	양지 : 국거리, 장조림 차돌박이 : 얇게 썰어 구이 로 사용 양지 중 업진안살 · 치마양 지 · 치마살은 구이용
사태 (fore shank)	● 앞 · 뒷다리 사골을 감싸고 있는 부위로 운동량이 많아 색상이 진 　한 반면 근육다발이 모여 있어 특유의 쫄깃한 맛을 냄 ● 장시간 물에 넣어 가열하면 연해짐 ● 기름기가 없어 담백하면서도 깊은 맛이 남	앞사태 뒷사태 뭉치사태 아롱사태 상박살	장조림, 찜, 육회, 탕

자료 : 축산물등급판정소, 2008

3) 돼지고기의 부위와 조리

　돼지고기 지방은 음식을 부드럽게 해주는 역할을 하므로 김치찌개, 빈대떡, 육완
전(육원전), 미트소스를 만들 때 사용한다. 편육, 보쌈을 해도 부드럽다.

　돼지고기의 부위별 명칭과 조리법은 그림 11-8과 표 11-12에 있다.

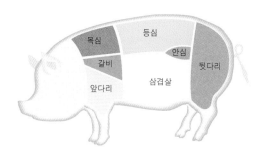

그림 11-8 》 **돼지고기의 부위별 명칭**

표 11-12 >> 돼지고기 부위별 조리법

부위명	특징	조리법
목심 (Boston butt)	● 등심에서 목 부분으로 이어지는 부위로서 여러 개의 근육이 모여 있음 ● 근육 사이에 지방이 있어 향미 우수	구이, 수육, 김치찌개용
등심(loin)	● 두꺼운 지방층이 덮인 근육으로 고기 결이 곱고 부드러움	돈가스, 스테이크, 구이
안심 (tenderloin)	● 갈비 안쪽에 있으며 약간의 지방이 있고 고기가 연함	돈가스, 스테이크, 탕수육
갈비(rib)	● 옆구리 늑골(갈비) 첫 번째부터 다섯 번째 늑골로 지방이 있어 향미 우수	바비큐, 찜, 구이
삼겹살 (pork belly)	● 갈비를 떼어낸 부분에서 복부까지의 넓고 납작한 모양의 부위 ● 근육과 지방이 삼겹의 막을 형성하며 향미가 좋음	베이컨, 구이, 수육
앞다리 (shoulder)	● 앞다리 위쪽 부위로 어깨 부위의 고기	불고기, 찌개, 수육, 장조림
뒷다리 (ham)	● 볼기 부위로 살이 두껍고 지방이 적은 편임	구이, 햄, 장조림

알아보기

돼지고기를 반드시 속까지 익혀 먹어야 하는 이유는 무엇인가요?

돼지고기에 감염되는 촌충은 선모충과 유구촌충이 있다. 유구촌충이 감염된 돼지고기를 섭취한 경우에는 신경손상이 일어나 실명, 시각장애, 마비, 발열, 두통, 발작 등의 증세가 나타나고, 심하면 사망할 수 있다. 돼지고기의 유구촌충은 중심온도가 77℃ 이상 되어야 사멸하므로 속까지 익혀 먹어야 한다.

4) 닭고기의 부위와 조리

닭고기의 부위별 명칭은 그림 11-9와 같이 다리살, 안심, 날개살, 가슴살로 나눠진다. 닭고기의 근섬유는 가늘고 섬세하며, 길이가 짧아 부드럽다. 닭고기의 껍질에 지방이 많이 존재하고, 부위에 따라 지방 함량과 색이 다르다. 닭고기의 가슴살은 흰색으로 단백질이 많고, 지방이 적어 맛이 담백하고 퍽퍽하지만, 닭고기의 날개살은 지방이 많아 맛이 좋다.

우리나라에서는 표 11-13과 같이 1kg 이하의 삼계탕용 닭과 튀김용, 찜닭으로 구분하여 판매하고 있고, 미국에서는 표 11-14와 같이 나이와 무게에 따라 구분해서 판매한다.

최근에는 부위별로 가격을 차별화하여 판매하고 있다. 즉, 가슴살, 날개살, 다리살, 허벅지로 분리하여 판매하는데, 날개와 다리는 주로 튀김용으로, 허벅지는 닭갈비와 구이용으로, 가슴살은 샐러드와 너겟으로 사용하고 있다. 닭고기의 부위별 조리법은 표 11-15와 같다.

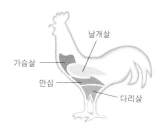

그림 11-9 》 닭고기의 부위별 명칭

표 11-13 》 우리나라 닭의 분류와 조리방법

연령(개월)	무게(kg)	용도
2~3	1.0 이하	통구이, 삼계탕
3~5	1.0~1.5	튀김
5~10	1.5 이상	찜, 구이

표 11-14 》 미국 닭과 가금류의 분류와 조리방법

분류		나이	무게	조리방법
닭	Broiler	4~6주, 영계	906g	브로일
	Fryer	6~10주	1.4kg	로스트, 그릴, 브로일, 소테
	Roaster, 암탉 · 수탉	3~5개월	3.6kg	로스트
	Fowl(stewing hen), 암탉	10개월 이상	3.6kg	수프, 육수용
	Pouisson	영계	453g	로스트(통째)
	Rock cornish hen	5~7주	906g	로스트(통째, 반쪽)
	Capon(거세한 수탉)	8개월 이하	3.6kg	로스트
기타	Hen turkey(암칠면조)	5~7개월	3.6~7.2kg	로스트
	Tom turkey(수칠면조)	7개월 이상	9kg	로스트
	Broiler duckling(오리)	8주 이하	1.8~2.7kg	로스트
	Roaster duckling(오리)	12주 이하		로스트
	Geese(거위)	6개월	3.6~7.2kg	로스트
	Squab(비둘기)	25~30일	300~500g	로스트
	Pigeon(비둘기)	2~6개월		로스트
	Pheasant(꿩), Quail(메추리)			로스트

자료 : Meat Identification & Fabrication Courseguide(2002), CIA Courseguide

표 11-15 》 닭고기의 부위별 조리법

부위명	소분류	특징	조리법
근위	근위	• 음식물을 잘게 부수는 모래주머니 • 두꺼운 근육층과 강한 점막이 있어 쫄깃함	구이 조림
가슴살	가슴살	• 지방이 적어 열량이 적고 맛이 담백 • 근육섬유로만 되어 있어 흰색 • 칼로리 섭취를 줄이면서 영양균형을 이룰 수 있음	튀김 볶음 조림
	안심	• 가슴살 안쪽의 고기 • 담백하고 지방이 거의 없음	육개장 튀김
날개살	통날개 닭봉	• 어깨 윗부분이 살과 지방이 많아 맛이 부드러움 • 살은 적으나 뼈 주위에 펙틴질이 많아 육수를 만들면 감칠맛 • 피부노화를 방지하고 피부를 윤택하게 해주는 콜라겐 성분이 다량 함유	튀김 볶음 조림
다리살	통다리 넓적다리 북채	• 운동을 많이 하는 부위로 탄력이 있음 • 색과 맛이 진하고 육질이 단단 • 지방과 단백질이 조화를 이루어 쫄깃쫄깃함	튀김 볶음 찜 조림 구이용

7. 육류의 조리방법

1) 습열조리법(moist heat methods)

목심, 양지, 사태, 갈비 등은 결체조직이 많아서 물과 함께 장시간 가열하는 습열 조리법이 적합하므로, 국, 찜, 편육 등을 만들 수 있다.

(1) 고깃국

운동량이 많은 부위인 양지머리나 사태가 육수용으로 가장 적합하다. 국물에 맛 성분이 용출되어야 하므로 고기를 찬물에 넣고 끓이기 시작하여서 불의 세기를 줄여 콜라겐이 젤라틴이 될 때까지 충분히 끓인다. 육수를 끓일 때 향신채소(한식은 양파, 무, 대파, 마늘, 통후추 등, 양식은 양파, 당근, 셀러리, 통후추 등)를 넣고 고기의 누린내를 줄이도록 한다.

(2) 사골국

곰탕이나 설렁탕을 끓일 때 뼈에서 인지질이 우러나 뽀얀 국물이 나온다.

도가니탕이란?

도가니탕이란 소의 무릎과 연골 주변을 감싸고 있는 도가니라는 부위를 찬물에 담가 피를 뺀 다음 중불에 푹 익힌 후 잘라서 수육으로 먹거나 곰탕에 넣어 먹는다. 특히 연골 부위를 푹 고아 연골 속의 칼슘이 녹아 나온 국물을 마시면 성장기 어린이나 노인의 뼈를 튼튼하게 하는 데 효과적이다.

(3) 장조림

장조림용 고기는 결체조직이나 마블링 함량이 적은 홍두깨살, 대접살, 우둔, 사태가 적합하다. 고기가 연해질 때까지 삶은 다음에 간장을 넣고 약한 불로 서서히 조린다. 간장을 처음부터 넣고 조리면 고기는 연해지지 않고 더욱 단단해진다. 이는 삼투압에 의해 고기 속의 수분이 빠져나와 고기가 단단해지는 것이다. 장조림을 먹을 때 홍두깨살은 기름기가 없고, 근육의 길이가 길므로 고기를 찢는 것이 좋고, 사태는 칼로 써는 것이 좋다.

(4) 편육(숙육)

편육은 고기를 덩어리째 익혀 굳힌 다음 편으로 썰어서 먹는 것으로 수육이라고도 한다. 편육은 소고기나 돼지고기를 사용한다. 소고기 편육은 양지머리, 사태, 우설, 쇠머리, 콩팥, 족 등의 부위를 이용하고, 돼지고기 편육은 삼겹살, 돼지머리, 족 등을 사용한다. 편육을 만들 때는 끓는 물에 고기를 넣어 근육 표면의 단백질을 응고시켜 수용성 물질이 용출되는 것을 방지해야 맛이 좋아진다. 찬물에 삶으면 맛 성분이 빠져나가고, 고기 속이 분홍색으로 되어 보기 좋지 않다. 일단 삶은 고기는 뜨거울 때 눌러 놓아야 젤라틴화된 결체조직이 잘 결합하여 형태를 유지하기 때문에 썰기가 편하다. 편육은 오래 보관하지 말고 즉시 먹도록 한다.

돼지고기 편육 맛있게 만드는 방법

돼지고기 목심이나 삼겹살을 찬물에 담가 핏물을 제거하고, 끓는 물에 넣고 끓인다. 여기에 된장, 마늘, 생강, 대파를 넣고 1시간 정도 끓인 후, 익으면 면포에 싸서 무거운 것으로 눌러 모양을 만든다. 돼지고기는 내부온도 77℃ 이상이 될 때까지 완전히 익혀야 한다. 편육을 납작하게 썰어 양념한 새우젓에 찍어 먹는다. 요즘에는 삶을 때 커피를 넣어 향과 색을 주기도 한다.

(5) 스톡(stock)

① 치킨스톡(chicken stock)

닭 뼈를 찬물에 담가 핏기를 뺀 후에 찬물을 넣고 끓이다가 3시간 시머링한다. 완성되기 1시간 전에 양파, 당근, 셀러리의 미르포아와 같은 향신채소를 넣고, 정기적으로 찌꺼기를 제거한다.

② 화이트 비프스톡(white beef stock)

소의 뼈를 하루 동안 물에 담가 핏기를 뺀 후 찬물에 담가 끓인다. 8시간 이상 시머링을 하면 좋은 육수를 얻을 수 있다. 완성되기 1시간 전에 양파, 당근, 셀러리 등의 향신채소를 넣는다.

③ 브라운 빌스톡(brown veal stock)

송아지 뼈를 오븐에 로스팅해서 찬물을 넣어 끓인다. 6시간 이상 시머링하면 갈색 육수를 얻을 수 있다. 양파, 당근, 셀러리를 볶은 후에 토마토 페이스트를 넣고 볶은 미르포아를 넣어주면 육수의 갈색과 향미가 증가된다.

2) 건열조리법(dry heat methods)

수분이나 액체를 가하지 않고 익히는 방법으로 건열조리법에 사용되는 고기의 부위는 운동량이 많지 않은 안심, 등심 등의 연한 부위나, 결합조직이 거의 없고 마블링이 잘된 고기를 사용하도록 한다.

(1) 구이(Broiling/Grilling)

불에 직접 올려 단시간에 가열한다. 우리나라에서는 숯불이나 가스불 위에서 고기를 굽는데, 서양조리에서는 브로일러나 바비큐 시설에서 불꽃 가까이에서 굽는다. 스테이크와 바비큐가 여기에 해당한다. 구이용 고기는 연한 부위를 선택하고, 보통 3~5cm 정도의 두께로 잘라 사용한다.

내부의 익은 정도를 알기 위해 손으로 눌러보거나, 온도계를 사용하기도 한다. 열원이 위에 있으면 브로일링, 열원이 아래 있으면 그릴이라고 한다. 그릴을 이용하여 고기를 익히면 기름기가 빠져나오고, 고기에 대각선의 마크를 형성해서 식욕을 촉진시킬 수 있다.

(2) 팬브로일링(pan-broiling)

가열된 두꺼운 냄비나 소테팬에서 굽는 방법으로 고기가 타지 않도록 기름을 두르고 굽는다. 처음에는 강한 불로 고기의 표면을 익힌 후, 불을 약하게 해서 속까지 열이 전달되도록 한다. 물 없이 냄비에 직접 가열하고, 기름이 빠져나오면 기름을 제거한다. 이 방법은 그릴이나 브로일러가 없는 가정에서도 쉽게 할 수 있고, 조리시간이 절약된다.

(3) 로스팅(roasting)

오븐에 고기를 굽는 방법이다. 로스팅에는 연한 부위의 고기를 사용하며, 큰 덩어리를 사용한다. 소고기는 개인의 식성에 따라 레어, 미디엄, 웰던으로 구분하고, 송아지고기나 돼지고기는 모두 익히며, 소고기와 양고기는 미디엄 또는 미디엄 웰던 정도로 익힌다. 돼지고기는 선모충이란 기생충 때문에 충분히 가열해야 한다. 로스팅할 때 오븐온도는 소고기와 양고기는 150~160℃ 정도에서 기호에 따라 굽고, 돼지고기는 164~177℃에서 웰던으로 굽는다.

(4) 삼겹살 구이

잘 달군 팬에 삼겹살을 놓고 앞뒤를 지져 완전히 익혀 먹는다. 삼겹살은 기름이 많으므로 용출되는 기름을 흘러나오게 한다.

(5) 포크커틀릿(돈가스)

안심이나 등심을 5~8mm 두께로 잘라 연육기로 두들겨 소금과 후추로 양념한 후 밀가루, 달걀, 빵가루를 씌워 기름에 튀겨낸다. 냉동 포크커틀릿은 냉동상태에서 튀겨야 한다. 해동한 후에 튀기면 튀김옷과 고기가 분리되기 때문이다.

3) 복합조리법(combination cooking methods)

(1) 브레이징(braising)

브레이징은 질긴 고기를 팬에 기름을 두르고 앞뒤와 양면을 소테한 후에 두꺼운 냄비에 넣고 소량의 물이나 육수를 붓고 뚜껑을 덮어 시머링한다. 고기가 연해질 때까지 끓인다. 브레이징과 스튜잉은 한식에서 찜과 비슷하다. 고기를 완전히 익혀주고, 겉은 약간 바삭하고, 속은 부드럽게 만든다.

(2) 스튜잉(stewing)

브레이징은 큰 덩어리의 육류를 사용하는 것이고, 스튜잉은 육류를 잘게 썰어 센 불로 앞뒤 색을 낸 다음에 소스를 넣고 습열조리한 것이다. 재료가 잠길 정도의 소스를 넣어 걸쭉하게 끓인다. 육류의 크기가 작아 조리시간이 비교적 짧다. 육류를 사용한 스튜잉에는 커리, 비프찹(비프스튜)이 있다.

> 🔍 **알아보기**
>
> **스테이크를 굽거나 커틀릿을 튀기기 전에 고기에 칼집을 많이 넣는 이유는 무엇일까요?**
>
> 육류를 가열하면 근육단백질이 변성을 일으켜 모양이 일정하지 않고 울퉁불퉁하게 된다. 고기에 칼집을 넣어 근섬유를 짧게 하면 변형이 심하게 일어나지 않고, 빨리 익게 할 수 있다.
>
> **햄버거를 만들 때 고기를 자꾸 치대는 이유는 무엇일까요?**
>
> 햄버거 패티(patty), 섭산적, 육원전을 만들 때는 소금과 후추로 양념한 후, 손으로 많이 주무르고 치대면 끈기가 생기고 모양을 잘 만들 수 있다. 염이 첨가되면 육류의 단백질인 미오겐이 녹아나와 고기 근육끼리 결합하기 때문이다.

4) 닭고기의 조리방법

(1) 습열조리법(moist heat methods)

① 백숙

영계를 씻어 배 속에 불린 찹쌀, 대추, 마늘, 인삼 등을 넣고 꿰맨 후에 물을 충분히 넣고 1시간 이상 끓인다.

② 닭찜, 닭도리탕

닭고기를 잘라 고추장, 다진 마늘, 설탕 등의 양념을 한 후에 육수를 붓고 끓인다. 여기에 양파, 당근, 감자, 대파 등을 썰어 넣는다. 닭고기는 연하므로 너무 오래 조리지 않아도 된다.

(2) 건열조리법(dry heat methods)

① 통닭구이

통닭에 꼬챙이를 꽂아 돌려가며 직화굽기를 하여 기름기를 빼면서 익도록 하거나, 오븐에 넣고 굽는다.

② 튀김

닭다리와 닭날개에 소금, 후추, 마늘즙을 넣고 양념이 배게 한 후에 전분이나 튀김가루를 씌우고 여분의 가루를 털어낸 후에 160~170℃의 기름에 튀긴다.

8. 육류의 저장

육류는 수분과 단백질의 함량이 높아 미생물의 성장에 좋은 조건이어서 상하기 쉬우므로, 냉장 또는 냉동 보관해야 한다. 저장기간을 늘리기 위해 염장, 훈연, 통조림 등의 가공식품으로도 이용된다.

1) 냉장

육류를 냉장고에 보관 시 가장 차가운 위치에 저장해서 2℃ 정도를 유지하는 것이 가장 좋다. 고기의 가장 좋은 저장방법은 냉장 저장으로 고기를 어는점(-1.7℃) 이상의 온도에 저장하여 물리적 변화를 최소화하는 것이다.

2) 냉동

장기간 저장 시에는 냉장온도에서도 부패가 일어나므로 냉동시켜야 한다. 급속 냉동(-30~40℃)하고, 냉장에서 서서히 해동하는 것이 바람직하다. 고기를 천천히 얼리면 얼음 결정이 커져서 근육의 세포를 파괴하여 해동 시 육즙(drip)의 양이 많아지고 고기의 맛이 없어진다.

육류를 냉동 보관할 때는 플라스틱 비닐에 잘 싸서 -18℃ 정도에 보관하는 것이 좋다. 고기를 녹였다가 다시 얼리게 되면 위생적으로 안 좋고, 고기의 향미도 나빠지므로, 일회용씩 나누어 냉동하는 것이 좋다. 해동할 때에는 실온에서 해동하면 미생물의 성장에 좋으므로 냉장고에서 서서히 해동해야 육즙이 덜 나오고 미생물의 번식도 덜 일어난다. 대부분의 소고기는 6개월~1년 냉동 보관이 가능하나, 간 고기 (ground beef)는 3개월을 넘기지 않도록 한다.

가금류는 살모넬라균에 감염되기 쉬워 식중독의 원인이 되므로 1일 이상 경과할 때는 냉동 저장해야 한다. 냉동 시에는 내장을 제거하고, 따로 포장하여 냉동한다. 내장 속의 효소가 냉동, 해동 과정 시에 작용하여 가금류의 맛을 저하시키기 때문이다.

3) 건조

고기를 장기간 보관하기 위해서 예로부터 고기를 양념하여 말려서 보관해 왔다. 육포는 근섬유가 길고 기름이 적은 우둔 부위를 힘줄이나 기름기를 제거하고 섬유 결대로 길고 얇게 잘라서 진간장, 설탕, 후춧가루 등으로 양념한 후 채반에 기름을 바르고 통풍이 잘되는 그늘에서 말린다.

어패류

12 어패류

어패류는 해산물(seafood)과 조개류(shells) 등을 포함하며, 수산식품이 고단백, 저지방의 건강식품으로 인식되어 소비가 계속 증가하는 추세에 있다. 어패류에는 어류, 연체류, 갑각류, 조개류가 있다. 어패류는 불포화지방산 함량이 높아서 쉽게 산패하므로 신선도를 유지하는 것이 중요하다.

1. 어패류의 분류

1) 어류(fishes)

어류는 담수어와 해수어로 구분되며, 물의 상태와 성질에 따라 생선의 맛이 달라진다. 물의 온도가 낮고 깊은 곳에 사는 생선은 물의 온도가 높고 얕은 곳에 사는 생선보다 맛과 질이 우수하다. 즉 해수어는 담수어보다 맛이 훨씬 좋으며, 담수어는 잉어(carp, koi), 붕어(crucian carp, funa), 송어(trout) 등이 있다.

어류는 지방의 함량에 따라 흰살 생선과 붉은 살 생선으로 분류한다. 흰살 생선은 해저 가까이 살고 운동도 별로 하지 않는 데 비해 붉은 살 생선은 바다 표면의 가까운 곳에 살며, 활동이 심하고 계절에 따라 지방 함량이 달라 맛에 차이가 있다.

2) 연체류(mollusks)

연체류는 몸에 뼈가 없고 부드러우며 마디가 없다. 문어(octopus), 오징어(squid), 낙지(poulp), 해파리(jelly fish), 해삼(sea cucumber), 꼴뚜기(sea arrow) 등이 있다.

3) 갑각류(crustacean)

갑각류는 딱딱한 외피 속에 연한 근육이 들어 있으며, 여러 조각의 마디로 구분되어 있다. 게(crab), 왕게(king crab), 새우(shrimp), 가재(lobster) 등이 있다. 갑각류를 넣으면 국물 맛이 구수해지며, 갑각류를 이용하여 국물을 낸 수프를 비스크(bisque)라고 한다.

4) 조개류(shellfish)

조개류는 딱딱한 외피에 싸여 있고, 연한 조직을 갖고 있다. 대합(big clam), 모시조개(corb shell), 굴(oyster), 소라(top shell), 가리비(scallop), 우렁(snail), 바지락(short neck clam), 전복(abalone), 홍합(mussel) 등이 있다.

표 12-1 》 해수어의 분류

분류			종류	특징
어류	해수어	흰살 생선	가자미, 광어, 도미, 민어	● 지방 함량이 2% 이하 ● 수온이 낮고 깊은 바다에서 살며 운동량이 적음
		붉은 살 생선	고등어, 꽁치, 멸치, 뱀장어, 연어, 청어	● 지방 함량이 5% 이상 ● 바다 표면 가까운 곳에서 활동 ● 운동량이 많고 산소 공급량이 많아 미오글로빈 양도 많음
	담수어	흰살 생선	메기, 붕어, 빙어, 잉어	● 강에서 서식하고, 양식도 많이 함 ● 튀김이나 매운탕에 많이 사용함
		붉은 살 생선	송어	● 물이 맑고 차가운 강의 상류에 서식 ● 우리나라, 중국, 러시아, 일본에 많음
연체류			꼴뚜기, 낙지, 문어, 오징어, 해삼, 해파리	● 몸에 뼈가 없고 부드러우며 마디가 없음
갑각류			가재, 게, 새우, 왕게	● 여러 조각의 마디로 구분됨
조개류			가리비, 굴, 대합, 모시조개, 바지락, 소라, 우렁, 전복, 홍합	● 딱딱한 외피에 싸여 있고, 연한 조직을 가짐

알아보기

키토산(chitosan)은 무엇인가요?

게나 가재, 새우 껍질에 들어 있는 키틴(chitin)을 탈아세틸화(deacetylation)하여 얻어낸 물질로 갑각류에 함유되어 있는 키틴을 인체에 흡수되기 쉽도록 가공한 새로운 물질이다. 특성은 독성이 없고, 세포를 활성화하여 노화를 억제하고 면역력을 강화해 주며, 질병을 예방해 준다.

병에 대한 효능은 체내에 과잉된 유해 콜레스테롤을 흡착·배설하는 역할, 항균작용, 항암작용, 제산작용과 궤양 억제작용, 혈압상승 억제작용 및 장내의 유효세균을 증식시키고, 혈당조절과 간기능 개선작용, 체내 중금속 및 오염물질 배출 등의 효과가 있다. 의약품, 화장품, 식품의 가공에 사용되고 있다.

전복, 오분자기, 숙복이란?

- 전복(全鰒)은 오분자기에 비해 몸체가 크고, 출수구(호흡구멍)가 4~5개이며, 출수구의 모양이 껍질 위로 나와 있다.
- 오분자기는 몸체가 작으면서 출수구가 7~8개로 전복보다는 많으며, 출수구의 모양은 밋밋한 편이다. 그리고 오분자기는 겨울철 수온이 12℃ 이하로 내려가지 않는 제주도에서만 생산된다.
- 숙복(熟鰒)은 살짝 쪄서 말린 것으로 필요할 때 물에 불려서 사용한다.

2. 어패류의 구성성분

어패류는 단백질이 가장 많으며, 소량의 지질과 무기질로 되어 있다. 어패류는 수분 66~84%, 단백질 15~24%, 지질 0.1~22%, 당질 0.5~1%, 무기질 0.8~2%로 구성된다(표 12-2). 어패류는 종류, 부위, 연령, 계절, 서식장소 등에 따라 그 성분에 차이가 있다. 산란 직전에는 지질의 함량이 많아 맛과 영양이 가장 좋다.

표 12-2 〉〉 **어패류의 영양성분**　　　　　(가식부 100g당)

식품		열량 (kcal)	수분 (%)	단백질 (g)	라이신 (mg)	지질 (g)	포화 지방산 (g)	불포화 지방산 (g)	당질 (g)	콜레 스테롤 (g)	무기질(mg)					비타민(mg)				
											칼슘	인	철	나트륨	칼륨	A (RE)	B$_1$	B$_2$	나이 아신	엽산
어류	가자미	129.0	72.30	22.1	1,512	3.7	0.38	1.04	0.3	100.0	40.0	196.0	0.7	230.0	377.0	8	0.18	0.26	4.3	8.0
	갈치	149.0	72.7	18.5	1,543	7.5	1.69	3.23	0.1	84.0	46.0	191.0	1.0	100.0	260.0	20	0.13	0.11	2.3	2.0
	고등어	183.0	68.1	20.2	1,663	10.4	3.96	9.53	0.0	82.0	26.0	232.0	1.6	75.0	310.0	23	0.18	0.46	8.2	45.0
	광어 (넙치)	103.0	76.3	20.4	1,595	1.7	0.23	0.61	0.3	93.7	53.0	199.0	1.6	160.0	420.0	8	0.10	0.20	6.5	13.0
	꽁치	165.0	70.5	19.5	1,209	8.7	2.93	10.26	0.1	64.0	54.0	234.0	1.8	80.0	150.0	21	0.02	0.28	6.4	39.4
	농어	96.0	78.5	18.2	2,126	1.9	0.53	1.29	0.2	54.0	58.0	196.0	1.5	108.0	390.0	36	0.18	0.13	3.1	15.0
	명태	80.0	80.3	17.5	1,613	0.7	−	−	0.0	88.0	109.0	202.0	1.5	132.0	293.0	17	0.04	0.13	2.3	3.0
	빙어	86.0	79.4	18.4	1,629	0.8	4.40	8.80	0.0	200.7	78.0	217.0	0.9	160.0	210.0	12	0.10	0.29	2.6	21.0
	연어	106.0	75.8	20.6	1,396	1.9	1.49	4.82	0.2	60.0	24.0	243.0	1.1	95.0	330.0	18	0.19	0.15	7.5	4.0
	정어리	171.0	69.2	20.0	1,876	9.1	3.39	7.23	0.2	72.0	94.0	224.0	1.9	95.0	440.0	21	0.01	0.35	8.1	11.0
	참치 (다랑어)	132.0	69.5	27.2	2,057	1.8	−	−	0.1	36.3	11.0	295.0	2.3	59.0	452.0	8	0.13	0.10	11.2	8.0
	청어	163.0	70.6	19.3	157	8.5	3.35	10.78	0.3	94.0	87.0	225.0	2.3	118.0	290.0	69	0.03	0.25	6.3	13.0
연체류	낙지	53.0	87.0	11.1	523	0.5	−	−	0.2	104.0	18.0	128.0	0.7	338.0	177.0	0	0.02	0.08	1.4	16.0
	문어	74.0	81.5	15.5	1,238	0.8	0.07	0.17	0.2	128.0	31.0	188.0	1.0	211.0	300.0	0	0.03	0.12	2.2	16.0
	오징어	95.0	77.5	19.5	1,266	1.3	0.14	0.25	0.0	228.0	25.0	273.0	0.5	181.0	260.0	2	0.01	0.08	2.5	7.7
	주꾸미	52.0	86.8	10.8	797	0.5	−	−	0.5	241.0	19.0	129.0	1.4	−	−	14	0.03	0.18	1.6	16.0
갑각류	꽃게	74.0	81.4	13.7	1,150	0.8	0.11	0.27	2.0	105.0	118.0	182.0	3.0	304.0	360.0	1	0.04	0.07	2.6	44.0
	새우 (중하)	94.0	77.2	20.1	1,455	0.9			0.1	159.0	77.0	260.0	2.6	270.0	240.0	0	0.00	0.09	2.4	3.0
	바닷가재	126.0	74.1	15.5	1,701	5.1			3.0	91.0	230.0	256.0	15.8	124.0	320.0	38	0.07	0.39	2.6	9.0
조개류	가리비	80.0	80.4	13.0	1,210	1.0	0.13	0.30	3.8	40.0	53.0	195.0	1.0	294.0	266.0	25	0.05	0.33	1.6	87.0
	굴	88.0	80.4	10.5	736	2.4	0.30	0.64	5.1	74.0	84.0	150.0	3.8	270.0	220.0	10	0.08	0.28	4.5	10.0
	모시조개	49.0	87.0	7.1	669	0.7			2.9	53.0	75.0	91.0	4.5	557.0	172.0	10	0.04	0.22	1.2	78.2
	소라	95.0	76.7	18.0	1,209	0.9			2.5	106.0	39.0	133.0	3.1	459.0	280.0	60	0.04	0.23	1.7	16.0
	전복	79.0	80.6	12.9	782	0.7	0.04	0.07	4.7	136.0	23.0	123.0	1.9	102.0	107.0	3	0.19	0.11	1.4	22.0
	홍합	69.0	82.8	9.7	769	1.2	−	−	4.0	49.0	62.0	98.0	5.7	262.0	280.0	30	0.02	0.33	2.5	79.5

자료 : 식품 영양소 함량 자료집, 2009

1) 당질

어류의 당질 함량은 1% 이하로 낮으나 갑각류와 조개류의 근육에는 글리코겐이 3~5% 정도 들어 있다. 글리코겐이 포도당으로 분해되어 굴, 조개류 등의 단맛을 내어 어패류 요리의 국물 맛에 좋은 영향을 준다. 또한 어패류에는 숙신산(succinic acid, 호박산)이 함유되어 감칠맛을 내는데, 조개류에 많이 들어 있다.

2) 단백질

어패류의 단백질은 우수한 급원으로 어류는 보통 17~25%, 오징어, 낙지 등의 연체류는 13~18%, 조개류는 7~15%의 단백질을 함유한다. 육류와 같이 모든 필수아미노산을 함유하고, 특히 육류에 비해 라이신(lysine)을 많이 함유하고 있다. 어육 단백질은 염용해성으로 생선살에 2~3%의 소금을 넣어 으깨면 생선 단백질이 녹아 응고되어 어묵이 된다.

3) 지질

지질 함량은 생선의 종류와 계절에 따라 차이가 난다. 저지방 생선은 지질 함량이 2% 이하로 광어, 명태, 빙어, 참치 등이 속하고, 고지방 생선은 지방 함량이 5% 이상으로 갈치, 고등어, 꽁치, 청어, 연어, 정어리 등이 속한다. 제철 생선과 산란 1~2개월 전에 지질 함량이 가장 많고, 산란 후에는 지질과 단백질 함량이 줄고 수분 함량이 많아져서 맛이 떨어진다. 어류 중에서 담수어보다 해수어가, 흰살 생선보다 붉은 살 생선의 지질 함량이 높다. 또한 어류의 지질 함량은 부위에 따라 달라지는데, 참치는 등 쪽에 비해 배 쪽에 지질이 많으며, 참치의 뱃살은 지질 함량이 20% 이상이 되어 입에서 녹을 정도로 맛이 좋다.

어류의 지질은 불포화지방산이 80%를 차지하며, 고도불포화지방산 중 EPA(eicosapentaenoic acid)와 DHA(docosahexaenoic acid)는 등푸른 생선에 많다. 그러나 다량의 불포화지방산이 많은 것으로 인해 어류의 산화와 산패가 쉽게 일어나므로 신선도 유지에 주의해야 한다.

알아보기

EPA(eicosapentaenoic acid)

등푸른 생선에 다량 함유되어 있으며, 고지혈증 개선, 혈중 콜레스테롤 저하, 각종 암을 억제하고, 혈압저해, 면역 증강작용, 뇌를 활성화하는 역할을 한다.

DHA(docosahexaenoic acid)

고지혈증·중추신경계 개선, 항암, 혈소판 응집 억제의 작용, 기억력과 학습능력을 향상되게 한다.

4) 비타민과 무기질

　어류에는 비타민 B_1, 비타민 B_2, 나이아신의 함량이 연체류, 갑각류, 조개류보다 많고, 지방이 풍부한 생선은 비타민 A의 좋은 급원이며, 어유와 간유는 비타민 A와 D의 우수한 급원이다. 비타민 A와 D는 크기가 큰 생선일수록, 산란기에 가까울수록 많아진다. 굴, 조개, 바닷가재 등에는 칼슘과 요오드(I)가 많이 들어 있다.

🔍 **알아보기**

겨울에 굴이 더 맛있는 이유와 굴을 먹는 시기는?

굴은 바다의 우유라고 할 정도로 영양가가 많고, 겨울철의 굴은 저장성 탄수화물 성분인 글리코겐(glycogen) 함량이 많기 때문에 더 맛이 있다. 특히 겨울철 석화굴은 인기가 많다.
서양에서 굴은 알파벳 'R'이 들어간 월에만 먹는다고 알려졌다. 즉 5월(May), 6월(June), 7월(July), 8월(August)은 굴을 먹으면 안 되는 시기로 이때는 굴의 산란시기이고, 식중독에 걸리기 쉽기 때문이다.

5) 색소성분

　어류의 색소는 헤모글로빈(hemoglobin), 미오글로빈(myoglobin), 사이토크롬(cytochrome)의 수용성 색소단백질과 지용성의 카로티노이드(carotinoid)로 나눠진다. 붉은 살 생선은 주로 색소단백질에 의한 것이고, 보통 어육에는 헤모글로빈이 거의 없고, 미오글로빈이 대부분이다. 연어와 송어의 붉은색은 카로티노이드색소인 아스타크산틴(astaxantine)으로 물에 용해되지 않고 가열해도 색이 크게 변하지 않는다. 새우나 게 등의 갑각류 껍질을 가열하면 빨갛게 변하는 이유는 아스타크산틴이 유리 산화되어 적색의 아스타신(astacin)으로 분해되기 때문이다.

　갑각류을 익혔을 때 나타나는 붉은색은 아스타크산틴이며, 노란색은 루테인(lutein)이다. 오징어의 먹물은 멜라닌(melanin)이고, 오징어와 낙지의 표피색소는 트립토판(tryptophan)에서 나온 오모크롬(omochrom)이다. 산오징어의 표피에는 갈색색소포가 존재하나 죽으면 색소포가 수축되어 백색으로 된다. 갈치 껍질의 은색은 구아닌(guanine)과 요산이 섞인 침전물이 빛을 반사하기 때문이다.

6) 맛성분

어패류의 맛성분으로는 유리아미노산, 펩티드(peptide), 뉴클레오펩티드(nucleo-peptide), 염기류 및 유기산 등이 있다. 붉은 살 생선이 흰살 생선보다 농후한 맛을 내는 것은 지방성분을 포함한 맛성분을 많이 함유하기 때문이다. 오징어, 낙지, 새우 등에는 맛성분인 타우린(taurine)과 베타인(betaine)이 많이 함유되어 특유의 단맛과 구수한 맛을 낸다. 또한 조개류의 호박산(succinic acid)은 독특한 국물 맛을 낸다.

알아보기

타우린

혈중 콜레스테롤의 저하, 혈압 강하, 심장 강화, 간장의 해독능력 향상, 항동맥경화작용을 한다.

타우린 함량 : 새우 대하 311mg%, 오징어(건) 1,259mg%, 문어(건) 4,389mg%

7) 냄새성분

어류에는 트리메틸아민 산화물(trimethylamine oxide, TMAO)이 함유되어 있으며, 담수어보다는 해수어에 많이 함유되어 있다. 해수어에는 사후시간이 경과하면 생선의 표피, 아가미, 내장의 세균효소에 의하여 트리메틸아민 산화물(TMAO)은 환원되어 트리메틸아민(trimethylamine, TMA)을 생성하면서 불쾌한 냄새가 나게 된다. 담수어의 불쾌한 냄새는 라이신(lysine)에서 생긴 피페리딘(piperidine)에 의한 것이다.

생선은 신선도가 떨어지면 트리메틸아민(TMA)의 양이 증가하고 암모니아(ammonia)도 생성되며, 부패하면 황화수소(H_2S), 인돌(indole), 스카톨(scatole), 메틸머캅탄(methylmercaptane), 지방산 등이 생성되어 악취를 낸다.

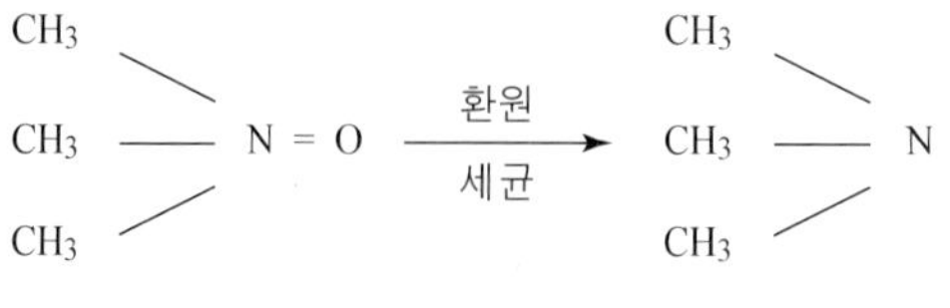

$$CH_3 \quad CH_3$$
$$CH_3 \text{---} N=O \xrightarrow[\text{세균}]{\text{환원}} CH_3 \text{---} N$$
$$CH_3 \quad CH_3$$

트리메틸산화물　　　　　　트리메틸아민
(TMAO)　　　　　　　　　(TMA)

그림 12-1 》 **트리메틸아민(TMA)의 생성과정**

3. 어류의 선도와 선택

　어류의 사후변화는 육류나 가금류보다 빠르게 일어나므로 선도의 저하속도가 빠르고, 조직이 연하여 세균의 침투가 용이하므로 변질이 쉽게 일어난다. 따라서 생선을 선택할 때 반드시 선도가 높은 것을 선택해야 하고 보관 시 유의해야 한다.

1) 신선한 어류의 선택

　생선의 선도 판정법은 관능적 선도 판정법, 이화학적 선도 판정법, 세균학적 선도 판정법이 있다.

(1) 관능적 선도 판정법

　관능적 선도 판정법은 표 12-3과 같이 생선의 선도를 판정하는 기준에 의해 평가하는 방법이다. 냉동생선을 구입할 때도 단단히 얼어 있는 상태의 것을 구입하고, 조리할 때까지 계속 냉동상태로 보관해야 한다. 해동한 생선은 다시 재냉동하지 않도록 한다. 게나 조개류를 구입할 때도 살이 있는 것을 구입하여 조리할 때까지 살아 있도록 하는 것이 좋다.

표 12-3 》 **생선의 선도 판정 시 기준**

분류	내 용
눈	● 안구가 외부로 돌출하고 투명한 생선의 눈은 신선하다. ● 상할수록 눈이 흐리고 각막은 눈 속으로 내려앉는다.
아가미	● 신선한 생선의 아가미는 선명한 적색이며, 냄새도 불쾌하지 않다. ● 선도가 떨어지면, 적색에서 회색에 가까운 색이 되고, 점액질의 분비가 많아지고 부패취가 증가한다.
표면	● 비늘은 밀착되어 있고, 신선한 생선의 표면은 광택이 있다. ● 선도가 저하되면 점액질의 분비가 증가해서 생선 특유의 불쾌한 냄새가 난다.
복부	● 신선한 생선의 복부는 탄력성이 있다.
근육	● 신선한 생선의 근육은 탄력성이 있고, 살이 뼈에서 쉽게 떨어지지 않는다.
냄새	● 신선한 생선은 바닷물 냄새가 난다. ● 신선도가 떨어지면 비린내가 나고 더 심하면 시큼한 냄새와 암모니아 냄새가 난다.

(2) 이화학적 선도 판정법

　이화학적 선도 판정법은 실용성이 있으나 시간과 비용을 요하며, 복잡한 실험과정을 거친다. 암모니아, 트리메틸아민, 휘발성 염기질소의 양을 측정하는 것, 인돌, 휘발성 유기산, 히스타민 정량 분석하는 방법 등이 있다.

(3) 세균학적 선도 판정법

어체의 세균 수를 측정하고 그 번식 정도에 따라 진행상황을 판정하는 방법으로, 어패류의 오염지표로써 활용한다.

2) 어육의 사후경직과 자가소화

어육도 육류처럼 사후시간이 경과되면 그림 12-2와 같이 경직되기 시작한다. 경직상태가 얼마간 계속된 후 경직이 서서히 풀리고 어육은 연화된다. 어류의 사후경직은 사후 1~7시간에 시작되어 5~22시간 지속된다. 붉은 살 생선이 흰살 생선보다 사후경직이 빨리 시작되고 경직시간도 짧다.

사후경직이 끝나면 어육은 연화되기 시작하는데, 어육의 단백질 분해효소의 작용으로 어육 단백질이 분해되기 시작하는데 이것을 자가소화(autolysis)라고 한다. 어육의 자가소화는 높은 온도에서는 빨리 진행되나 낮은 온도에서는 천천히 진행된다. 냉동상태가 되면 꽤 오랜 시간이 지연되나 기름이 많이 함유된 생선은 냉동상태에서도 리파아제(lipase)가 활발히 작용하여 품질저하의 원인이 된다. 어육은 수육보다 그 조직이 연해서 자가소화가 일어나면 맛이 저하된다.

따라서 어육은 자가소화가 일어나기 전인 경직상태에서 조리하도록 한다. 어육의 부패 속도와 상태는 생선의 종류와 보관상태, 내장의 유무에 따라 다르다. 담수어는 해수어보다 부패과정이 빠르며, 부패취도 다르다. 얼음을 채우거나 냉장고에 넣어두었을 때보다 빙수에 담가두었을 때 쉽게 부패가 발생한다. 이것은 혐기성 부패가 진행되기 때문이다. 또한 전체 생선보다 토막 친 생선이나 살을 저민 생선의 세균오염이 더 잘 일어나므로 보관 시 주의한다.

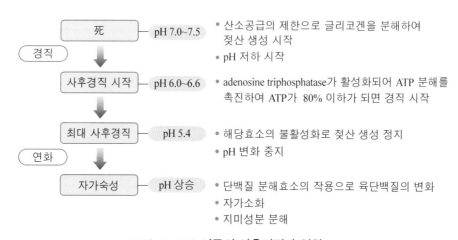

그림 12-2 》 어류의 사후경직과 연화

4. 어패류의 조리

　어패류는 육류 및 가금류보다 결체조직이 적어서 조리시간이 짧은 편이다. 구이, 튀김, 찜, 찌개, 회 등의 종류가 있다. 어패류 조리 시 생선의 비린내를 제거하는 것과 생선을 너무 익혀서 질겨지지 않도록 주의해야 한다.

1) 전처리

　생선은 우리나라, 일본, 서양조리에 따라 전처리 방법이 다르다. 우리나라와 일본에서는 습열조리를 많이 하기 때문에 조림용의 통썰기나 전이나 지지기용의 포(fillets)뜨기를 많이 하고, 서양에서는 굽기, 튀기기를 많이 해서 포뜨기나 토막썰기가 발달하였다.

　서양조리에서 생선을 다듬을 때 사용되는 용어는 다음과 같다. 통생선(whole fish), 내장을 제거한 생선(drawn fish), 머리, 꼬리, 지느러미를 제거하고 비늘을 없앤 생선(dressed fish), 통썰기를 한 생선(fish steaks), 생선의 배 쪽을 잘라 2장을 펴놓은 생선(butterfly fillets), 등을 가르고 넓적하게 2장으로 저민 생선(fillets), 각썰기(fish sticks) 등이 있다(표 12-4).

표 12-4 》 생선 손질하는 모양

썰기방법	손질한 모양	썰기방법	손질한 모양
통생선(whole fish)		손질된 생선(drawn fish) : 머리, 내장 제거	
손질된 생선(dressed fish) : 머리, 꼬리, 비늘, 지느러미 제거		통썰기로 자른 생선 (fish steak, 서양식)	
통썰기로 자른 생선 (한국식)		나비모양으로 저민 생선 (butterfly fillets)	
두 장으로 저민 생선 (fish fillets, 3장 뜨기)		3장 뜨기는 가운데 뼈를 한 장으로 간주한 손질법	
네 장으로 저민 생선 (fish fillets, 5장 뜨기)		5장 뜨기는 가운데 뼈를 한 장으로 간주한 손질법	
막대모양으로 자른 생선(fish sticks)			

바닷가재의 손질법은 그림 12-3과 같이 세로로 자르는 방법과 꼬리의 껍질을 자르는 방법 등이 있다.

세로로 자르는 방법

자료 : http://www.rawfish.com.au/lobster-mornay/

랍스터 꼬리의 껍질을 자르는 방법

그림 12-3 》 **랍스터(바닷가재) 손질법**

자료 : http://www.lobsterhelp.com/south-african-lobster-tails.htm

생선을 오랫동안 손으로 만지면 체온이 생선에 전해져 상할 수 있기 때문에 빠른 시간에 전처리를 하고, 전처리하는 조리실의 온도를 낮게 하여 전처리 중 생선이 오염되지 않도록 유의한다. 큰 생선일수록 조리하기 전에 꼬리부분을 잘라 피를 완전히 제거해야 한다.

조개류는 몸 안에 모래나 진흙 등이 있기 때문에 사용 전에 해감을 해야 한다. 즉 조개류를 2% 농도의 소금물에 1~2시간 정도 담가두면 입을 벌리고 모래나 진흙이 빠져나온다. 그러나 3% 정도인 바닷물보다 짠 소금물에 담그면 삼투압에 의해 수분이 빠져 조갯살이 질겨지므로 주의한다.

알아보기

제철 어패류

계 절	어패류
봄	꽃게, 낙지, 대합, 도미, 멍게, 붕어, 숭어, 조기, 참치, 해조류
여름	농어, 멸치, 미더덕, 민어, 성게, 새우, 소라, 장어, 전갱이, 전복, 참치, 홍어
가을	가자미, 갈치, 고등어, 꽁치, 꽃게, 생태, 송어, 연어, 오징어, 새우, 정어리, 조개, 해조류
겨울	가자미, 굴, 김, 낙지, 넙치, 대구, 명태, 문어, 미역, 방어, 삼치, 아귀, 잉어, 참치, 해조류, 홍합

해안별 어패류

구 분	어패류
동해안	가오리, 가자미, 꽁치, 명태, 문어, 오징어, 임연수, 정어리, 청어
남해안	갈치, 고등어, 멸치, 삼치, 옥돔, 조기, 전복
서해안	꼬막, 꽃게, 새우, 주꾸미
원양어업	참치

2) 어취 제거방법

어취는 어체의 근육 중 수분과 혈액 중에 존재하며, 불쾌한 어취는 트리메틸아민의 함량과 비례한다. 생선 비린내의 주성분은 수용성인 트리메틸아민으로 생선 손질 시 물로 씻어 불순물과 비린내 성분을 없앤다. 비늘, 아가미, 내장 순으로 제거한 후 소금물로 깨끗이 씻는다. 이렇게 하면 짠맛을 주고, 단백질의 일부를 응고시켜 맛성분이 빠져나가는 것을 방지한다. 생선 조리 시 비린내를 제거하는 방법은 표 12-5와 같다.

표 12-5 》》 어취 제거방법

제거방법	식품학적 설명
물로 씻기	● 생선을 물로 씻으면 수용성인 트리메틸아민과 암모니아취가 제거된다. ● 구수한 맛성분의 용출을 막기 위해 토막내기 전에 씻는다.
마늘, 양파, 파	● 이 종류의 채소에는 강한 향미성분인 황화알릴류가 있어 비린내를 둔화시킨다.
생강	● 생강의 매운맛인 진저론(zingeron)과 쇼가올(shogaol)이 미각을 둔화시키고 어취물질을 변성시킨다. ● 어육 단백질은 생강의 탈취작용을 저해하므로 어육 단백질을 가열 변성시킨 후에 생강을 넣는 것이 효과적이다. ● 생강의 여러 효소들이 트리메틸아민과 결합하여 다른 물질로 변화한다.
산 (식초, 레몬즙)	● 산과 알칼리성인 트리메틸아민 결합으로 비린내가 제거된다. ● 서양 조리 시 생선에 레몬을 곁들이는 것은 이런 이유 때문이다.
술 (정종, 포도주)	● 비린내가 알코올과 같이 날아가면서 비린내를 없앤다. ● 알코올의 호박산은 어육 단백질의 응고를 촉진시킨다.
겨자, 고추, 고추냉이 (와사비), 후추	● 겨자의 알릴 머스터드 오일(allyl mustard oil), 고추의 캡사이신(capsaicin), 고추냉이(와사비)의 알릴이소티오시안산(allylisothio-cyanate), 후추의 피페린(piperin)은 강한 매운맛을 내며, 이런 맛이 혀를 마비시켜 어취를 약화시킨다.
무	● 생선을 조릴 때나 회를 담을 때 무를 사용한다. ● 무는 메틸메르캅탄(methyl mercaptan)과 머스터드오일(mustard oil)이 있어 어취를 억제하는 효과가 있다.
미나리, 쑥갓, 파슬리, 풋고추, 피망	● 방향과 강한 맛을 지녀서 비린내를 약화시킨다.
간장, 고추장, 된장	● 간장의 염분은 단백질을 응고시켜 어육에 탄력을 갖게 되고, 양념간장에 담가두면 비린내가 용출된다. ● 된장이나 고추장의 강한 향미는 어취를 감추게 하지만, 흡착력과 점성이 강하므로 다른 조미료와 같이 사용할 경우 나중에 넣는다.
우유	● 생선을 조리하기 전에 우유에 담가두면 어취가 약화된다. ● 우유 단백질인 카제인(casein)의 흡착성이 강하여 트리메틸아민을 흡착시키므로 비린내가 제거된다. ● 서양 조리에서 우유를 사용한 생선 소스로 뱅블랑 소스(vin blanc sauce), 베샤멜 소스(bechamel sauce) 등이 있다. ● 한국에서는 신선로의 처녑전, 간전 등을 만들 때 우유에 담가 냄새를 제거한다.

3) 어류의 조리방법

(1) 생식(회)

어패류 회에는 신선한 재료를 익히지 않고, 초간장, 초고추장 등에 찍어 먹는 생회와 끓는 물에 데쳐 익혀 먹는 숙회가 있다. 생회에는 광어, 도미, 민어, 방어 등의 생선과 굴, 해삼, 조개 등의 패류가 널리 사용된다. 신선해야 하고, 위생적으로 손질해야 한다. 생선회는 생선의 비늘과 내장을 제거하고, 포를 떠서 살만 결대로 썰어서 제공한다. 포가 익지 않을 정도의 뜨거운 물을 순식간에 뿌린 다음 얼음물에 담갔다가 건지면 생선 비린내를 효과적으로 없앨 수 있고 경직도 잘 유지된다.

흰살 생선은 붉은 살 생선보다 결합조직 단백질이 많기 때문에 육질이 질기므로 회를 할 때 가늘고 얇게 썬다. 사후경직 중에 먹게 되는 활어회는 얇게 썰어 먹고, 참치회처럼 사후경직 후에 먹는 회는 냉동상태에서 두껍게 썰어 먹는 것이 좋다. 생선도 사후경직이 있기에 포를 떠서 위생 타월로 싸서 냉장고에 1~2시간 저장한 후 포를 뜨면 가장 맛있게 먹을 수 있다. 이는 전문 일식당에서 하는 방법이다. 회를 분류하면 표 12-6과 같다.

표 12-6 》》 회의 분류

구분	방법	특징	선호도
활어회	살아 있는 생선을 먹는 회	● 육질이 단단(씹힘성이 좋음) ● 미각(감칠맛)이 최저	한국인이 선호함
싱싱회	포를 떠서 5~10시간 냉장 후 먹는 회	● 육질이 단단 ● 미각이 상승	
선어회 (숙성회)	활어회를 죽여서 저온 보관하면서 3~4일까지 먹는 회	● 육질이 퍼석거림 ● 미각이 최대	일본인이 선호함

자료 : (사)한국생선회협회(http://www.whe100.org/kafa.php?id=singsing)

씹힘성은 죽은 후에 5~10시간까지 근육의 수축으로 약간 상승하나 그 이후에는 감소하여 하루가 지나면 저하된다. 감칠맛은 활어회에는 이노신산(IMP : inosine monophosphate)의 양이 극미량이나, 사후 저장 중에 이노신산이 증가하여 하루가 지나면 최대값이 되고, 3~4일간 유지되다가 감소한다.

싱싱회의 장점은 활어회보다 가격이 1/2~2/3 정도 저렴하고, 활어회보다 감칠맛이 우수하고 육질이 단단하다는 것이다. 또한 위생처리 후 진공포장하여 저온보관 및 수송을 하므로 비브리오 패혈증을 예방할 수 있다. 그림 12-4는 냉장 중인 생선회의 씹힘성과 감칠맛의 변화를 보여주고 있다.

회를 섭취하는 우리나라와 일본의 생선회 식문화 차이는 표 12-7과 같다.

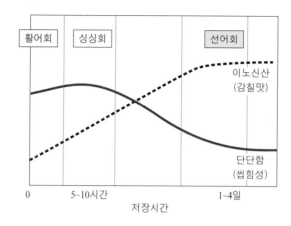

그림 12-4 》》 냉장 중에 일어나는 생선회의 씹힘성과 감칠맛의 변화

자료 : (사)한국생선회협회

표 12-7 》》 우리나라와 일본의 생선회 식문화 차이

구분	우리나라	일본
활어회 · 선어회	활어회를 선호	선어회를 선호
씹힘성 · 미각	육질이 단단해서 씹힘성이 좋은 흰살 생선을 선호(광어, 우럭, 농어, 도미 등)	육질이 연하지만, 맛 성분이 많은 붉은 살 생선회를 선호(방어, 참치, 전갱이 등)
생선회 문화 · 초밥의 문화	생선회와 초밥의 비율이 8:2로 생선회를 선호	선어회와 초밥의 비율이 2:8로 초밥을 선호

자료 : (사)한국생선회협회(http://www.whe100.org/kafa.php?id=singsing)

 알아보기

세꼬시(背越)란?

'세꼬시'란 '작은 물고기의 머리, 내장 등을 제거하고 3~5mm 정도의 두께로 뼈를 바르지 않고 (뼈째로) 자르는 방법'을 뜻하는 일본말이다. 뼈가 약하게 씹히는 거친 맛과 감칠맛이 돈다. 기름과 마늘을 두른 막장이나 파를 썰어 넣은 초고추장에 찍어 먹는다. 활어의 쫄깃쫄깃한 살 맛을 강조한 일반 회와 확실히 구분되는 맛이다. 이 말이 경상도로 건너와 '세꼬시'가 되었으며, 여수에서는 '뼈꼬시'라 부른다.

알아보기

사시미(Sashimi)와 세비체(Ceviche, Seviche, Cebiche)

'사시미'는 '회'를 말하고, '스시(sushi)'는 '회를 밥에 얹어 먹는 것'으로 아주 신선하고, 최고급 품질의 생선이 사용된다. '세비체'는 라틴아메리카(Latin America)의 전채요리로 날 생선을 라임주스나 레몬주스에 양념한 것이다. 라임주스의 산이 생선의 살을 단단하게 하고 불투명하게 변화시킨다. 양파, 토마토, 녹색 고추를 양념에 넣는다. 아주 신선한 생선이 사용되며, 도미, 가자미 등이 사용된다.

사시미와 세비체는 숙련된 조리사에 의해 취급되어야 하는데 왜냐하면 아니사키아시스(anisakiasis) 식중독(생선회, 오징어, 새우 등을 날로 먹거나 완전히 익혀 먹지 않을 때 생길 수 있는 식중독으로 사람이 목(인후) 근방에서 간지러움을 느끼거나 기침을 하기도 함)에 감염될 우려가 있기 때문이다.

자료 : Brown A.(2008), Understanding food, Thomson Wadsworth, p. 181

(2) 습열조리법

① 숙회

숙회로 먹는 어패류에는 오징어, 낙지, 문어, 새우 등의 연체류와 갑각류 및 패류가 많으며, 숙회는 필요에 따라 껍질을 제거하고 끓는 물에 데친 다음 초고추장을 찍어 먹는다.

② 조림

조림은 생선 속에 양념장이 배어들어 맛을 내는 조리법으로 간이 잘 배고 비린내가 나지 않고 형태를 잘 유지하도록 하는 것이 중요하다. 해수어 중 조기, 대구, 가자미, 도미 등의 흰살 생선은 지방 함량이 적고 살이 연하며 맛이 담백하여 신선한 생선을 조릴 때와 같이 양념을 담백하게 하고, 단시간 가열하여 생선 자체의 맛을 낼 수 있도록 한다.

정어리, 고등어, 연어 등 붉은 살 생선은 흰살 생선에 비해 근육이 단단하며, 지방 함량이 많고, 어취도 강하므로 신선도가 낮은 생선을 조리할 때와 같이 양념을 진하게 하고, 조금 오래 가열하는 것이 좋다. 너무 오래 가열하면 단백질의 응고로 단단해져서 생선이 질겨지고, 생선의 수분이 빠져나와 생선의 맛이 거칠고 맛도 떨어진다. 조림 시 처음에는 뚜껑을 열고 끓여 비린 맛이 날아간 후에 뚜껑을 덮고 끓여야 비린내가 덜 나고 맛있는 생선조림이 된다.

표 12-8 》》 어류의 신선도에 따른 조리는 법

구분	조미액			특징
	염도	설탕	술	
신선한 어류	생선 중량의 1~2%	생선 국물의 1%	생선 중량의 5~7%	● 조림액을 담백하게 한다. ● 생선의 신선한 맛을 국물에 침투시킨다.
신선도가 낮은 어류	생선 중량의 2~2.5%	생선 국물의 1.5~2%	생선 중량의 10%	● 조림액을 강하게 한다. ● 조림액의 맛을 생선에 침투시킨다.

자료 : 송주은·현영희·변진원(2001), 최신조리원리, 백산출판사, p. 186

③ 찌개

생선찌개는 비린내가 나지 않고 살이 단단한 대구, 우럭, 생태, 동태, 민어, 광어 등의 흰살 생선이 많이 사용된다. 신선한 생선을 손질한 후에 소금을 조금 뿌려 살이 단단해지고, 간이 배게 한다. 생선 외에도 조개류, 꽃게, 낙지, 오징어, 소라, 홍합 등의 해물을 넣으면 국물 맛이 구수해진다. 특히 찌개에 랍스터, 새우, 꽃게 등의 갑각류를 넣으면 구수한 맛이 증가한다. 생선찌개를 끓일 때에는 국물이 끓을 때 생선을 넣고, 5~10분간 더 끓여야 국물이 맑고 생선살이 단단하게 익고 국물 맛이 좋다. 생선을 너무 오래 끓이면 생선살이 단단해진다.

④ 포칭

생선을 얕은 팬에 놓고 생선육수를 붓고, 기름종이를 올려놓고, 시머링하며 익히는 조리법이다. 재료가 익은 후 건져내고, 남은 액체를 졸여 소스로 사용한다. 양식의 솔 모르네(sole mornay)가 대표적인 예로 적은 양의 액체에 포칭(shallow-poaching)에 해당한다. 연어 필레는 쿠르부용(court-bouillon)에 완전히 담가 익히는 조리법으로 남은 액체를 이용하지 않으며, 많은 양의 액체에 포칭(submerge-poaching)

알아보기

해산물(새우, 랍스터 등)을 어떤 국물에 데쳐야 맛이 좋나요?

court-bouillon(불어로 쿠르부용, sour broth, 신 국물)이라는 국물에 해산물을 딥포칭하면 해산물의 맛이 좋아진다. 찬물, 레몬, 소금, 양파, 당근, 타임, 월계수잎, 파슬리 줄기, 통후추를 넣고 끓인 향미 있는 액체를 쿠르부용이라고 한다.

에 해당한다.

(3) 건열조리법

① 구이

구이는 조미하는 방법에 따라 소금구이와 양념구이로 나눌 수 있다. 소금구이는 작은 생선은 통으로 굽고, 큰 생선은 토막을 내어 소금에 절였다가 굽는다. 양념구이는 주로 지방 함량이 많은 생선에 이용하며, 생선을 어느 정도 구운 후에 양념장을 발라가며 굽는다.

생선구이할 때 석쇠를 먼저 가열한 후 생선을 놓아야 석쇠에 생선살이 달라붙지 않는다. 또한 강한 불로 멀리서 구워야 노릇노릇하게 잘 구워진다. 강한 불로 가까이에서 구우면 타기 쉽고, 약한 불로 오래 구우면 수분이 빠져나가 외관도 나쁘고 맛이 떨어진다. 생선은 약 60% 정도 익었을 때 뒤집고, 여러 번 뒤집지 않는다. 큰 생선일 경우 칼집을 넣어 굽는 것이 좋다.

생선에 소금을 뿌리면 생선 단백질이 응고되어 영양과 맛 성분의 용출이 억제되고, 조직을 단단하게 해서 부스러짐을 방지한다. 후추를 뿌리면 비린내가 감소한다.

② 소테잉(sauteing)

가자미 필레를 소금과 후추로 간한 후에, 밀가루를 얇게 묻혀 정제버터를 두른 프라이팬에 앞뒤를 익힌다. 버터소스와 파슬리찹을 뿌려 제공한다. 이 음식을 생선 뫼니에르(fish meunière)라고 한다.

③ 전

생선전에는 민어, 광어, 대구, 동태 등 흰살 생선을 사용하며, 3장 뜨기를 하고 얇게 편으로 만들어 사용한다. 생선에 소금과 후추로 양념을 하면 소금은 생선살을 응고시켜 쉽게 부서지지 않게 하고, 후추는 비린내를 제거한다.

생선살에 소금을 뿌리면 단백질을 응고시켜 부서지지 않아 좋지만, 시간이 오래되면 탈수가 일어나 질감이 퍽퍽해지고, 수분 때문에 밀가루를 입히기 어렵다. 따라서 20분 전에 소금을 뿌려 수분을 제거하고 밀가루를 입힌 후, 달걀물에 담갔다가 달군 번철에 기름을 두르고 지진다. 지지는 동안 어취가 증발되고 가열시간이 짧으므로 단백질이 적절히 응고되며, 달걀이 생선형태를 더욱 잘 유지시켜 준다.

알아보기

은대구와 메로

은대구(sablefish)와 메로(Pataronian tooth fish)는 값비싼 생선으로 고급 요리재료로 사용된다. 메로는 러시아의 심해에서 잡히는 우유빛을 띠는 원해어로 크기는 2~100kg까지 다양하다. 은대구는 이름이 은대구이나 대구과에 속하지 않고 오히려 농어과에 가깝다. 은대구는 ω-3 함량이 높아 기름기가 많으나 전혀 비릿함이 없고, 아주 담백하며 고소하다. 은대구와 메로는 구이, 찜, 조림으로 많이 사용된다.

④ 튀김

튀김요리에는 지방 함량이 적은 흰살 생선이 적합하다. 튀김 방법에는 밀가루, 달걀을 섞은 묽은 반죽(batter)에 생선을 입혀 튀기는 생선 프리터(fish fritter)와 생선에 간한 후에 밀가루, 달걀물, 빵가루를 묻혀서 튀기는 생선 커틀릿(fish cutlet)이 있다.

알아보기

새우의 이름에서 숫자가 무엇을 의미하나요?

새우 구입 시 한 봉이나 한 박스에 담게 되는데, 'count per pound'의 의미이다. 즉 새우가 21/25, 31/40, 51/60의 이름으로 판매되는데, 1파운드(453.6g)에 들어 있는 새우의 숫자가 21~25개, 31~40개, 51~60개 들어 있다는 뜻이다. 즉, 숫자가 많으면 새우의 크기는 작아지게 된다. 또한, 큰 새우(large shrimp)를 종종 'prawn'이라고도 부른다.

5. 어육 가공식품

1) 어묵(surimi)

어묵은 생선의 살을 으깨어 소금 등을 넣고 반죽하여 익혀서 응고시킨 식품이다. 흰살 생선이나 오징어 등이 많이 사용되며, 기름기가 많은 생선은 좋지 않다. 으깬 생선살에 소금, 설탕, 녹말, 맛술 등을 넣어 반죽한 것을 여러 모양으로 빚어 찌거나 굽거나 튀겨낸 것으로 소금의 양은 생선무게의 3% 정도가 적당하다. 소화가 잘 되고 단백질 함량이 높은 식품이나 상하기 쉬우므로 반드시 냉장 보관해야 한다.

2) 젓갈(salted seafood)

한국은 3면이 바다에 면하고 있어 각종 어패류가 많아서 일찍부터 젓갈이 다양하게 개발되었다. 젓갈은 어패류의 살, 알, 창자 등을 소금에 짜게 절여 맛들인 식품으로 부패되지 않게 저장하는 것이다. 식염농도는 고염젓갈(재래식 젓갈)의 경우 14~20%이고, 저염젓갈의 경우 7~10%이다. 숙성되는 동안 구성단백질이 가수분해되어 유리아미노산과 핵산 관련 물질이 생성되어 구수한 맛과 독특한 향미를 가진다.

젓갈은 밥상을 위한 밑반찬이며, 오징어젓, 곤쟁이젓, 새우젓, 조개젓, 소라젓, 밴댕이젓, 꼴뚜기젓, 대합젓, 멸치젓, 연어알젓, 명란젓, 어리굴젓, 조기젓, 창란젓, 방게젓, 멍게젓 등으로 종류가 많다. 이들은 각각 제철에 사서 항아리에 담고 재료가 완전히 덮일 만큼 소금을 켜켜이 치고 꼭 봉해서 익힌다. 새우젓, 멸치젓, 조기젓(속칭 황세기젓도 포함한다) 등은 김장할 때 주로 쓰이고, 나머지는 양념에 무쳐 밥반찬으로 쓰인다. 그중에서도 얼큰한 어리굴젓과 짭짤한 방게젓은 유명하다.

3) 식해(食醢)

생선을 토막 친 다음 소금, 좁쌀, 고춧가루, 무 등을 넣고 버무려 삭힌 음식으로 한국에서는 17세기 초부터 음식문헌에 소개되기 시작하였다. 곡식의 식(食)자와 어육으로 담근 젓갈 해(醢)자를 합쳐 표기한 것으로 한국, 중국, 일본 등지에 고루 분포하는 음식이다. 한국에서는 함경도 가자미식해, 도루묵식해, 강원도 북어식해, 경상도 마른고기식해, 황해도 연안식해 등 지방마다 약간의 차이는 있으나, 대개 기본 재료는 엿기름, 소금, 생선, 좁쌀이나 찹쌀 등이다. 여기에 고추, 마늘, 파, 무, 생강 등 매운 양념이 첨가된다.

그림 12-5 》 가자미식해

6. 생선류의 저장

1) 건조

어패류를 건조시켜 이용한 것은 굴비, 북어, 건오징어, 멸치, 뱅어포, 홍합, 조개, 문어 등 다양하다. 뜨거운 소금물에 살짝 데치거나 일광으로 건조시킨다. 건어물을 조리하기 전에 쌀뜨물에 하루 동안 담가둔 후 조리하면 쌀뜨물의 무기질이나 기타 영양성분이 건어물과의 삼투압 차이를 줄여주어 맛성분의 유출을 감소시킨다.

2) 냉장

신선한 생선은 구입 후 바로 조리하고, 냉장된 생선은 2~3일 내에 조리해야 한다. 생선은 고기의 살에 비해 부패하기 쉬우므로 장시간 보존하지 않는다. 어패류의 냉장, 냉동 시에는 생선취가 다른 음식에 전달되지 않도록 잘 포장해서 보관한다.

3) 냉동

냉동어류를 구입 시에는 단단히 얼어 있는 것을 구입하고 조리할 때까지 냉동상태로 보관하도록 한다. 냉동한 것은 −18℃ 이하에 6개월 이상 저장하지 않는다.

4) 염장

주로 생선을 소금으로 간이 세게 절여서 저장해 두고 쓰는 것을 자반이라 하며, 자반고등어, 자반삼치, 자반갈치, 자반전갱이, 자반가자미, 자반송어, 자반전어 등이 있다. 생선을 자반으로 만드는 방법은 비늘, 내장, 알 등을 떼어내고 소금물로 씻어 건져 물기가 빠진 후 아가미에 마른 소금을 가득 채우고 생선몸에도 많이 뿌려서 항아리에 나란히 놓고 켜마다 소금을 뿌려 1~2일 지난 다음 간국에서 건져 꾸덕꾸덕 말려서 다시 마른 항아리에 담아 저장한다. 소금간은 저장기간을 길게 잡을수록 소금량을 많이 쓴다. 굴비는 조기를 절였다가 말린 것이고, 암치는 민어를 절였다가 말린 것이다.

알아보기

과메기(Guamegi)란?

과메기는 포항을 중심으로 동해안 일대에서 오래전부터 애용해 온 전통식품의 하나로 어원은 원래 관목인데 관목→관매기→과메기가 된 것이다. 독특한 향미와 영양적 가치로 인해 소비량이 증가되고 있다. 과메기는 원래 청어를 동절기에 자연건조하여 만들었으나 1960년대부터 청어의 어획량이 급격히 감소하고 기온이 높아져 건조조건이 맞지 않아 현재는 꽁치를 주로 사용하고 있다. 겨울철 청어나 꽁치를 바닷바람에 냉동과 해동을 반복하여 수분 함유량이 40% 정도로 건조시킨 것을 말한다.

과메기는 원재료인 청어나 꽁치보다 영양가가 높은 것으로 알려져 있으며, 원재료보다 과메기로 만들었을 경우 불포화지방산, DHA와 EPA 지방산의 양이 증가한다. 이것은 혈압 저하작용, 혈액 중 저지방 콜레스테롤 저하작용, 고지방 콜레스테롤 증가작용, 심근경색 방지, 뇌경색 방지 등 성인병 예방의 생리적인 기능을 하는 것으로 알려져 있다.

 알아보기

생선류의 영문표기

가자미	sole	**방어**	horse mackerel	**연어**	salmon
갈치	cutlass–fish/hairtail	**뱀장어**	eel	**옥돔**	tilefish
광어(넙치)	halibut	**병어**	butterfish	**임연수**	sculpin
고등어	mackerel	**복어**	globefish	**조기**	yellow corbina
고래	whale	**북어**	dried pollack	**전갱이**	a horse mackerel
꽁치	mackerel pike	**삼치**	a kind of mackerel	**정어리**	sardine
농어	seabass	**상어**	shark	**참치**	tuna
대구	cod	**생태**	pollack	**청어**	herring
도미	red snapper	**송어**	trout	**황새치**	swordfish

알아보기

생태, 북어, 코다리, 동태, 명태, 황태, 노가리, 명란젓, 창란젓

우리나라의 대표적인 수산물로 가공방법, 포획방법 등에 따라 다양한 이름으로 불린다. 생태찌개, 생태매운탕, 황태구이, 황태찜, 북어국, 북어무침, 술안주로 좋은 마른 노가리 등으로 다양하게 조리된다. 단백질이 풍부하며, 알과 창자는 각각 명란젓, 창란젓으로 이용된다. 사용방법과 시기에 따라 다음과 같은 이름으로 불린다.

이름	특징
생태	얼리지 않은 것
북어	말려서 수분이 말끔히 빠진 것
코다리	반쯤 말린 것
동태	겨울철에 잡아 얼린 것
명태	산란기 중에 잡은 것
황태	얼리고 말리는 과정을 반복해 가공한 것
노가리	명태의 새끼
명란젓	명태의 알을 사용하여 만든 젓갈
창란젓	명태의 내장을 사용하여 만든 젓갈

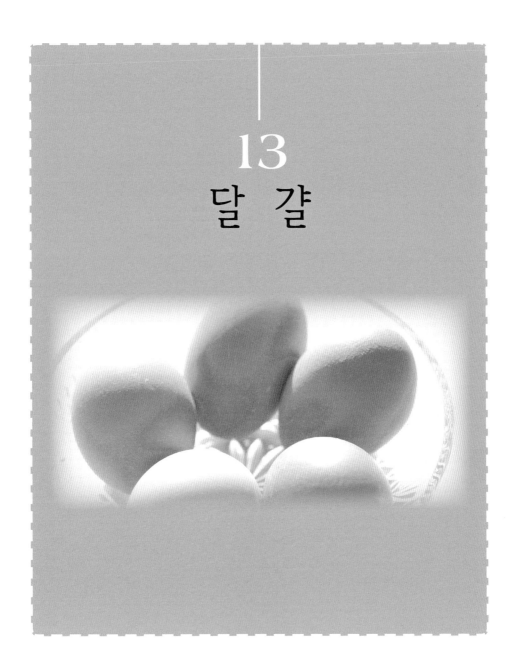

13

달 걀

13 달걀

식용 난류에는 달걀, 메추리알, 오리알, 칠면조알 등이 있고, 그중에서 달걀이 가장 많이 이용된다. 달걀에는 일반란, 영양란, 기능성란, 가공란의 4종류가 있다. 일반란은 유정란과 무정란으로 구분되며, 영양란은 특정 비타민이나 무기질을 강화한 것이고, 기능성란은 콜레스테롤 낮춤과 같은 특정 기능이 있는 것이다. 또한 가공란은 껍질을 제거한 액체란, 동결건조란, 훈제란 등이 있다. 달걀은 조리에 많이 사용되며, 응고성, 기포성, 유화성의 기능이 있고 고명으로 사용된다.

1. 달걀의 구조 및 구성성분

1) 구조

달걀의 구조는 그림 13-1과 같이 난각, 난각막, 난백(달걀흰자), 알끈, 난황(달걀노른자)으로 구성되며, 난각 10~12%, 난백 55~63%, 난황 26~33%를 차지한다. 색은 닭의 품종에 따라 달라지고, 백색, 짙은 갈색, 옅은 갈색 등이 있으며, 갈색란이 가장 많다.

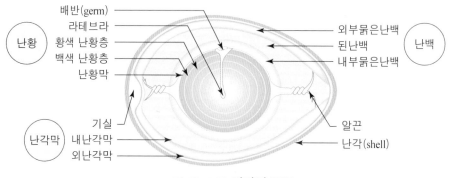

그림 13-1 》 **달걀의 구조**

(1) 난각(shell)

겉껍질인 난각은 달걀의 외부를 만들어 내부를 보호하고, 많은 기공이 있어 공기의 유통, 수분의 증발 등을 조절하며, 2겹의 난각막이 있다. 신선한 달걀은 표면이 까슬까슬한데, 이는 난각의 큐티클(cuticle)층이 있기 때문이다. 이것은 세균의 침입을 막아주지만 달걀을 물로 씻으면 층이 떨어지기 쉬우므로 달걀을 씻은 후 오래 보관하는 것은 좋지 않다. 표면이 거친 달걀은 신선한 상태를 유지하여 농후난백이 많으므로 지단을 부칠 때는 적당하지 않고, 수란을 만드는 데는 적당하다.

(2) 난백(egg white)

난백은 불투명한 액체로 점도가 높은 농후난백, 점도가 낮고 묽은 수양난백으로 나눌 수 있다. 수양난백은 딱딱한 난각과 부드러운 난황 사이에 있으며, 외부로부터 달걀의 배아를 보호한다. 신선한 달걀의 난백은 농후난백이 57.3%, 외수양난백이 23.2%, 내수양난백이 16.8%로 구성되어 있다. 시일이 지남에 따라 농후난백이 수양난백으로 변하면서 풀어진다. 난황을 둘러싸고 있는 것은 주로 내수양난백이다.

(3) 난황(egg yolk)

난황은 난황막에 의해 보호되며, 자체가 수중유적형의 유탁액이다. 이 중 레시틴(lecithin)은 유화제로서의 역할이 크다.

2) 달걀의 영양성분

달걀의 영양성분은 표 13-1과 같다. 난백은 87.1%가 수분이고 나머지는 고형분이며, 난황은 48.8%가 수분이고, 나머지가 고형물로 구성되어 있다. 주요 성분은 지질과 단백질이다. 난백 단백질은 주로 오브알부민(ovalbumin)이고, 난황의 단백질은 대부분이 인단백질이다. 난황은 약 30%의 지질을 함유하며, 그중 10%가 인지질이고 주로 레시틴과 세팔린(cephalin)으로 구성되어 있다. 그 외 난황에는 중성지질과 콜레스테롤(cholesterol)이 함유되어 있으며, 난황 1개에는 약 240mg의 콜레스테롤이 들어 있다. 난황에는 인, 칼슘이 많고, 철은 생체 내에서 이용가치가 높다. 달걀 내에는 비타민 C를 제외한 거의 모든 비타민이 들어 있다. 난백 중에 비타민 B군이 많고, 난황은 비타민 A의 좋은 급원이며, 난황의 색은 닭의 품종, 영양, 사료에 따라 달라진다.

표 13-1 >> 달걀의 영양성분 (가식부 100g당)

식품	열량 (kcal)	수분 (%)	단백질 (g)	지질 (g)	포화 지방산 (g)	불포화 지방산 (g)	콜레 스테롤 (g)	당질 (g)	무기질(mg)					비타민(mg)						
									칼슘	인	철	나트륨	칼륨	A (RE)	β-카로틴 (μg)	B$_1$	B$_2$	B$_6$	엽산 (μg)	E
전란	138.0	76.2	11.8	8.2	3.14	5.97	475.0	2.8	43.0	162.0	1.4	152.0	143.0	153	18.0	0.05	0.28	0.07	124.5	0.70
난황	353.0	51.4	15.3	29.8	8.74	16.63	1,281.0	1.8	139.0	530.0	5.4	43.0	96.0	454.0	54	0.22	0.44	0.26	146.0	3.60
난백	49.0	87.7	9.8	0.0	1.00	–	1.0	1.8	3.0	13.0	0.3	285.0	213.0	0.0	0.0	0.02	0.44	0.0	4.0	0.00

자료 : 식품 영양소 함량 자료집, 2009

3) 달걀의 색소

신선한 난백은 유백색이며, 광택이 있는 담황색으로 리보플라빈(riboflavin)에 의한다. 난황의 색은 오렌지·적·황색이 들어 있는 카로티노이드계의 지용성 색소로서 난황의 색은 사료의 영향을 받는다. 난황의 색에 따라 마요네즈를 만들었을 때 흰색, 노란색의 마요네즈가 나온다.

알아보기

달걀과 계란[鷄卵]?

달걀은 '닭이 낳은 알'이고, 계란은 '닭의 알'이란 뜻이다. 달걀은 순우리말이며, 계란은 한자 '鷄卵'에서 온 말이다. 예전에는 둘 다 표준말로 같이 쓰였지만, 지금은 국어순화 차원에서 '달걀'로 쓰기를 권장하고 있다.

채소[菜蔬]와 야채[野菜]?

채소는 '밭에서 기르는 농작물'로, 주로 그 잎이나 줄기, 열매 따위를 식용한다. 야채는 '들에서 자라나는 나물'을 뜻한다. 채소는 우리 표현인 데 반해 야채는 일본어로 '야채(野菜 : やさい, 야사이)'에서 유래되었다. 국어순화 차원에서 야채보다는 '채소'를 권장하고 있다.

2. 달걀의 품질평가

1) 외관상 평가

(1) 중량규격

달걀은 무게에 따라 5가지 규격으로 분류한다.

표 13-2 》 달걀의 중량규격

규격	왕란	특란	대란	중란	소란
중량	68g 이상	68g 미만 ~60g 이상	60g 미만 ~52g 이상	52g 미만 ~44g 이상	44g 미만

자료 : 축산물 등급판정소 기준

(2) 껍질의 상태에 의한 방법

껍질 광택의 정도, 달걀의 외관, 균열의 유무 등에 의해서도 분류한다. 신선한 달걀은 껍질이 꺼칠꺼칠하다.

(3) 투시법

달걀을 광선에 비추면 난각은 광선을 투과하므로 기실의 크기, 난황의 색, 난황의 크기, 혈란, 이물질 혼입 등을 검사한다.

(4) 비중법

신선한 달걀의 비중은 1.08~1.09이며, 신선도가 저하됨에 따라 수분의 증발로 비중이 감소된다. 그림 13-2와 같이 3~4%의 소금물에 담가서 위로 뜨는 것은 오래된 달걀이고, 수면 위로 떠오르는 것은 아주 오래된 달걀이거나 부패된 달걀이며, 가라앉는 것은 신선한 것이다.

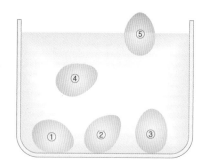

① 산란 직후의 신선한 것
② 1주일 경과된 것
③ 보통 상태
④ 오래된 것
⑤ 부패한 것

그림 13-2 》 비중에 의한 달걀의 선도 판정

2) 내용물에 의한 평가

(1) 난백계수(albumin index)

난백계수는 달걀을 평판 위에 깨뜨린 후 난백의 가장 높은 부분의 높이를 평균 직경으로 나눈 것으로 신선한 달걀의 경우 0.14~0.17이다.

(2) 난황계수(yolk index)

난황계수는 난황이 얼마나 넓게 퍼졌는가의 정도를 판정한 것으로 난황의 높이를 난황의 지름으로 나눈 값이다. 신선한 달걀의 난황계수는 0.36~0.44이다. 오래될수록 난황계수가 작아지고, 난황계수가 0.25 이하인 것은 달걀을 깨뜨렸을 때 난황이 쉽게 터진다.

(3) 호우단위(Haugh Units)

호우단위는 달걀의 무게와 농후난백의 높이를 측정하여 다음 계산식에 의하여 산출한 값을 말한다. 신선한 달걀의 호우단위는 86~90이다.

$$호우단위(H.U) = 100 \log(H + 7.75 - 1.7 W 0.37)$$
$$H = 난백높이(mm)$$
$$W = 난중(g)$$

3. 달걀의 특성

　달걀은 영양적으로 우수하고 달걀의 특성, 즉, 열에 의한 응고성, 기포성, 유화성 등을 갖고 있어서 표 13-3과 같이 다방면에 사용되고 있다. 캔디 제조 시에 섞어 설탕의 결정을 미세하게 만드는데 이를 난백의 간섭제(interfering agent) 역할이라고 한다.

표 13-3 》 달걀 특성의 이용

조리 기능성	역할	음식의 예
응고성	농후제	알찜, 커스터드(custard), 푸딩(pudding), 리에종(liaison)
	청정제	콩소메(consomme), 커피, 맑은장국
	결합제	만두소, 전, 크로켓(croquette), 커틀릿(cutlet)
기포성	팽창제	엔젤케이크(angel cake), 시폰케이크(chiffon cake), 머랭(meringue), 튀김
	간섭제	캔디, 셔벗(sherbet), 아이스크림
유화성	유화제	마요네즈, 케이크 반죽
기타	색깔	지단(흰자 · 노른자 지단)
	향기	각종 음식

1) 달걀의 응고성(coagulation)

　달걀의 난백과 난황은 가열, 산, 알칼리, 염, 기계적 교반, 방사선(γ-선) 등의 처리에 의해서 응고되는데 이것은 달걀성분 중 주로 단백질의 변성에 의해 일어나는 현상이다. 달걀의 응고에 영향을 주는 요인은 표 13-4와 같다. 달걀을 가열하면 응고되어 음식을 걸쭉하게 하므로 알찜, 소스, 커스터드, 푸딩과 같은 음식을 만들 때 농후제(thickening agent)로 이용된다. 콩소메를 만들 때 난백의 거품을 내어 사용하면 난백이 응고될 때 국물 내의 기타 물질을 응고시켜 국물이 맑게 되고, 원두커피를 난백과 같이 섞은 다음 끓이면 커피가 맑게 되어 청정제(clarification agent)로 사용된다. 달걀을 만두소에 넣으면 만두소가 서로 결착하고, 빵가루를 묻혀 튀기는 음식에 사용하면 결합제로도 사용된다.

　달걀의 응고온도는 난백은 55~57℃에서 응고하기 시작하여 60℃에서는 젤리와 같이 되고, 65℃에서는 완전히 응고된다. 난황은 65℃에서 응고하기 시작하여 70℃가 되면 완전히 응고된다.

표 13-4 》 달걀의 응고성에 영향을 주는 요인

요인	달걀의 역할
단백질의 농도	• 단백질 농도가 높을수록 응고온도가 낮고 젤은 단단하다. • 달걀에 물을 넣어 혼합하면 응고성이 감소하므로 응고온도는 높아진다.
식초	• 단백질의 등전점 부근의 pH에서 열응고성이 최대가 된다. • 난백을 산이나 산성식품과 같이 조리하면 낮은 온도에서도 쉽게 응고한다. • 수란을 할 때 식초를 가하면 난백이 쉽게 응고된다.
소금, 우유 (염 : Ca^{2+}, Na^{2+}, Fe^{2+})	• 달걀찜에 소금을 첨가하면 저온에서도 응고가 잘 일어난다. • 수란을 만들 때 물에 소금을 넣으면 응고가 잘 된다. • 커스터드를 만들 때 우유의 칼슘이 gel의 응고성에 중요한 역할을 한다.
설탕	• 설탕은 단백질을 연화시키므로 응고성을 감소시켜 응고온도가 높아진다. • 커스터드 제조 시 설탕을 30% 이상 첨가하면 gel화를 약하게 한다. 이는 설탕이 가열에 의해 단백질분자가 풀리는 것을 억제하기 때문이다.
온도	• 응고속도는 고온일수록 증가한다. • 달걀은 고온에서 가열하면 단단하고 질기고 수축이 심하지만 저온에서 가열하면 부드러우므로 낮은 온도에서 서서히 가열하는 것이 좋다.

알아보기

달걀찜에 구멍이 생기는 이유는?

고온에서 달걀 단백질이 응고되면 견고한 망상구조가 만들어지고, 그 사이를 메우고 있던 수분이 기화되면서 난액 중의 기체가 열팽창되기 때문이다. 또 간격을 메우고 있던 수분이 기계적으로 빠져나와 이장현상을 일으키기도 한다.

2) 달걀의 기포성(foaming)

난백은 물에 단백질이 분포되어 있는 점성을 띤 액체이다. 난백을 계속 거품기(whisk)로 강하게 저어주면 공기가 액체 속으로 들어가 거품이 된다. 이 성질은 여러 가지 식품의 팽창제로서 음식의 질감을 부드럽고 가볍게 하거나 큰 결정의 형성을 방지할 때 사용된다. 거품에 들어간 공기의 양이 많을수록 팽창 정도는 커진다. 난백의 기포성을 높이기 위해서는 표면장력이 작고 점도가 낮아야 하며, 거품의 안정성을 유지하기 위해서는 점성이 커야 거품의 막이 파열되지 않는다. 난백의 기포성에 영향을 주는 단백질은 글로불린(globulin)이며, 조건은 다음과 같다.

(1) 달걀의 산란기

봄과 가을에 산란된 달걀이 여름에 산란된 달걀보다 기포성이 좋아 훨씬 많은 양의 기포가 형성된다.

(2) 난백의 종류

수양난백이 많을수록 거품의 양이 많이 형성되나 농후난백 함량이 많은 신선란은 기포 발생 후 안정성이 높다. 신선한 달걀보다는 1~2주 지난 것이 수양난백이 많으므로 난백의 점도가 떨어져 거품을 내는 데 효과적이다.

(3) 온도

난백의 온도가 30℃ 전후일 때 기포성이 좋은데 이는 난백의 표면장력이 저하되기 때문이다. 너무 높은 온도에서 처리하면 거품이 건조되기 쉽고 일부가 변성하여 광택이 없어지고 막이 약화되어 파괴되기 쉬우므로 안정성이 저하된다. 그러므로 냉장고에 넣어두었던 달걀은 실온에서 온도를 높인 후에 사용하도록 한다. 난백의 온도가 10℃ 정도로 낮으면 점도가 높아 기포 형성이 느리지만, 충분한 시간을 저어서 형성된 거품은 안정되고 탄력 있는 기포가 된다.

(4) pH

난백의 pH에 의해서도 영향을 받는데, 오브알부민(ovalbumin)은 pH 4.8인 등전점 부근에서 기포성이 가장 크다. 교반 시 거품이 어느 정도 형성되었을 때 소량의 식초나 레몬즙, 주석산 등의 산을 서서히 첨가하여 pH를 등전점 부근으로 낮추면 쉽게 기포가 형성되고 안정성은 증가한다. 만일 산을 교반하기 전에 난백에 첨가하면 응고되므로 주의한다.

알아보기

등전점(isoeletric point)이란?

아미노산은 어떤 특정 pH에서 (+)와 (−)전하의 합이 같아 0이 되는 pH를 등전점이라 하며 이때 침전되기 쉬우며, 용해도, 점도와 삼투압은 최소가 되고 흡착성과 기포성은 최대가 된다.

(5) 첨가물

① 지방

지방은 기포의 형성을 방해하므로 난황이 소량 혼합되면 기포 형성이 잘 안 된다.

② 우유

우유의 소량 첨가는 기포 형성을 방해하지만 탈지유, 무당연유, 균질유는 유지방이 없으므로 기포 형성에 영향을 주지 않는다. 지방의 총함량보다 지방구의 크기와 분포상태가 더 중요하다.

③ 설탕

설탕은 점도를 증가시켜 기포성은 감소하지만 광택이 있고 안정성은 증가한다.

④ 소금

소금 첨가는 표면변성을 촉진시키므로 거품의 안정성이 나빠지고, 조리제품의 품질에 나쁜 영향을 미친다.

(6) 거품기의 종류

난백단백질을 끓어 거품을 일으키기 위해서 거품기가 사용되며, 수동교반기와 전동교반기의 2종류가 있다. 수동교반기에는 로터리 비터(rotary beater), 와이어 휩(wire whip)이 있고, 전동교반기(electric egg beater)가 있다. 수동교반기를 사용하면 부피가 크지만 묽어지고, 전동교반기는 수동교반기보다 거품이 더 많이 일어난다.

로터리 비터   와이어 휩   전동교반기

그림 13-3 》 **거품기의 종류**

3) 난황의 유화성(emulsification)

달걀의 유화성은 난황과 난백의 양쪽에서 나타나지만 난황의 유화력이 더 크며, 난황을 이용한 것이 마요네즈와 스펀지케이크이고, 난백을 이용한 것이 샐러드 드레싱(salad dressing)이다. 난백의 유화성은 난황의 약 1/4 정도이다. 난황 중의 레시틴은 수중유적형(oil-in-water, O/W) 유화제로서, 콜레스테롤은 유중수적형(water-in-oil, W/O)의 유화제로서의 역할을 한다. 난황의 강력한 유화성은 난황에 있는 지단백(lipoprotein)인 레시틴(lecithin)과 단백질이 결합한 레시토프로테인(lecithoprotein)에 의해 형성된다. 이것은 친수기와 친유기를 함께 갖고 있어 물과 기름의 계면장력을 떨어뜨리고, 유화과정에서 표면 변성을 일으켜 분산상의 계면 보호막이 되어 유화액의 안정성을 유지해 준다.

4) 가열에 의한 달걀의 변색

달걀을 100℃ 끓는 물에 15분 이상 삶으면 노른자 주위에 암녹색의 색소가 침착되는 것을 볼 수 있다. 이것은 난백에 들어있는 황이 난황 안에 들어 있는 것보다 열에 활발하여 오래 가열할 경우 황화수소(H_2S)를 형성하기 때문이다. 황화수소는 가열이 진행됨에 따라 압력이 낮은 난황의 중심부로 이동하여서 난황 안의 철과 결합하여 암녹색의 황화제1철(FeS)을 형성하게 된다. 이 반응은 신선한 달걀보다 오래된 달걀에서 더 빈번하게 발생한다. 즉, 신선도가 저하되면 pH가 증가하는데 알칼리 환경에서 더욱 빨리 발생하기 때문이다. 또한 난황의 온도를 70℃ 정도로 낮게 유지하면 황화철이 생성되지 않으므로 달걀을 삶아서 찬물에 바로 식히면 이와 같은 착색은 거의 일어나지 않는다. 따라서 황화수소가 난황 표면에 이동하기 전에 난백 중에 생성된 황화수소의 온도가 낮아지면 난각 쪽으로 이동하여 난각의 구멍을 통해 외부로 발산되기 때문에 변색을 방지할 수 있다.

5) 기타

달걀이 접착제로 사용된다. 이것은 생달걀이 유동성을 가지고 다른 식품과 접촉하는 것 외에 강한 점착력을 가지고 다른 식품을 연결하기 때문이다. 즉 햄버거, 고기완자 등을 만들 때 간 고기만 사용하여 모양을 성형하면 가열 시 열 변성 때문에 형태를 유지하기 어렵게 된다. 또한 튀김을 할 때 빵가루를 붙어 있게 하는 것도 이에 해당된다.

달걀은 황·백지단을 부쳐 채썰거나 마름모로 잘라 고명으로 사용되고, 난백은 수프의 청정제로 사용된다. 수프나 스톡(stock)을 끓일 때 난백을 첨가하면 난백이 열 응고할 때 혼탁의 원인이 되는 물질을 흡착하여 국물을 맑게 해준다.

4. 달걀의 조리

1) 습열조리법

(1) 삶은 달걀(boiled egg)

　삶은 달걀(boiled egg)을 조리하는 방법에는 찬물에 넣어 가열하는 방법(cold-start method)과 끓는 물에 넣어 가열하는 방법(hot-start method)이 있다. 전자의 방법이 조리 중 달걀이 덜 깨진다. 달걀을 충분히 잠길 정도의 찬물에 넣고 물이 끓기 시작하면 중불로 시머링한다. 반숙란은 3~5분, 완숙란은 10분간 시머링한다.

　서양조리에서 연숙(soft boil), 반숙(medium boil), 완숙(hard boil) 달걀이 있는데, 연숙 달걀은 끓는 물에서 3~5분, 반숙 달걀은 끓는 물에서 6~8분, 완숙 달걀은 끓는 물에서 10~12분에 해당한다.

연숙　　　　　　　　반숙　　　　　　　　완숙

그림 13-4 》 삶은 달걀

🔍 **알아보기**

삶은 달걀껍질을 깨끗하게 벗길 수 있는 방법은?

우선 달걀을 냉장고에서 바로 꺼내서 삶는 것보다 실온에 놓아 둔 후에 냄비에 달걀을 넣고 물을 붓는다. 여기에 식초를 떨어뜨리고 삶은 다음, 즉시 얼음물에 담그면 난황과 난백의 부피가 수축되면서 속껍질과의 사이에 미세한 공간이 생겨 껍질이 살 벗겨진다.

(2) 수란(poached egg)

수란은 달걀을 깨어 70~85℃의 물에 넣고 난백이 응고될 때까지 3~5분 정도 익힌다. 85℃의 물에 찬 달걀이 여러 개 들어가면 물의 온도가 내려가므로 끓는 물에 달걀을 넣고 85℃의 물에서 익히도록 한다. 물 500mL에 식초 2작은술과 소금 1작은술을 넣으면 난백의 응고를 돕는다.

한식 수란은 국자를 이용해서 모양을 만들고, 양식 수란은 끓는 물에 넣어 자연스러운 모양을 만드는 차이가 있다. 잉글리시 머핀(English muffin)에 햄을 깔고 서양식 수란을 올려놓은 후, 홀랜다이즈 소스(hollandaise sauce)를 1큰술 얹어 제공하면 에그 베네딕트(eggs Benedict)가 된다(그림 13-5).

그림 13-5 》 한식 수란, 양식 수란, 에그 베네딕트

(3) 달걀찜과 커스터드(custards)

달걀찜과 커스터드는 달걀의 열 응고성을 이용한 대표적인 음식이다. 달걀찜과 커스터드와 같이 달걀을 희석하는 경우 혼합물의 종류와 양에 따라 응고력과 응고에 필요한 온도와 시간이 달라진다.

달걀에 물, 새우젓 등을 넣고 찌는 한식 달걀찜과 달걀에 다시마 국물을 넣고 찌는 일식 달걀찜이 있다. 커스터드는 우유, 크림, 설탕, 바닐라, 달걀이나 달걀노른자의 혼합물을 177℃의 오븐에서 23~25분간 중탕으로 굽는 것이다. 커스터드는 조리 시 달걀 단백질의 응고에 의해 걸쭉해진다.

2) 건열조리법

(1) 달걀 프라이(fried eggs)

달걀 프라이는 프라이팬에 1작은술의 식용유나 올리브유 등의 기름을 넣고 팬이 뜨거워지면 달걀을 깨어서 익힌다. 기름이 너무 적으면 달걀이 팬에 달라붙게 되고,

기름이 너무 많으면 달걀에 기름기가 많게 된다. 아래 표 13-5는 서양요리에서 분류하는 달걀 프라이의 명칭들이다.

표 13-5 》》 **서양요리에서의 달걀 프라이의 명칭**

명칭		특징
Sunny side up		달걀의 흰자는 익고, 노른자는 익지 않은 상태이다. 노른자가 완전히 익지 않아서 박테리아를 완전히 제거했다고 볼 수 없기에 위생상 단체급식에서 제공할 수 없다.
Over easy		달걀흰자가 75% 고정되면, 달걀을 뒤집어서 익힌다. 흰자는 완전히 익고, 흰자가 노른자를 덮게 하고 노른자는 여전히 부드럽다.
Over medium		오버이지에서 노른자가 부분적으로 익은 정도이다.
Over hard		오버이지에서 노른자가 완전히 익은 정도이다.

(2) 스크램블드에그(scrambled eggs)

스크램블드에그는 전란에 우유나 크림과 같은 액체를 달걀 1개당 1큰술 이하의 비율로 잘 혼합하여 프라이팬에 부어 저어주면서 익힌다. 스크램블드에그는 습기가 있어 부드럽고 가벼운 질감과 향미를 가지며 뜨거울 때 먹도록 한다. 높은 온도에서 급속히 익힌 스크램블드에그는 달걀 단백질의 심한 수축으로 액체가 침출되어 나오면서 증발하여 뻣뻣하고 건조한 질감의 제품을 형성하므로 주의한다.

(3) 오믈렛(omelet)

오믈렛은 달걀을 깨뜨려 난황과 난백을 잘 섞고 오믈렛팬에 기름을 넣고 뜨거워지면 달걀을 붓고 저어주면서 럭비공의 모양으로 만든 것이다. 오믈렛은 겉은 익고, 속은 부드러워야 한다. 달걀만을 이용하는 것을 플레인 오믈렛(plain omelet)이라 하고, 오믈렛 안에 기호에 따라, 양파, 피망, 햄, 양송이버섯, 치즈 등을 다져서 넣기도 한다.

(4) 머랭(meringue)

머랭에는 부드러운 것(soft meringue)과 단단한 것(hard meringue)의 두 종류가 있다. 부드러운 머랭은 파이나 푸딩에, 단단한 머랭은 바삭바삭한 후식의 밑받침이나 쿠키로 사용한다. 난백을 부드러운 거품이 생기도록 저은 후에 설탕을 조금씩 넣으면서 계속 저어서 굳은 거품을 만든다. 이것을 파이몰드(pie mold)에 넣고 163~177℃의 오븐에서 15분간 굽는다. 단단한 머랭은 난백을 부드러운 거품으로 만든 후에 오븐용기에 담고, 107℃에서 1시간 정도 굽는데 쿠키처럼 구워진다. 머랭의 바닥에 액체가 흘러나오는 것이나 액체로 찬 구멍이 형성되는 것을 이장현상(syneresis, weeping)이라고 하는데, 머랭을 덜 익혔거나 난백을 덜 교반한 경우에 일어난다. 물방울이 표면에 맺히는 현상(beading)은 너무 익히거나 난백 단백질이 과잉으로 응고되었을 경우 또는 설탕이 저어주는 과정에서 충분히 용해되지 않을 경우에 발생한다.

(5) 수플레(soufflé)

수플레란 '부풀다'라는 뜻의 프랑스어로 농후한 화이트소스(bechamel sauce), 난백 거품과 치즈, 육류, 해산물, 채소, 향신료 등의 재료가 기본이다. 난황을 기본으로 하는 소스에 난백 거품을 넣어 만든 가벼운 혼합물로 수플레는 향미가 있거나 달고, 뜨겁게 혹은 차게 제공된다. 보온성이 높은 사기그릇이나 토기그릇에 담고 177℃ 정도의 오븐에서 1시간 정도 중탕으로 굽는 요리이다. 익어가는 과정에서 적당히 형성된 기포에 의해 팽창되며, 표면은 황갈색으로 변색된다. 디저트 수플레는 오븐에 구운 후 과일퓌레, 초콜릿, 레몬과 같이 차갑게 제공된다. 수플레는 곁들이는 소스와 같이 제공된다.

수플레는 달걀의 양이 충분해야 냉각될 때 탈기로 인한 체적의 수축을 막을 수 있는 조직을 형성하고, 농후한 화이트소스는 탈기로 인한 체적의 수축을 방지하는 효과가 있다.

5. 달걀의 저장

달걀은 산란 후 시일이 경과하면 수분 증발, pH 증가, 농후난백의 수양화와 같은 현상이 나타난다. 각각을 설명하면 다음과 같다.

- **수분 증발**
  달걀 난각의 구멍에서 내부의 수분이나 탄산가스를 배출한다. 따라서 달걀의 수분은 점차 감소되며 감소된 만큼 기실의 크기는 커진다.
- **pH의 증가**
  신선한 달걀의 난백은 pH 7.6 정도지만 시간이 지나면서 높아져 저장 10일 후에는 pH 9.5가 된다.
- **농후난백의 수양화**
  농후난백이 점차 수양화하는데 농후난백의 점도가 저하되면서 묽어져 난백의 양이 감소한다.

1) 냉장법

일반적으로 많이 사용하는 방법으로 달걀의 신선도를 위해서 냉장온도에 보관한다. 냉장고에서 꺼낸 후에도 상하기 쉬우므로 사용할 때까지 가정에서도 냉장 온도에서 계속 저장한다.

2) 냉동법

달걀을 냉동하면 미생물의 성장을 최소한으로 억제한다. 달걀을 −25∼−30℃에서 냉동할 때에는 달걀을 깨뜨려 난백과 난황을 함께 냉동시키거나 분리해서 따로 냉동시키기도 한다. 난백은 냉동 후 해동시켰을 때 질적 변화가 없으나, 난황은 해동시키면 질어지므로 냉동시키기 전에 소금, 설탕, 물엿(콘시럽)을 첨가하면 해동 시 사용하기 적당하다. 냉동란은 대개 제과점에서 사용한다.

3) 건조법

액체란을 건조하여 저장성을 높게 한 것으로 분말달걀은 전란 또는 난백과 난황을 분리한 후 저온 살균하여 건조시킨다. 달걀을 건조시키면 저장과 냉장 시 공간을 적게 차지해서 편리하지만, 달걀의 기능성과 맛, 향미가 손상되고, 박테리아 오염에 노출되기 쉬우므로 사용 시 완전히 열에 의해 익혀져야 한다. 또한 건조한 분말은 습기를 쉽게 흡입하여 변질되기 쉬우므로 밀봉하여 냉장고에 저장하는 것이 좋다.

4) 액체 냉장법

달걀의 껍질을 제거한 전란, 난백, 난황을 살균 처리하여 살모넬라균(salmonella)을 파괴한 것으로 멸균처리를 하지 않으므로 저장기간이 길지 않다. 보존기간은 2℃에서 12일, 9℃에서 5일 정도이다.

14
우유 및 유제품

14 우유 및 유제품

인류는 오랫동안 소, 말, 양, 물소, 낙타 등의 젖을 이용하여 왔으며, 이 중 가장 보편적으로 사용하는 것이 우유(牛乳)이며, 유즙의 대표로 취급하고 있다.

1. 우유의 구성성분

우유의 성분은 소의 품종, 사료 등에 의해 성분의 차이가 있으며, 우유의 성분은 그림 14-1과 같이 분류할 수 있다. 초유는 성숙유와는 달리 단백질, 무기질 등의 고형분이 많으며, 유당이 적은 것이 특징이다. 특히 초유는 면역성분인 γ-글로불린 단백질이 있으며, 여러 병원균에 대한 저항력을 길러준다.

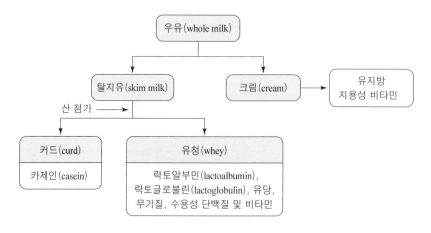

그림 14-1 》 우유의 성분

우유의 구성성분은 표 14-1과 같이 수분이 88.6%를 차지하며, 나머지는 단백질, 지질, 당질, 무기질 등으로 구성되어 있다. 우유는 성장에 필요한 여러 영양소가 들어 있고, 칼슘, 칼륨, 비타민 B복합체, 비타민 A, 비타민 D 등을 제공하는 식품이며, 식이섬유, 철, 비타민 C와 E는 부족하다. 신선한 우유의 pH는 6.6 정도이며, 빛에 노출되면 비타민 B_2가 손실된다. 또한 우유에는 비타민 A, D, B_2와 나이아신을 형성하는 아미노산인 트립토판(tryptophan)이 포함되어 있다.

표 14-1 》 **우유의 영양소 성분 함량**   (가식부 100g당)

열량 (kcal)	수분 (%)	단백질 (g)	지질 (g)	당질 (g)	섬유질 (g)	무기질(mg)					비타민(mg)						
						칼슘	인	철	나트륨	칼륨	A (RE)	β-카로틴 (μg)	B_1	B_2	나이아신	C	E
60.0	88.6	2.9	3.3	4.5	0.0	100.0	90.0	0.10	50.0	150.0	32	12.0	0.04	0.15	0.1	2.0	0.10

자료 : 식품 영양소 함량 자료집, 2009

1) 당질

우유의 당은 유당(lactose)으로 젖산균을 생산하여 요구르트 등을 만들며, 치즈의 향미를 낸다. 유당은 용해성이 낮아 결정화가 잘 되며, 모래 질감을 주므로 고농도의 유당으로 아이스크림을 제조할 때 주의해야 한다. 또한 고온에서 가열 시 유당이 캐러멜화되어 갈변이 일어날 수 있다.

2) 단백질

우유의 단백질은 복합단백질로 성장과 생명 유지에 필요한 필수 아미노산들을 모두 포함하고 있다. 우유의 단백질 중 카제인(casein)은 우유 단백질의 76~86%를 차지하며, 반면에 유청은 14~24% 정도이다(그림 14-2). 유청은 락토알부민(lactoalbumin)과 락토글로불린(lactoglobulin)으로 구성되어 있다. 유청은 우유의 액체성분으로 치즈나 요구르트를 만드는 데 쓰인다. 유청단백질 농축액은 식품산업에서 유화제, 거품형성제, 젤형성제로 사용된다. 우유 단백질을 다른 식품에 첨가하면 일반적으로 조직감, 입촉감, 수분보유력, 향미가 좋아진다.

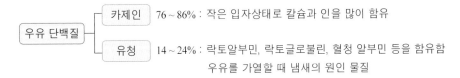

그림 14-2 》 **우유 단백질의 특징**

(1) 카제인(casein)

카제인은 4가지 단백질인 α-카제인, β-카제인, γ-카제인, κ-카제인의 복합형 이다. 그림 14-3과 같이 구조적으로 카제인은 매우 큰 미셀구조로 인산을 함유하는 인단백질이다. 카제인은 열에 안정하여 응고되지 않으나 표 14-2와 같이 산, 염, 효소, 페놀화합물 등에 의해 응고된다.

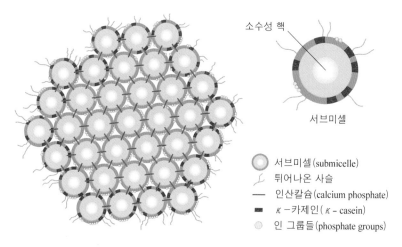

소수성 핵

서브미셀

◎ 서브미셀(submicelle)
⌒ 튀어나온 사슬
── 인산칼슘(calcium phosphate)
■ κ-카제인(κ-casein)
◎ 인 그룹들(phosphate groups)

그림 14-3 》 **카제인 미셀 모형도**

표 14-2 》 **카제인 응고원리와 예**

원인	응고원리	예
산	단백질 변성의 일종으로 산에 의해 칼슘 대신 수소이온이 카제인과 결합하여 응고	커티지 치즈, 요구르트
염	염류에 의해 응고되며 염분이 있는 식품과 우유를 같이 가열조리하면 응고	햄과 함께 조리
효소(레닌)	위에서 분비되는 펩신(pepsin), 프로테아제(protease)와 같은 효소들은 카제인을 응고	체다슬라이스 치즈
페놀화합물	과일, 채소, 커피, 차의 페놀성분에 의해 응고	감자수프

(2) 유청단백질(whey protein)

유청단백질은 우유 단백질을 구성하며, α-락토글로불린, β-락토글로불린, 면역글로불린, 혈청알부민 등을 함유한다. 카제인과 달리 산과 레닌에 의해 응고되지 않으나 열을 가하면 쉽게 변성되므로 단백질 응고온도를 65℃ 이상 가열하면 응고되어 피막을 형성하고 바닥에 응고물이 생긴다.

3) 지방

우유 속 지방은 우유지방 또는 버터지방이라 불리며 향미, 입안에서의 촉감과 유제품의 안정성에 주요 역할을 한다. 예를 들어 밀크 초콜릿의 크림성은 우유지방 때문이다. 우유지방은 인지질이 주변을 둘러싼 중성지방이다.

우유 속 지방은 대부분 짧은 사슬지방산인 뷰트릭(butric), 카프릴릭(caprylic), 카프로익(caproic)과 카프릴산(capric acid)으로 구성되어 있다. 이러한 저급지방산들은 융점이 낮아 소화·흡수가 잘되며, 우유와 버터 등에 독특한 향미를 준다. 우유 속 지방산 중 66%는 포화지방산, 30%는 단일불포화지방산, 4%는 다가불포화지방산으로 구성되어 있다. 그러나 리파아제(lipase)에 의해 유리지방산(free fatty acid)이 생기면 이취미(off favor)가 나타난다. 즉 산패된 버터의 냄새는 분해되어 생성된 휘발성 지방산인 뷰티르산(butric acid)에 의한 것이다.

4) 우유의 색화합물

우유의 색에 관여하는 물질은 콜로이드상으로 퍼져 있는 카제인과 칼슘 복합체, 우유의 지방, 수용성 비타민 B_2이다. 이들 화합물이 광선에 반사되어 유백색을 형성한다.

젖소에서 갓 짠 우유의 색은 노르스름한 색을 가지며, 이 색은 카로틴 때문이다. 우유의 담황색은 사료의 종류와 먹은 카로틴의 양에 의해 전환된 비타민 A에 의해서도 달라진다.

2. 우유의 가공

원유는 살균 후 가공 처리하여 여러 가지 유제품을 만든다. 시판우유는 살균, 균질화되어 만들어진 것이며, 전지분유, 탈지분유, 연유, 발효유, 전유 등 여러 종류의 유제품이 있다.

1) 살균(pasteurization)

우유는 박테리아, 이스트, 세균 등 미생물의 훌륭한 성장 매개체가 된다. 그러므로 많은 주의를 해야 한다. 흔히 사용되는 살균법의 종류와 특징은 표 14-3에 제시하였다. 음료로 사용되는 우유는 반드시 병원균이 살균되어야 하고, 살균 후 곧 4℃ 정도로 냉각시켜 보관한다.

표 14-3 ≫ 우유 살균법의 종류와 특징

살균법	살균온도와 시간	특징
저온살균법 (low temperature long time method, LTLT법)	62~65℃ 30분	● 가장 경제적이고 간편한 방법 ● 병원성 미생물과 세균 등이 사멸 ● 비병원성 세균이 많이 남음
고온단시간살균법 (high temperature short time method, HTST법)	72~75℃ 14초	● 저온살균법보다 살아 있는 균이 상당히 적음
초고온가열법 (ultra high temperature heating method, UHTH법)	130~140℃ 2~5초 내	● 영양소 손실을 최소화함 ● 살균효과를 극대화한 방법 ● 이취미(異臭味)의 원인이 되는 효소 불활성화

2) 균질화(homogenization)

우유 균질처리의 목적은 크림층 형성을 방지하는 것이다. 즉, 지방은 물보다 덜 조밀하고 비중이 낮으므로 우유 위에 떠다닐 수 있다. 이러한 것이 가공되지 않은 우유에서 보이는 연노란색의 크림층이다. 그러므로 이를 방지할 균질화과정이 필요하다. 균질화에 의해 지방층 분리를 방지하고, 우유의 색은 더욱 희게 되며, 부드러운 맛을 증진시킨다. 또한 지방구가 작아져 지방의 소화 흡수를 좋게 한다. 그러나 균질화에 의해 우유의 지방구는 표면적이 증가하여 소화되기도 쉽다. 불포화지방산의 산화가 잘 일어나 산패취가 날 수 있으므로 균질화 전에 살균처리를 하여 리파아제 등의 효소를 불활성화시켜야 한다.

3. 우유의 조리 시 변화

1) 향미변화

우유의 향미변화는 그림 14-4와 같이 카제인이 분해되어 아미노산이 되고 이들이 변성되어 페놀(phenols), 황화합물(sulfur compounds), 인돌(indole) 등을 형성하면서 일어난다. 가열된 우유의 향미는 부분적으로 유청단백질이 변성되어 휘발성 황화합물이 나오기 때문이다. 불쾌취는 아미노산인 메티오닌이 빛에 민감한 비타민 B_2와 반응할 때 나타난다.

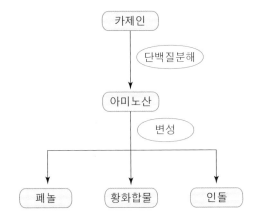

그림 14-4 》 **우유의 향미변화**

2) 응고

우유 단백질은 어떤 조건에서 고체의 형태나 커드로 응고하게 된다. 이것은 열, 산, 효소, 폴리페놀화합물과 염의 첨가에 의해 나타난다.

(1) 가열

우유가 끓는점 가까이 가열되면 우유 단백질인 락토알부민과 락토글로불린은 인산칼슘[$Ca_3(PO_4)_2$]과 결합하여 불용성이 되며, 표면이나 옆에 피막의 형태로 만들어져 쉽게 마르게 된다. 이 피막은 우유를 저으면서 가열하거나 중탕을 하면 방지되고, 냄비의 뚜껑을 닫거나 우유를 희석하거나 거품을 내어 데우면 피막 형성을 방지할 수 있다.

고온 가열 시 단백질의 아미노산과 유당에 의해 메일라드반응과 유당의 캐러멜화가 일어나 갈색과 향미가 나타난다. 카제인은 아주 오랫동안 끓이는 것이 아니며 열에 응고되지 않는다.

(2) 산

우유에 산을 첨가하면 우유의 pH를 낮추어 등전점 가까이에 도달하도록 하며, 카제인의 콜로이드상태를 불안하게 하여 침전을 형성한다. 카제인은 우유의 정상 pH 6.6에서 pH 4.6 이하로 내려가면 응고되나 유청단백질은 응고되지 않는다. 응고에 영향을 주는 산으로는 레몬과 라임주스, 산을 형성하는 균들이 있다.

(3) 레닌

우유는 레닌에 의해 응고되어 커드를 형성한다. 산에 의한 것보다 레닌에 의한 것이 칼슘이 풍부하고 더 거친 조직감을 갖는다. 커티지 치즈(cottage cheese)는 젖산을 가하여 우유의 산도를 높이고, 레닌의 작용을 촉진하여 침전되어 만들어진 것으로 칼슘이 유청에서 분리되지 않아 산으로 침전하여 만든 치즈보다 칼슘 함량이 많다.

(4) 폴리페놀화합물

일부의 과일과 채소, 차와 커피에 함유된 페놀화합물이 우유와 혼합되면 응고가 일어난다.

(5) 염

우유에 소금을 넣고 섞으면 커드가 생긴다. 또한 햄과 같이 염분이 있는 식품을 우유와 같이 가열하면 응고된다.

4. 유제품의 종류

1) 가공우유

(1) 탈지우유

우유에서 유지를 원심분리에 의해 제거한 우유로 유지방 함량이 0.5% 정도이다. 비타민 A, D, E를 강화한 탈지우유도 있다.

(2) 연유

연유는 우유의 성분 중 수분을 증발시킨 것으로 무당연유와 가당연유가 있다. 약 60%의 수분을 증발시킨 것으로 7.5%의 유지방을 함유한다. 가열, 살균 처리하여 가공되며 영양소가 파괴되어 비타민 D를 강화한다. 우유 속의 단백질과 당이 가열 시 반응하여 황갈색을 띤다.

가당연유는 우유에 당을 첨가하여 원액의 1/3 정도로 농축시킨 것으로 당의 함량 이 많아 저장성이 높다. 칼로리가 높으며, 제과제빵에 많이 사용되고, 냉채 소스를 만들 때 겨자의 매운맛을 부드럽게 하기 위해서도 사용된다.

(3) 분유

우유의 수분을 건조시켜 분말로 만든 것으로 유지방의 유무에 의해 전지분유와 탈지분유로 나뉜다. 전지분유는 유지방이 있어 쉽게 산화되어 산패취가 날 수 있으 므로 가공식품 제조 시 주로 탈지분유를 사용한다. 조제분유는 모유와 비슷한 성분 으로 조제한 것으로 우유에 부족하고, 유아 성장에 필요한 영양성분을 강화한다.

(4) 발효유

우유에 젖산균 또는 효모를 배양하고 유당을 발효시켜 젖산이나 알코올을 생성시 켜 특수한 향미를 갖도록 만들거나 유산균으로 발효한 것으로 요구르트(yogurt), 유 산균 우유(acidophilus milk), 버터밀크[buttermilk, 우락유(牛酪乳)]가 있다.

요구르트는 탈지유에 유산균(*streptococcus thermophilus, bacterium bulgaricum, plaocamobacterium yoghourtii*균)을 첨가 배양하여 제조한 음료이다. 생성된 유기산에 의해 카제인이 응고하여 만들어진 반고형 우유로 소화되기 쉽고, 장을 튼튼하게 하는 작용을 한다.

유산균 우유는 우유에 *Lactobacillus acidophilus*균을 배양한 발효유로 소화관 내에서 부패균을 억제하는 효과가 있다.

버터밀크는 버터 제조를 위해 크림층을 걷어낸 후 남은 탈지유에 *streptococcus lactis* 등을 사용하여 만드는 것으로 유지방을 포함하지 않는다. 액체와 분말상태가 있으며, 도넛, 팬케이크, 크래커, 제과·제빵용 등의 아이스크림 제조에 사용된다. 미국, 스칸디나비아, 동유럽국가 등지에서 많이 소비되고 있다.

(5) 크림

 균질화되지 않은 우유 속의 지방구들은 서로 응집하려는 경향이 있으므로 지방구들이 결합하여 더 큰 지방구를 형성하여 윗부분에 모이게 된다. 위에 모인 지방구들을 크림이라 한다.

 보통 휘핑크림은 유지방이 30~36% 함유되어 있으며, 커피크림은 18~30%의 유지방이 함유되어 있다. 크림은 지방보다 수분이 많으며, 물속에 지방이 고르게 분산되어 있는 수중유적형의 유화식품이다. 사워크림(sour cream)은 라이트크림이나 하프앤하프에 젖산균을 이용하여 발효시킨 것이다.

알아보기

유제품의 지방 함량은?

한글	영어명	지방 함량	특징
탈지우유	skim milk	0.5% 이하	다이어트용
저지방우유	low fat milk	1%, 2%	다이어트용
요구르트	yogurt	3.25%	
우유	whole milk	3.4%	국내에서 3.4우유라는 이름도 있었음
하프앤하프	Half & Half	18%	커피용, 우유와 생크림을 반씩 섞은 것
사워크림	sour cream	18%	찐 감자, 멕시코 음식, 러시아 음식
라이트크림	light cream	18~30%	커피용
휘핑크림 (묽은 농도)	light whipping cream	30~36%	휘핑용, 디저트용(생크림케이크)
휘핑크림 (진한 농도)	heavy whipping cream	36%	휘핑용, 디저트용(생크림케이크)

비만인구가 증가함에 따라 원두커피를 마실 때 크림을 제공하던 것이 웰빙시대에 맞춰 데운 우유(steamed milk)를 제공하는 것으로 바뀌고 있다.

생크림의 거품을 잘 만드는 방법은?

지방이 많을수록 거품이 안정하여 지방 함량이 높은 크림이 생크림케이크 등의 장식용으로 좋으며, 냉장온도에서 지방입자가 안정하므로 크림 및 용기를 냉장고에 2시간 전에 넣어 온도를 낮추어 작업하는 것이 용이하다. 또한 크림은 하루 지난 것은 점도가 증가하여 거품 형성 능력이 크고, 워크인(walk-in) 냉장고가 있는 경우에는 냉장고에 들어가 거품기로 생크림을 쳐주는 경우도 있다. 크림의 거품은 하루 정도만 사용 가능하며, 시간이 지나면 거품이 꺼지게 된다.

2) 버터

버터는 그림 14-5와 같이 크림을 교반시켜 지방구가 서로 뭉쳐서 입자를 만든다. 이것을 저어주면 지방구 표면의 피막이 파괴되어 지방구가 서로 쉽게 결합되어 지방층과 수분층으로 분리된다. 이때 지방층은 버터가 되고, 수분층은 버터밀크가 된다.

버터는 크림과 반대로 지방 속에 수분이 고르게 분산되는 유중수적형이다.

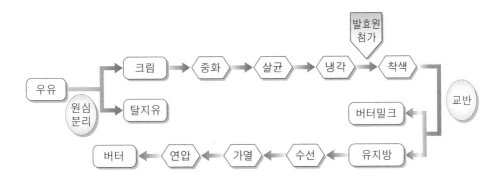

그림 14-5 〉〉 **버터 제조공정**

3) 치즈

액체를 가지고 다닐 만한 용기가 없던 시대에 아라비아 상인들이 양의 젖을 양의 위주머니에 넣고 사막을 여행하는 동안 레닌에 의해 자연스럽게 만들어진 발효식품이다.

(1) 치즈의 제조

치즈는 그림 14-6과 같이 우유에 효소나 산을 첨가하여 카제인을 응고시키고, 미생물에 의해 발효시킨 것이다. 우유에 유산균과 응유효소인 레닌(rennin)을 넣으면 카제인이 응고되어 순두부 형태로 응고되는데 이를 커드(curd)라 하고, 이때 빠져나오는 액체를 유청(whey)이라 한다.

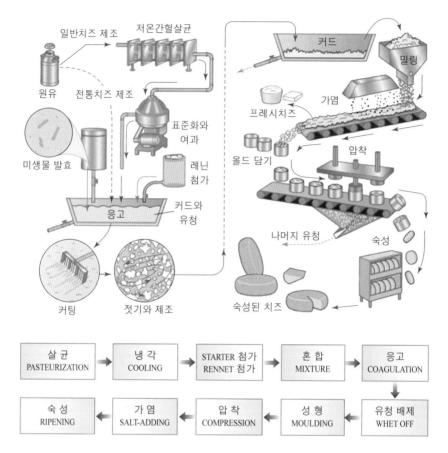

그림 14-6 》 **치즈의 제조공정**

(2) 치즈의 종류

① 경도(수분 함량)와 숙성에 의한 분류

치즈는 그림 14-7과 같이 숙성방법에 따라 분류되고, 표 14-4와 같이 경도와 숙성 정도에 따라 나뉘기도 한다.

② 가공처리

가공의 유무에 따른 것으로 가공하지 않은 것을 천연치즈, 가공한 것을 가공치즈라 한다(그림 14-8).

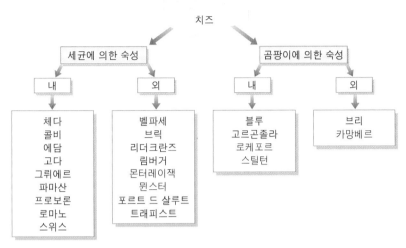

그림 14-7 》 **숙성방법에 따른 치즈 분류**

가. 자연치즈(natural cheese)

유럽을 중심으로 발달한 치즈로 파마산, 모짜렐라, 체다, 고다, 에멘탈, 카망베르 등 400여 종 이상이 생산되고 있다.

나. 가공치즈(processed cheese)

미국에서 발달한 것으로 자연치즈 1종류 이상을 주원료로 하여 여기에 다른 첨가물 등을 넣어 가공살균하여 저장성을 높인 치즈이다.

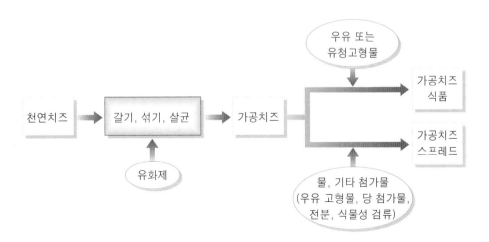

그림 14-8 》 **가공치즈 제조과정**

표 14-4 >> 치즈의 분류

구분	치즈명	특 징
생치즈 (fresh cheese)	모짜렐라 (mozzarella)	● 이태리가 원산지 ● regular mozzarella치즈 : 피자, 파스타에 많이 쓰이고 녹는 성질을 이용해서 요리를 함 ● fresh mozzarella치즈 : 버펄로(물소젖) 모짜렐라 치즈라고 하며 토마토, 바질과 잘 어울림
	보코치니 (bocconcini)	● fresh mozzarella를 2.5cm의 지름으로 만든 덩어리 치즈 ● 유청이나 물 안에 포장 ● 이태리어로 'mouthful'의 뜻 ● 전채요리에 많이 사용
	마스카르포네 (mascarpone)	● 이태리 롬바르디아 지역의 치즈 ● 우유로 만든 2배 크림, 3배 크림의 치즈 ● 티라미수(마스카르포네와 휘핑크림을 6대4 정도로 섞어 만든 고급 케이크), 과일과 곁들여서도 많이 이용
	크림 치즈 (cream cheese)	● 미국이 원산지 ● 지방 함량이 33% 이상 ● 빵에 발라 먹는 치즈로 샌드위치, 카나페, 드레싱, 치즈케이크에 이용
	커티지 치즈 (cottage cheese)	● 네덜란드가 원산지인 치즈 ● 지방 함량이 8% 이하인 저열량치즈 ● 수분 함량이 많고(80% 정도) 신맛이 있음 ● 드레싱, 샌드위치 등에 사용
	페타 치즈 (feta cheese)	● 그리스가 원산지인 치즈 ● 양젖, 염소젖, 우유로도 만듦 ● 짠 유청에 응고되고 저장됨 ● 피클 치즈(pickled cheese)라고 불림 ● 흰색으로 껍질이 없으며 풍부하고 톡 쏘는 향미로 45~60%의 지방을 함유 ● 샐러드에 많이 사용
	고트 치즈 (goat cheese, chèvre cheese)	● 염소젖 치즈로 시큼한 맛이 있어 다른 치즈와 구분되며 가격이 고가임 ● 수분이 있고 크리미한 것부터 반건성까지 종류가 다양하고 실린더형, 원형, 원뿔형, 피라미드형이 있음 ● 식용재, 잎, 허브, 후추로 코팅이 된 것도 있음
	부르생 치즈 (boursin cheese)	● 흰색의 부드러운 치즈 ● 버터의 질감이 있는 triple-cream cheese ● 허브, 마늘, 으깬 통후추로 양념됨 ● 달지 않은 화이트와인, 과일 맛의 레드와인과 잘 어울림

연성 치즈 (soft cheese)	white rind (흰 껍질)	**브리 치즈** (brie cheese)	● 프랑스가 원산지 ● 표면이 흰곰팡이로 뒤덮여 있음 ● 매우 부드러운 질감을 갖고 과일, 레드와인과 잘 어울림
		카망베르 치즈 (camembert cheese)	● 프랑스가 원산지 ● 표면이 흰곰팡이로 뒤덮여 있음 ● 매우 부드러운 질감과 감칠맛이 있고, 과일, 레드와인과 잘 어울림
	washed rind (껍질)	**림버거 치즈** (Limburger cheese)	● 노란색에서 붉은 갈색의 껍질이 있고, 강한 향미가 있음 ● 벨기에가 원산지이고 미국과 독일에서 많이 생산됨 ● 양파, 호밀빵, 흑맥주와 잘 어울림
		폰레이벡 치즈 (Pont l' Eveque)	● 유지방 함량이 50%로 황금색의 겉껍질이 있고 내부는 옅은 노란색 ● 크리미하고 부드러운 질감이고, 달고 시큼한 맛이 있음
블루치즈 (Blue cheese)		**블루드 아베그네 발몬트** (bleu d' Avergne Val-mont)	● 우유로 만들며 보통 치즈와는 달리 짜릿하고 톡 쏘는 담백한 맛으로 허브 향과 녹인 버터 맛이 남 ● 수분이 많고 크림 맛이 많아 온도차이가 나면 물이 생기거나 흐물해지기 쉬움
		로케포르 치즈 (roquefort cheese)	● 프랑스가 원산지이고, 치즈의 왕 ● 양젖으로 만들며 짜고 톡 쏘는 향과 감칠맛 ● 블루치즈 드레싱 중 로케포르 치즈로 만든 것은 roquefort dressing이라고 함 ● 카나페에 스프레드로 사용되고 포트와인, 디저트와인과도 잘 어울림
		스틸턴 치즈 (stilton cheese)	● 영국이 원산지이고, 우유로 만듦 ● 짜고 톡 쏘는 향과 강한 맛 ● 포트와인, 풀바디 레드와인과 잘 어울림
		고르곤졸라 치즈 (gorgonzola cheese)	● 이태리가 원산지이고, 우유로 만듦 ● 자극적인 맛 ● 배, 사과, 복숭아, 레드와인과 잘 어울림 ● 감자나 샐러드 위에 치즈를 놓고 녹이면 맛이 좋음
반경성 치즈 (1~2개월 숙성)		**에담 치즈** (edam cheese)	● 네덜란드의 대표적인 치즈 ● 겉은 붉은색 또는 노란색 파라핀 코팅이 되어 있고, 속은 옅은 노란색 ● 40% 유지방을 함유하는 다용도 치즈 ● 흑맥주와 아주 잘 어울림
		고다 치즈 (gouda cheese)	● 네덜란드 최고의 대표적인 치즈 ● 에담과 비슷한 맛이나 유지방이 48%로 질감이 더 크리미함 ● 맥주, 레드와인, 호밀빵과 잘 어울림 ● 가열하면 잘 늘어나 각종 요리에 사용
		체다 치즈 (cheddar cheese)	● 영국이 원산지이고, 우유로 만든 단단한 치즈 ● 향미가 부드러운 것에서 자극적인 것이 있음 ● 흰색에서 오렌지색까지 다양 ● 캐서롤(casseroles), 소스, 수프 등에 많이 이용 ● slice cheddar cheese는 얇게 썰어 한 개씩 포장한 치즈로 샌드위치, 카나페 등에 많이 사용

경성치즈 (6개월~1년 이상 숙성)	에멘탈 치즈 (emmental cheese; emmentaler cheese)	● 스위스의 가장 오래되고 중요한 치즈로 호두 맛이 남 ● 스낵부터 과일까지 두루 사용 ● 우유로 만들고 엷은 금색으로 구멍이 있고, 밝은 갈색의 껍질 이 있음
	그뤼에르 치즈 (gruyère cheese)	● 스위스 치즈로 우유로 만들어 프랑스에서도 생산됨 ● 향이 강하고 짜며, 감촉이 부드러움 ● 황갈색의 껍질이 있고, 옅은 노란색의 단단한 치즈로 구멍이 있음
	파마산 치즈 (parmigiano reggiano, parmesan cheese)	● 무지방우유로 만든 단단한 치즈 ● 단단하고 옅은 금색의 껍질이 있음 ● 이태리의 파르미자노-레자노가 최고급 ● 숙성도에 따라 얇게 자를 수도 있고 가루치즈로 만들 수도 있음 ● 독특한 향미가 있으며 자극적인 맛은 없음 ● 피자, 파스타, 샐러드에 많이 이용
가공치즈	퐁듀 치즈 (fondue cheese)	● 에멘탈, 그뤼에르, 와인, 브랜드, 향신료를 혼합하여 만들어진 치즈 ● 퐁듀 요리에 사용
	몬터레이잭 치즈 (monterey jack cheese)	● 1840년 캘리포니아 몬터레이에서 스페인 선교사에 의해 우 유로 만들어진 치즈로 데이비드 잭에 의해 1880년 대량생산 되기 시작 ● 지방 함량이 40% 정도이며 부드러운 질감과 연노란색

알아보기

각국의 대표적인 치즈

각 국가들은 각자 고유의 마크로 규정함으로써 자국의 치즈임을 확인한다. 영국은 자국의 Stilton을 영국치즈임을 나타내는 'English farmhouse Cheese' 마크를, 이태리는 파마산 치즈에 'Parmigiano'를, 스위스는 Emmental, Gruyere에 'Suisse'를, 네덜란드는 Gouda, Edam 등에 'Holland'로 표기하고 있다.

국가	대표적 치즈
프랑스	Camembert, Brie, Roquefort, Munster
이탈리아	Mozzarella, Gorgonzola, Parmesan cheese, Ricotta, Pecorino, Scarmoza
스위스	Emmental, Gruyere, Raclette, Tete de Moine
네덜란드	Edam, Gouda, Masdam
미국	Monterey Jack, Cream cheese

알아보기

스위스의 퐁듀(Fondue)란?

퐁듀 요리는 스위스나 프랑스 남부에서 만들어 먹는 전통 요리로 퐁듀를 샐러드 등과 함께 요리해서 먹는다. 전통적인 치즈포트(일반 도기도 상관없다)에 마늘조각을 문지른 후, 화이트 와인을 넣고 조금씩 가열한 뒤 전분과 와인을 조금 섞어 넣는다. 조그마한 치즈를 조각내 포트에 넣고 서서히 가열한다. 잘 저어서 방울이 올라올 때쯤 조각낸 빵을 긴 포크에 찍어 녹인 치즈에 dipping해서 먹으면 된다. 퐁듀에 사용하는 치즈는 에멘탈(Emmental), 그뤼에르 (Gruyere), 아펜젤(Appenzel), 라클레테(Raclette) 등이다. 퐁듀치즈용 완제품이 시중에 많이 나와 있다.

5. 유제품의 저장

모든 유동체의 우유는 개봉되기 전에 냉장 보관되어야 한다. 쓰고 남은 것도 재빨리 냉장 보관해야 하며, 산패, 미생물 오염과 다른 식품의 냄새가 흡수되지 않도록 용기에 넣어 밀봉하여 보관해야 한다. 또한 비타민 B_2는 광선에 의해 파괴되고, 지방의 산화를 촉진시키므로 광선의 접촉을 피해야 한다.

크림 치즈는 수분 함량이 높고 비숙성 치즈이므로 반드시 냉장 보관하며, 저장기간이 짧다. 가공치즈나 수분이 적은 경질치즈는 냉동고에 보관 가능하며, 해동 시 천천히 해동하는 것이 좋다. 유제품의 소비기한은 표 14-5와 같다.

표 14-5 》 유제품의 소비기한

제품명	소비기한	제품명		소비 기한
우유	3주 이내	버터밀크		3~4일
요구르트	10일 이내	사워크림	개봉한 것	며칠 이내
			개봉하지 않은 것	1달

음 료

15 음료

　수분은 신체의 구성성분 중 65~70%를 차지하며, 매일 수분이 공급되어야 한다. 음료는 인간에게 수분 공급이라는 중요한 역할과 비타민 공급, 피로회복이라는 생리적인 기능뿐만 아니라 향미성분 이외에 신경을 자극하는 성분이 함유되어 있어 식욕을 돋우고 만족감을 주는 식품이다. 일반적으로 음료는 건강과 수분 공급을 위한 생수, 콜라, 사이다와 같은 탄산음료, 차나 커피와 같은 알칼로이드 음료, 과일·채소음료, 스포츠음료와 같은 이온음료, 코코아음료, 전통음료 등으로 매우 다양하다.

1. 생수

　물은 인간의 생명 유지에 중요한 역할을 해왔다. 인간은 식품 없이 약 40일을 살 수 있지만 물 없이는 7일을 살기 어렵다. 물에는 칼로리도 없고, 비타민도 없으며, 대부분 칼슘, 나트륨 등 무기질이 함유되어 있다.

1) 생수의 종류

(1) 미네랄워터

　증류하거나 이온화되지 않은 것으로 미네랄염이 용해되어 있다. 천연의 샘물로 염화나트륨($NaCl$), 중탄산나트륨($NaHCO_3$), 탄산나트륨(Na_2CO_3), 칼슘염, 마그네슘염, 때때로 철(Fe) 또는 황화수소(H_2S)의 고농도 미네랄을 함유하여 특별한 맛을 준다.

(2) 이온수

이온수는 함유된 미네랄이 제거된 정제한 물로 순수한 물 그 자체이다.

(3) 증류수

증류수는 정제한 물이며, 증기가 물로 전화된 것으로 용해된 미네랄 제거뿐만 아니라 병균도 없앤다.

(4) 스파클링 워터

탄산가스가 스파클링 워터의 공기방울을 만들며, 주로 이태리와 유럽에서 많이 먹는다.

2. 카보네이티드 음료(탄산음료)

탄산음료는 사이다, 콜라 등의 음료로 주석산, 구연산 등과 향료, 색소, 유화제, 안정제 등을 첨가하고, 고압으로 탄산가스를 넣어 만든다. 탄산가스로 인해 청량감을 주어 기분을 좋게 하는 기호성 식품이지만 영양가는 거의 없다.

사이다는 원래 유럽에서 사과의 과즙을 알코올로 발효시킨 사과술을 의미하며, 탄산수에 단맛을 가미한 외국의 소다팝(soda pop)이다. 콜라는 콜라나무 열매의 추출액과 향미성분, 캐러멜색소로 착색시킨 탄산음료이다. 콜라 특유의 톡 쏘는 맛은 첨가된 인산 때문이며, 뼈의 구성성분인 인은 너무 많이 섭취하면 뼈를 약화시키므로 주의해야 한다.

3. 커피

주로 재배되는 커피의 품종은 에티오피아 원산의 아라비카종(coffee arabica)과 중앙아프리카의 콩고분지가 원산인 로부스타종(coffee robusta)이 있다.

1) 커피 가공

(1) 커피콩의 제조

커피콩은 커피체리(coffee cherry)라고도 하며, 그림 15-1과 같이 녹회색으로 갸름한 타원형을 하고 있고 한쪽은 둥글고 한쪽은 납작하며 납작한 쪽이 마주보고 있다. 숙성되어 감에 따라 그림 15-2와 같이 색이 짙어진다.

커피콩은 그림 15-3과 같이 자연건조법과 물세척법을 통해 커피콩이 된다. 2~3주 동안 일광으로 건조시키거나 물에 담가 껍질을 벗기고, 씻은 후에 기계로 건조시켜 판매한다.

이 과정에서 껍질, 과육, 속껍질, 은피가 모두 제거되어 깨끗한 콩이 되는데 색이 녹색 또는 청록색이므로 'green coffee'라고도 부른다. 그린커피는 오랫동안 저장해도 변질되지 않으므로 그 상태로 유통된다. 그린커피콩은 맛과 향기가 약하므로 커피의 풍부한 향미를 얻기 위하여 볶는 과정을 거친다.

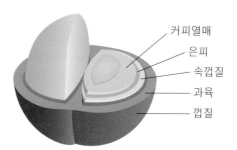

커피열매
은피
속껍질
과육
껍질

그림 15-1 》 **커피의 구조**

미숙 ◀──────────────────▶ 과숙   볶은 것

그림 15-2 》 Coffee cherry와 커피

자료 : http://www.sweetmarias.com/cofcherry-gr2red.jpg

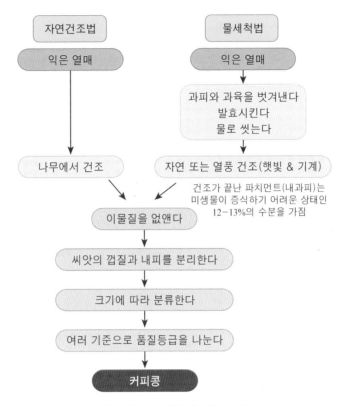

그림 15-3 》》 **열매에서 커피콩이 되는 과정**

(2) 로스팅(roasting)

　천연으로 존재하는 당, 유기산, 단백질과 기타 소량의 질소화합물 등이 고온에서 볶는 동안 비효소적 갈변반응을 하여 커피의 특징적인 색과 향기성분을 생성하게 된다. 볶은 콩은 볶은 후의 색에 따라 light roast, medium roast, dark roast, 색이 아주 진한 Italian 또는 French roast로 분류된다(표 15-1). 로스팅의 단계별 변화는 표 15-2, 그림 15-4와 같다.

표 15-1 》 로스팅 정도에 따른 색의 변화와 특징

로스팅 정도	색	특징
light roast(very light)		가장 약하게 볶은 상태. 신맛,갈색, 향바디는 없다.
cinnamon roast(light)		약하게 볶은 상태. 신맛 강하고, 커피 표면은 건조하다.
medium roast(moderatery light)		신맛이 강하고 단점이 나타난다.
high roast(light medium)		신맛이 조금 약하고 바디가 나타난다.
city roast(medium)		신맛은 거의 없고 품종의 특성이 나타난다.
fullcity roast(moderatery dark)		단맛이 강해지고 표면에 오일이 비친다.
french roast(dark)		바디가 강해지고 품종의 특징이 감소하며 표면에 오일이 많아진다.
italian roast(very dark)		바디감이 줄고 단맛에서 쓴맛이 강해진다.

표 15-2 》 로스팅의 단계별 변화

단 계	커피콩 내부온도	변 화
흡열반응단계 (커피콩이 열을 흡수하여 볶아지는 과정)	100~130℃	● 수분 증발, 황색으로 변화
	140℃	● 커피콩의 당질, 지질, 단백질, 유기산 등이 분해 ● 탄산가스 방출, 조직팽창
	150℃	● 커피콩의 중심부가 팽창하면서 1차 팽창음(crack) 발생
발열반응단계 (건열분해반응- 향기 생성)	200℃	● 커피콩이 건열분해되면서 열을 밖으로 발산하여 조직이 2차로 팽창 ● 갈변반응으로 캐러멜당, 유기산, 알데하이드, 지방산 등 볶은 커피의 맛과 향기를 구성하는 성분이 생성 ● 커피콩의 색상은 옅은 갈색 ● 신맛이 강하고 향기와 고소한 맛은 약함
맛과 향기가 가장 좋아지는 최적의 단계	220~230℃	● 커피콩은 갈색이며, 달콤한 맛과 고소한 맛이 최고 ● 향기는 짙으며 신맛은 줄어듦 ● 로스팅을 중단하고 물을 분사하여 대량의 찬 공기로 빨리 냉각시킴

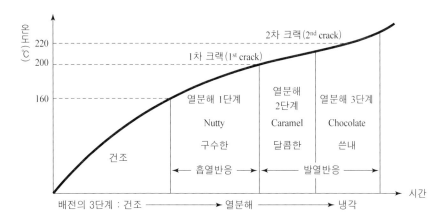

그림 15-4 》 커피 로스팅 과정 시 변화

2) 커피성분

커피의 주요 성분은 유기산, 휘발성 성분, 쓴맛 성분 및 카페인이다. 유기산에는 초산, 피루브산, 카페인산(caffeic acid), 클로로겐산(chlorogenic acid), 구연산, 사과산, 주석산 등의 유기산이 존재한다. 신맛이 강한 커피는 향기도 좋으며, 재배되는 지역의 고도, 열매 처리방법, 콩의 숙성 정도, 볶는 정도가 신맛에 영향을 준다.

주요 향기성분에는 황화합물과 페놀화합물이 있다. 커피의 향기성분은 휘발성이고, 열에 의해 잘 변하므로 고온에서 가열이 지속되면 좋은 향미성분이 없어지거나 파괴되어 좋지 않다. 추출된 커피를 낮은 온도에서 장시간 보존하여도 향미성분이 없어지므로 주의한다. 커피향기가 생성되는 시기에 따른 향기의 특징은 표 15-3과 같다. 쓴맛은 폴리페놀의 함량이 높을수록 강해진다. 폴리페놀의 용해도는 온도가 높을수록 커지며, 끓는 온도에서는 매우 쉽게 커피콩으로부터 용출된다. 이 중 하나인 탄닌은 쓴맛과 함께 떫은맛을 내기도 한다. 카페인은 더운 물에 용해되는 물질로 끓일 때 추출되는데 중추신경을 자극하여 흥분시킴으로써 기분을 상쾌하게 하며 이뇨작용도 있다.

표 15-3 》》 커피향기의 종류

생성 원인	특징	종류	세부항목
효소 작용	● 커피콩이 자라는 동안 효소작용에 의하여 생성 ● 가장 휘발성이 강함 ● 갓 볶은 커피에서 자주 느낄 수 있는 향기	Flowery(꽃향기)	Floral(꽃향기) Fragrant(방향)
		Fruity(과일향)	Citrus-like(감귤향) Berry-type(베리향)
		Herby(허브향)	Alliaceous(파향) Leguminous(두류향)
갈변 반응	● 커피의 볶음공정 중 당(糖)의 갈변 작용에 의하여 생성된 고소한 향, 캐러멜향, 초콜릿향 등이 포함 ● 커피를 추출할 때와 추출한 커피를 마실 때 느끼는 향기그룹 ● 약배전 수분 12~15% 정도 감소 중배전 수분 17~20% 감소 강배전 수분 25% 정도 감소	Nutty(약볶음, 약배전) 구수한 향, 고소한 향	Nutty(볶은 견과류) Malty(볶은 곡류향)
		Caramel(중볶음, 중배전) 달콤한 향, 캐러멜향	Candy-type(캔디향) Syrup-type(물엿향)
		Chocolate(강볶음, 강배전) 쓴 향, 초콜릿향	Chocolate-type(초콜릿향) Vanilla-type(바닐라향)
건열 반응	● 이때의 향기는 이종환상 화합물, 질소 화합물, 탄화수소 화합물로 이루어지며 가장 늦게 증발 ● 커피의 뒷맛에서 주로 느낌	Turpeny(송진향)	Resinous(송진·수지향) Medicinal(소독내)
		Spicy(향신료향)	Warming(매운 향) Pungent(쏘는 향)
		Carbony(탄내)	Smoky(연기냄새) Ashy(재냄새)

3) 커피의 종류

디카페인 커피(decaffeinated coffee)는 그린커피콩으로부터 카페인(caffin)을 제거하여 만든 커피로 카페인의 자극을 피하고 커피의 향미만을 즐길 수 있도록 화학적 처리에 의해 만든 것이다.

인스턴트커피(instant coffee)는 물에 타면 즉시 녹도록 만든 것으로 손쉽게 이용할 수 있다. 인스턴트커피는 매우 진하게 추출된 커피를 탈수 건조시켜서 분말 또는 입자상태의 수용성 고형물질로 만든 것이다.

카푸치노 커피는 에스프레소(espresso)커피에 크림이나 유제품을 넣은 것이다.

4) 커피 끓이기

커피 끓이기는 간 커피입자에 뜨거운 물이 단시간 접촉하면서 향미성분과 색소성분을 추출하는 과정이다. 맛있는 커피는 향미성분의 손실이 적고, 탄닌은 적게 용출되며, 색이 맑아야 한다. 입자의 크기에 따라 간 커피는 regular, drip, medium, fine grind로 분류되고, fine입자로 갈수록 굵은 입자가 없다. 커피의 품질에 영향을 주는 중요한 요인은 커피가 물과 접촉하는 온도와 시간의 조절이다. 수용성 성분을 적절히 용출하기 위해서는 물의 온도가 최소한 85℃ 이상이 되어야 하나 쓴맛 성분이 지나치게 용출되는 것을 막고, 휘발성 성분의 손실을 줄이려면 95℃ 이상이 되어서는 안 된다. 맛있는 커피는 색이 맑고, 향미성분의 손실이 적으면서 탄닌은 적게 용출되어야 한다.

5) 저장

커피음료의 품질을 가장 크게 좌우하는 것은 사용되는 커피의 신선도이다. 커피는 금방 볶은 것이 좋으며, 시간이 지날수록 품질이 저하된다. 커피의 변질은 주로 산화에 의하여 일어나므로 갈아놓은 커피가 커피콩으로 있을 때보다 더 빨리 변질되고, 공기에 노출되면 품질저하가 빨리 일어난다. 또한 커피의 품질에는 수분이 영향을 미치므로 변화가 더 현저하게 일어난다. 따라서 볶은 커피, 특히 간 커피는 저장할 때 밀봉하는 것이 필수이고, 탈기 밀봉하여 용기 내부를 진공처리하거나 탈기 후 탄산가스를 충전하면 더 좋다. 볶은 후 간 커피의 수분 함량을 5% 이하로 유지하여 진공포장하면 최소 2년까지 저장할 수 있다. 진공 포장된 커피를 개봉하였을 때는 뚜껑을 꼭 닫고 4℃ 정도로 낮은 온도에 저장하면 변질을 지연시킬 수 있다.

4. 차

차는 차나무의 어린잎을 따서 건조시켜 만드는 음료로서 광범위하게 이용된다. 가지의 끝에 달린 아직 열리지 않은 새순이 최상급의 품질이고, 찻잎의 크기가 클수록, 가지의 아래로 갈수록 품질이 저하된다.

1) 녹차와 홍차 가공

녹차가공은 두 가지 방법으로 우리나라와 중국에서 사용하는 솥에 넣고 볶아서 만드는 덖음차와 일본에서 사용하는 찻잎을 수증기로 가열하여 만드는 찐 차가 있다.

차나무 어린잎 4~5장을 채취하여 솥바닥에 넣고 가열하거나 수증기로 쪄서 클로로필 파괴를 방지하기 위해 신속히 냉각시킨다. 가열 시 효소의 파괴로 불활성화되어 차의 녹색이 유지되며, 찻잎이 부드러워지고, 세포조직의 파괴로 인해 차성분의 용출이 쉬워진다.

홍차는 생잎을 중량의 60~70%가 되게 건조시키고 20~25℃에서 발효시키면 산화효소인 페놀라아제에 의한 갈변반응으로 차의 카테킨이 산화되어 홍차 특유의 오렌지색을 띠는 테아플라빈(teaflabin)이 형성되고 독특한 향미가 생성된다. 홍차를 끓이면 어두운 주황색이 된다. 이는 테아플라빈이 다시 테아루비겐(tearubigen)으로 산화되었기 때문이다.

2) 종류

차의 종류는 표 15-4와 같이 다양하지만 가공방법에 따라 발효과정을 거치지 않은 녹차(green tea), 완전히 발효시킨 홍차(black tea), 부분적 발효과정을 거친 우롱차(oolong tea)가 있다.

녹차는 먼저 증기로 쪄서 효소를 불활성화시킨 후 말아서 건조시켜 만든다. 찻잎은 본래의 녹색이 유지되는데 특히 잎이 작을수록 더 잘 유지되고 오래된 잎은 종종 검은 회색을 띠기도 한다.

홍차는 찻잎을 시들게 한 후 그것을 말아 조직을 파괴시켜 세포액이 유출되게 한다. 그 다음 찻잎에 있는 효소에 의하여 촉매되는 산화적 변화가 일어나게 한 후 가열하여 건조시킨다. 산화가 일어나게 하는 과정을 발효라 하며, 발효과정에서 폴리페놀물질이 산화되어 새로운 페놀화합물이 생성되고 찻잎의 색은 검게 변한다. 커피보다 카페인은 적으나 우롱차나 녹차보다 많다.

우롱차는 부분 발효된 차로서 발효시간이 짧아 찻잎의 색이 완전히 변하지 않았기 때문에 약간 갈색을 띠며, 방향과 향미는 녹차와 홍차의 중간 정도이다.

표 15- 4 》 **차의 종류**

종류	특징
얼그레이 (Earl Grey)	● 다즐링과 중국 홍차를 섞어서 베르가모트유(Bergamot oil)를 첨가 ● 블랙 또는 소량의 우유를 첨가해서 마심 ● 유지방이 많이 들어 있는 우유를 사용하고, 레몬을 넣지 않음 ● 아침식사나 오후, 저녁에 마심
아삼 (Assam)	● 인도 북동부의 Assam주에서 생산되는 차로 독특한 향 ● 우유의 자극적인 맛을 없애줌 ● 아침식사 때나 tea time 또는 추운 오후에 마심
다즐링 (Darjeeling)	● 히말라야산맥에서 생산되는 향이 뛰어난 차 ● 우유를 첨가하거나 그대로 마심
잉글리시 블랙퍼스트 (English Breakfast)	● 스리랑카, 인도에서 생산된 차를 섞은 차 ● 아침에 일어나서 마시기 좋은 차로 우유나 레몬을 첨가하여 마심 ● 아침식사 때, tea time 또는 추운 오후에 마심
우롱차 (Oolong Tea)	● 홍차와 녹차를 섞어서 만든 차 ● 대만산이나 중국 본토의 것이 가장 잘 알려져 있고, 고산지대에서 생산된 것이 맛이 좋음
녹차 (Green Tea)	● 유일하게 발효시키지 않고 그냥 말린 차 ● 가장 카페인이 적음

3) 등급

홍차의 등급은 찻잎의 크기와 형태를 기준으로 한다. 일반적으로 홍차는 찻잎의 나이에 따라 그림 15-5와 같이 fancy tippy golden flowery orange pekoe(F.

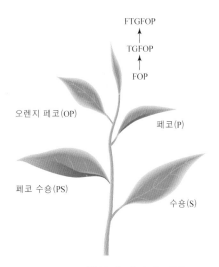

그림 15-5 》 **찻잎의 나이에 따른 등급**

T.G.F.O.P.), tippy golden flowery orange pekoe(T.G.F.O.P.), flowery or-
ange pekoe(F.O.P.), orange pekoe(O.P.), pekoe(P.), pekoe souchong(P.S.),
souchong(S.)으로 나누어진다. 분쇄된 정도에 따른 등급은 표 15-5와 같다.

표 15-5 》 분쇄된 정도에 따른 차의 분류 및 특징

등급 및 분류법	특징	차 우리는 시간
O.P. (orange pekoe)	● 입자크기 7~11mm ● 색이 밝고 인도산 홍차가 많음	3~4분
B.O.P. (broken orange pekoe)	● 입자크기 2~3mm ● 차의 색은 오렌지 계열의 붉은 기운이 돔 ● 스리랑카산이 많으며 시판하는 차의 대부분이 BOP 타입	2~3분
B.O.P.F (broken orange pekoe fannings)	● 입자크기 1~2mm ● F라고도 표시 ● 차의 색이 진하고 떫은맛	약 2분
D (dust)	● 가장 잘게 분쇄한 것 ● 검은색에 가깝고 맛은 강하고 떫은맛이 진함 ● 빨리 우러나므로 티백으로 만드는 경우가 많음	약 2분
CTC (cutting tear curl)	● 빠른 시간에 맛있는 차를 마시기 위해 만든 것 ● 티백으로 만든 것이 많음	약 2분
Tea Bag	● 부서진 찻잎의 조각으로 만듦	1~2분

4) 성분

차의 주요 성분은 폴리페놀화합물[주로 카테킨(catechin)류], 메틸크산틴(me-
tylxantin)과 방향화합물이다. 카테킨은 어린 찻잎에 더 많이 들어 있으며, 폴리페
놀의 농도는 홍차, 녹차, 또는 우롱차에 따라 다르다. 폴리페놀화합물은 그들의 산화
생성물로 향미와 차의 떫은맛에 큰 영향을 준다. 페놀릭화합물은 항산화와 암 억제
작용의 특징을 가진다. 폴리페놀은 철과 결합하므로 철을 함유한 음식을 먹었을 경
우 소장에서 철의 흡수를 방해한다. 차의 카페인 함량은 차 끓이는 방법에 따라 차
이가 있으므로 시간이 오래 걸리면 카페인 함량이 높아진다.

녹차는 엽산도 풍부하며, 다른 화합물인 테아플라빈(teaflabin)은 카페인의 쓴맛
을 감소시켜 주나 탄닌은 떫은맛과 특징적인 적갈색을 띠게 한다. 그 외 떫은맛을 내
는 폴리페놀물질로 카테킨(catechin), 쓴맛을 내는 카페인과 비슷한 알칼로이드 물
질인 테인(theine)이 있다.

홍차의 향미성분은 발효과정에서 생성되나 녹차는 증기로 찌는 과정에서 향미성분을 생성하는 효소가 불활성화되므로 녹차의 향미성분이 홍차보다 약하다.

5) 차 끓이기

차 끓이는 방법은 찻잎을 넣은 헝겊이나 종이주머니 또는 은구(silver ball)에 끓는 물을 부어 우려내는 tea ball방법과 예열된 주전자에 일정량의 찻잎을 넣고 끓는 물을 부은 후 우러나올 때까지 따뜻하게 두는 침지법이 있다. 차 끓이는 데 영향을 주는 요인은 물, 온도, 찻주전자와 끓이는 방법이다.

물은 경수보다 연수를 사용한다. 폴리페놀물질이 경수 중의 염과 작용하여 좋지 않은 침전을 만들 수 있기 때문이다. 물을 끓이면 용존가스가 손실되어 차맛이 없어지므로 충분한 산소가 녹아 있도록 방금 끓인 물을 사용하는 것이 좋다.

물의 온도는 끓는 온도보다 약간 낮은 온도를 유지해야 향미성분의 휘발이 덜 일어나므로 좋다. 끓는 물을 사용해도 찻잎이 담긴 그릇에 부으면 즉시 식으므로 찻주전자의 뚜껑을 꼭 닫아서 온도를 유지하고 휘발성분의 손실도 막도록 한다. 물의 온도에 따라 차를 우려내는 시간이 다른데 85~93℃에서 2~6분 동안 침지하는 것이 적당하다. 찻주전자는 유리나 도자기, 에나멜 제품을 이용한다.

맛있는 차를 만들기 위해서는 향미성분은 최대로 용출되고, 쓰고 떫은맛의 폴리페놀물질은 최소로 용출되도록 해야 한다. 진한 차를 만들 때는 시간을 오래 두기보다는 찻잎이나 홍차가루를 많이 사용하는 것이 좋다.

알아보기

세계 3대 명차

- Darjeeling : 홍차계의 샴페인
- Keeman : 흑차(중국차)
- Uva : 스리랑카 차

위의 종류는 향이 좋고, 고운 빛과 자신만의 개성이 있는 차이다.

차의 역사 및 도입경로

중국에서 차를 마시기 시작한 이후 17세기 초에 이르기까지 서양에서는 차가 전혀 알려져 있지 않았다. 그러나 주변 국가인 한국, 티베트, 일본은 교역을 통해 이미 전래되어 있었다. 서양에 차가 전래된 것은 중국과 유럽을 이어준 실크로드를 통해서이다.

5. 과실음료

과일을 그대로 압착한 즙액으로 만든 것과 과일을 가열하여 얻은 진한 액으로 가공되기도 한다. 가장 일반적으로 사용되는 것은 감귤류이다. 그 외 포도, 딸기, 토마토 등 다양하게 이용된다. 과일주스는 과일의 맛, 향기, 영양성분 등이 생과일과 유사하며, 다만 유통 시 변질의 우려 때문에 여러 가공처리를 해서 판매된다.

또 다른 방법은 과실을 채 썰거나 얇게 저며 꿀이나 설탕에 절였다가 끓는 물에 타서 먹는 것으로 생강차, 인삼차, 유자차, 모과차 등이 있다.

6. 이온음료

원래 운동선수들이 격렬한 근육운동을 한 후 땀으로 소실된 수분과 이온을 빠르게 공급하여 신체기능을 정상적으로 유지하기 위해 개발된 음료였으나 이제는 모든 사람들이 애용하고 있다. 체액과 비슷한 약알칼리성(pH 7.4)으로 흡수속도가 빨라 갈증해소에 도움이 된다. 시판되는 이온음료는 무탄산가스형으로 포도당, 설탕, 올리고당 등의 당류와 각종 유기산류와 무기질류, 비타민류가 강화된 음료이다.

7. 코코아와 초콜릿

1) 제조

코코아와 초콜릿은 카카오나무의 씨(그림 15-6)를 갈아서 만드는데 쓴맛을 감소시키기 위하여 그림 15-7과 같이 먼저 발효시켜 코코아를 만들고, 초콜릿은 콘칭(conching)이라는 과정을 거쳐 액체 초콜릿으로부터 만든다. 초콜릿은 혼합되는 성분에 따라 무가당 초콜릿, 스위트 초콜릿, 밀크 초콜릿 등이 있다.

그림 15-6≫ **카카오 열매와 씨**

콘칭(conching)

초콜릿의 특정한 향이나 농도를 진하게 하기 위해 21~71℃의 따뜻한 초콜릿을 기계로 혼합하고 공기를 쐬는 과정을 말한다. 부드러움, 점도, 향미가 증가된다.

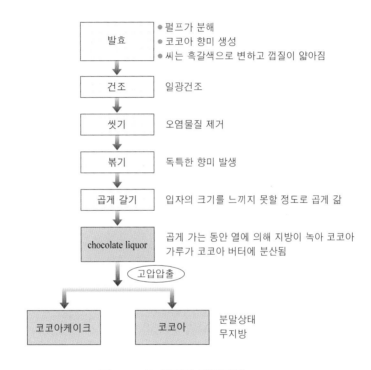

그림 15-7 》 **코코아 제조과정**

2) 성분

초콜릿은 50~58%가 코코아버터를 포함하고 있어 지질 함량이 높기 때문에 음료를 만들었을 때 코코아보다 부드러운 진한 맛을 낸다. 또한 코코아에 11%, 초콜릿에 약 8%의 전분이 들어 있으므로 음료를 만들 때 가열하여 전분이 호화되면 가열하지 않을 때보다 가루가 가라앉지 않고 보다 균질한 음료를 만들 수 있다.

향미와 색은 모두 카카오콩에 있는 페놀물질에 기인된다. 이 물질은 산화되어 여러 가지 불용성의 적갈색 화합물을 생성한다. 발효되지 않은 신선한 콩의 떫은맛 성분 중에는 쓴맛이 강한 것들이 있다. 또한 초콜릿에 상당량의 테오브로민(theobromine)과 카페인이 함유되어 있다.

8. 전통음료

한국의 전통음료는 자연에서 나온 자연물을 이용하고, 사계절의 변화를 담아 맛으로 표출한 것으로 일상식, 절식, 제례, 연회식 등에서 사용되어 자연스러운 맛과 함께 맛을 즐겼던 조상들의 낭만과 풍류, 정성을 느낄 수 있다. 전통음료는 종류, 형태, 조리법에 따라 매우 다양하며, 표 15-6과 같이 분류할 수 있다.

표 15-6 》 **한국 전통음료의 분류와 특징 및 종류**

분류		특징	종류
순다류(純茶類)		차나무의 잎을 이용해서 만든 차	녹차, 홍차, 우롱차
유사다류 (類似茶類, 차를 혼합하거나, 혼합되지 않은 채 차의 명칭이 붙여진 것)	화엽차 (花葉茶)	꽃잎을 뜨거운 물에 우려 꿀과 설탕으로 가미한 차	매화차, 국화차, 계화차, 감화차
	과실차 (果實茶)	과육이나 과피를 이용해서 만든 차	모과차, 유자차, 귤피차, 석류피차
	곡재차 (穀材茶)	곡류 등을 볶아 만든 차	율무차, 보리차, 옥수수차, 녹두차
	약재차 (藥材茶)	한약재를 이용해서 만든 차	구기자차, 오가피차, 두충차, 당귀차, 생강차
탕류(湯類)		약이성(藥餌性) 재료를 끓이거나 달여 고(膏)의 형태로 만들어 희석해서 마시는 차	제호탕, 쌍화탕, 모과탕
장류(漿類)		약이성(藥餌性) 재료를 꿀이나 설탕에 넣어 숙성시켜 희석해서 마시는 차	모과장, 계장, 귀계장, 유자장
숙수류(熟水類)		누룽지에 물을 부어 끓여 마시는 것	숭늉
미식류(米食類)		곡물을 쪄서 볶아 가루로 만들어 물에 타서 마시는 것	찹쌀미시, 보리미시, 수수미시, 조미시
식혜류(食醯類)		엿기름물에 밥알을 당화시켜 감미한 것	식혜, 연엽식혜, 마주, 석감주
수정과류(水正果類)		계피, 생강 등을 달인 물에 곶감, 배 등의 건지를 넣은 것	수정과, 배수정과, 향설고
화채류(花菜類)		오미자국물을 이용한 화채	진달래화채, 배화채, 창면, 보리수단
		꿀이나 설탕을 이용한 화채	송화밀수, 떡수단, 원소병, 유자화채
		과일즙을 이용한 화채	앵두화채, 딸기화채, 수박화채

16

식품의 관능검사

16 식품의 관능검사

식품을 섭취하기 전에 먼저 크기, 색, 광택, 침전물 등의 겉모양과 특성을 보고, 손으로 잡아보거나, 냄새를 맡아 품질의 좋고 나쁨을 판별한 후에 선택한다. 이렇게 선택된 식품은 입에 넣어 마시거나 씹을 때의 향미, 조직의 특성, 소리 등으로 시각, 촉각, 미각, 청각, 후각의 5가지 감각기관이 모두 관여하게 된다. 이와 같이 식품을 선택하고 섭취하는 과정에는 식품의 전반적인 관능적 특성(sensory characteristics)을 평가하게 된다.

1. 식품의 기호적 특성

식품에 대한 기호는 개인의 환경과 생활습관에 따라 다르며, 식품의 품질은 식품에 대한 기호를 결정하는 데 있어 중요하다. 식품은 1차적으로 영양공급의 중요한 역할을 하지만 섭취할 때의 즐거움은 영양공급 외에도 중요하다. 다음 표 16-1과 같이 식품의 품질요소를 분류할 수 있다.

표 16-1 》 **식품의 품질요소**

품질요소	내용
양적인 요소	식품의 무게, 부피, 불순물의 유무
영양 · 위생적 요소	영양성분의 양과 조성, 식중독을 일으키는 미생물이나 화학물질의 유무 등
관능적 특성	맛, 냄새, 씹힘성 등 우리의 기호도와 직접적인 관계

2. 식품의 관능적 특성

식품의 관능적 특성 요소는 외관과 색(시각), 냄새(후각), 맛(미각), 손으로 만지는 느낌(촉각), 씹을 때 나는 소리(청각) 등이 있으며 이들을 세부적으로 분류하면 그림 16-1과 같다.

시각 색, 조직감, 크기, 윤기, 모양
후각 휘발성 화합물질
미각 쓴맛, 신맛, 신맛, 짠맛, 짠맛, 단맛 따뜻함, 차가움, 톡 쏨, 아픔
청각 지글지글, 씹는 소리, 따르는 소리, 거품이 이는 소리, 바삭바삭하는 소리

그림 16-1 》 감각기관의 관능적 특성 요소

1) 물리적 요인

음식이 맛있어 보이는데 영향을 주는 물리적 요인은 외관, 텍스처, 온도, 소리 등이 관여한다.

(1) 외관(appearance)

외관은 모양, 크기, 색, 형태, 투명도, 윤기, 식품의 부패 정도를 판단할 수 있는 시각적 요소들이다. 모든 감각기관 중 시각적인 정보가 제일 먼저 즉각적이고 민감하게 반응을 한다.

맛과 식욕 증진의 관련성이 가장 큰 것은 식품의 색채로 색에 의해 음식의 상태, 신선도 등을 느끼며, 여러 관능적 특성이 달라지기 때문이다. 식품의 색은 특정 제품을 기대하게 하므로 색의 평가와 조절은 제품의 개발과 생산에 중요하다. 예를 들어 구운 고기와 구운 빵의 갈색, 버터의 노란색 등은 식욕을 돋우는 데 있어 중요한 요인이 된다.

식품의 모양도 중요하여 주름지고 건조한 표면보다는 촉촉하고 윤기 있는 표면이 더 좋게 느껴진다. 그레이비(gravy)의 덩어리짐은 혀로도 느끼지만 눈으로도 볼 수 있으며, 구운 빵 속 기공의 모양과 크기 및 텍스처 등은 빵의 질 평가에 중요하다.

또한 식품재료의 본래 색이나 음식을 담는 그릇, 테이블보 등이 어떤 색과 어떤 재질이냐에 따라 느낌이 달라진다. 이러한 시각적인 요소들과 색, 맛 등이 잘 조화되면 음식이 더욱 맛있게 느껴질 것이다

(2) 텍스처(texture)

식품의 경도와 관련된 특성을 물성 또는 텍스처라 한다. 이것은 촉각, 근육운동, 청각, 마찰운동 등의 느낌으로 나타나는 복합적 특성으로 기계적인 것, 기하학적인 것, 촉각적인 것으로 나눌 수 있다. 식품의 객관적인 검사로 Instron이나 textrure analyser를 사용하여 측정한다. 기계적 특성은 물리적인 성질로 경도(hardness), 응집성(cohesiveness), 점성(viscosity), 탄성(elasticity), 부착성(adhesiveness), 파쇄성(brittleness), 씹힘성(chewiness), 검성(gumminess)이 있으며, 기하학적 특성은 입자의 크기와 모양에 따라 나타나는 성질과 식품 구조성분의 배열로 나타나는 성질이 있다.

입자의 크기와 모양에 따라 나타나는 성질은 분말상(powdery), 과립상(grainy), 모래모양(gritty), 거친 모양(coarse), 덩어리 모양(lumpy)이 있고, 성분의 배열에 관련된 성질은 박편상(flaky), 섬유질상(fibrous), 펄프상(pulpy), 기포상(aerated), 팽화상(puffy), 결정상(crystalline)이 있다. 그리고 촉각적 특성은 느낌(섬유질, 거칠음, 매끄러움), 기름과 수분 함량(기름기 많은, 건조한, 물기가 많은), 부드러운 정도를 수치로 표현한 것을 말한다.

식품의 알려진 입안의 촉감은 모래 같음(grittiness), 끈끈함(stickiness), 반질반질함(slickness), 단단함(hardness), 아삭아삭함(crispness), 거칠음(toughness), 깨어짐(brittleness), 바삭바삭함(crunchiness), 점성(viscosity), 촉촉함(moistness) 등이다. 입안의 촉감은 식품의 지속적 소비에 매우 중요하므로 소비자의 요구에 맞는 적절한 텍스처를 가진 제품이 개발되어야 한다.

(3) 온도

음식의 온도는 입안에서 느껴지는 질감과 함께 음식을 맛있게 느끼는 데 중요한 영향을 주는 요인이다. 일반적으로 혀의 미각은 10~40℃ 범위에서 잘 느끼고, 30℃

정도에서 가장 예민하다. 음식이 맛있게 느껴지는 온도는 맛의 종류와 당의 종류에 따라 달라진다.

맥아당의 단맛은 온도에 큰 영향을 받지 않지만 과당의 경우 온도가 낮을수록 강해진다. 과일의 경우 적당히 차게 먹어야 단맛이 더 강하다. 일반적으로 단맛은 온도가 높아질수록 증가하고, 짠맛과 쓴맛은 감소하며, 신맛은 온도 변화에 큰 변화가 없다. 음식이 맛있게 느껴지는 온도는 음식에 따라 다르지만 보통 체온의 온도 범위 내 $\pm25\sim30℃$이다.

(4) 소리

식품을 먹을 때 나는 소리로 과자의 바삭거리는 소리, 채소의 아삭거리는 소리, 팬 위에 고기가 익을 때 나는 지글지글 소리, 찌개가 끓는 보글보글 소리와 누룽지탕에서 누룽지 위에 소스 뿌릴 때 나는 소리 등이다. 이러한 소리들은 그 식품들을 더욱 맛있게 느껴지게 하는 요인들이다.

2) 화학적 요인

(1) 맛

맛은 어떤 식품의 품질을 평가할 수 있는 중요한 판단기준의 하나이며, 식욕 증진, 식사에 대한 만족감, 소화흡수에도 영향을 주는 가장 중요한 요소이다. 이러한 맛을 느끼는 감각기관은 입안의 혀로 표면에 맛을 감지하는 미뢰(taste bud)가 있다. 혀에서 주로 맛을 느끼는 부위는 그림 16-2와 같다.

맛은 헤닝(Henning)이 정사면체로 분류한 단맛, 짠맛, 신맛, 쓴맛의 기본 4가지 맛이 있으며, 여기에 감칠맛을 더해 오원미(五元味)라고 한다. 맛을 지각할 수 있는 최소농도를 역가(threshold value)라 하며, 맛 중에서 쓴맛의 역가가 가장 낮아 미량으로도 쓴맛을 느낄 수 있다.

식품에 포함된 맛성분들은 다양하며, 이들이 서로 혼합되면 맛의 상호작용으로 원래 가지고 있던 맛이 변화될 수 있다(표 16-2).

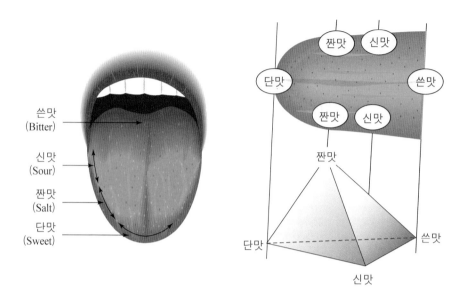

그림 16-2 》》 혀의 4가지 맛과 헤닝(Henning)의 정사면체 맛의 관계

① 단맛

당류의 대부분은 단맛을 가지고 있으며, 포도당, 과당, 설탕, 맥아당, 유당 등이 식품산업에 쓰인다. 주로 단맛을 내는 물질은 감미료이며, 당질 감미료와 비당질 감미료가 있다. 당질 감미료는 당류, 당알코올류 등이 있으며, 비당질 감미료는 스테비오사이드, 사카린, 아스파탐 등이 있다.

② 짠맛

짠맛을 내는 물질은 주로 소금(NaCl)이며, 그 외 칼륨(K^+), 칼슘(Ca^+), 암모늄(NH_4^+)의 이온들과 SO_4^{2-}, NO_3^-와 같은 음이온 등이 짠맛을 낸다. 이들은 각종 가공식품에 많이 들어가 있어 소금 섭취에 주의해야 한다.

③ 신맛

신맛을 내는 물질은 주로 유기산류이며, 수소이온(H^+)이 신맛의 주요 원인이다. 과일과 채소류의 유기산 종류는 다양하며, 주로 사과산(malic acid), 구연산(citric acid), 주석산(tartaric acid)과 초산(acetic acid) 등이다.

④ 쓴맛

쓴맛을 가진 식품은 차와 커피를 제외하고 별로 없다. 쓴맛을 내는 물질은 알칼로이드물질인 카페인(caffeine), 테오브로민(theobromine)과 감귤류에 존재하는 나린진(naringin)과 리모닌(limonin), 오이의 쓴맛 성분인 쿠쿠르비타신(cucurbitacin) 등이 있다.

⑤ 감칠맛(palatable taste, umani)

우리나라에서는 좋은 맛의 뜻인 지미(至味)로 알려져 있으며, 다시마의 감칠맛 성분인 글루탐산(glutamic acid)의 모노소디움 글루탐산(monosodium glutamic acid : MSG)이 대표적으로 알려져 있고, 아미노산, 펩티드, 유기산, 뉴클레오티드(nucleotide) 등이 영향을 준다.

천연물질로는 해조류, 버섯류, 젓갈류, 조개류, 된장, 간장, 고기즙 등에서 감칠맛을 얻으며, 여러 다양한 형태의 합성물질로 공업적으로 만들어진 조미료가 시판되고 있다.

⑥ 기타

기본 맛 외에 냄새와 함께 느끼는 맛(과일맛, 산패맛), 입안 느낌(매운맛, 떫은맛, 금속맛)의 맛 등이 있다.

표 16-2 》 **맛의 상호작용와 그 예**

맛의 상호작용	현상	맛의 상호작용 예
맛의 상승	같은 종류의 맛을 가진 성분들이 혼합되면 원래의 맛보다 더 강해지는 현상	● 감칠맛에 다른 감칠맛 첨가 ● 다시마와 멸치를 첨가하면 단맛이 강해짐
맛의 소실	2가지 맛성분이 혼합될 때 각각의 고유한 맛이 약하게 느껴지는 현상	● 청량음료와 주스 ● 오렌지주스 먹은 뒤 단맛의 청량음료 먹으면 단맛이 소실
맛의 대비	한 가지 맛성분이 다른 맛성분과 혼합되면 한 가지 맛성분이 더 강해지는 현상	● 단팥죽에 소금 넣음 ● 단맛에 소량의 짠맛을 가하면 단맛이 더 강해짐
맛의 변조	한 가지 맛성분을 맛본 직후 다른 맛을 보면 정상적인 맛을 느낄 수 없는 현상	● 쓴 약을 먹고 물을 먹으면 물이 달게 느껴짐

(2) 냄새

　냄새성분은 후각세포가 자극되어 신경을 통하여 뇌에 전달되어 냄새를 느끼게 된다 (그림 16-3).

　냄새로는 후각에 의한 냄새(과일, 된장 냄새)와 콧속 피부 느낌(박하냄새, 얼얼한 냄새, 자극성 냄새) 등이 있다.

　식사 시 식품의 냄새와 향은 따뜻한 음식을 제공받았을 때 매우 중요하다. 달콤한 향은 기분을 좋게 해주지만 자극적이고 강한 향은 싫어하게 된다. 향의 감지는 식품 속의 휘발성물질에 의해서 느껴지고, 높은 온도에서 휘발성이 더 커져 향을 감지하 며 낮은 온도에서는 휘발성이 억제되어 감지가 어렵다. 이와 같이 향은 온도와 밀접 한 관련이 있으며, 식품이 섭취되고 제공되는 온도에 큰 영향을 받는다.

(3) 향미

　향미는 입안에서 냄새와 맛이 합쳐진 평가를 말한다. 'Hot'이라는 용어는 식품평 가 시 2가지로 평가되어 물리적인 온도와 고추의 강한 맛에 의해 입에 남은 타는 듯 한 감각이다. 향미평가에 가장 좋은 온도는 20~30℃이다.

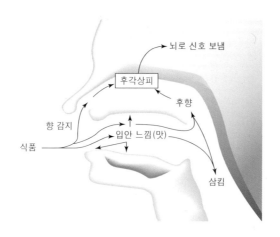

그림 16-3 》》 향, 입안 느낌과 맛의 감지경로

3. 관능검사

관능검사는 소비자의 기대나 욕구를 알아내어 이런 욕구를 신제품 또는 개선제품으로 나타내는 데 중요한 역할을 한다. 미국의 Institute of Food Technologists(IFT)에서 "관능검사는 식품과 물질의 특성이 시각, 후각, 미각, 촉각 및 청각으로 감지되는 반응을 측정, 분석 내지 해석하는 과학의 한 분야이다."라고 정의하였다. 관능검사는 조리 가공된 음식과 외식산업의 발달과 함께 표 16-3과 같이 식품산업에서 중요한 한 분야이다.

표 16-3 》 관능검사 활동의 주요 응용 분야

- 신제품 개발업무
- 품질개선
- 원가절감
- 공정개선
- 품질관리
- 저장기간 평가
- 경쟁제품의 감시(모니터)

1) 관능평가원(panel)

제품평가를 위한 관능평가원이 필요하며, 훈련된 관능평가원과 훈련되지 않은 관능평가원이 있다. 훈련된 관능평가원은 채점표의 사용과 다양한 특성의 평가에 의해 훈련된 관능평가원이고, 훈련되지 않은 관능평가원은 제품평가에 관해 아무 준비를 하지 않은 참가자이며, 소비자 패널이 속한다.

연구자는 관능평가원과 함께 채점표를 검토하여 명확한 질문으로 설문지를 작성하고, 각 문항에 부여한 점수에 대하여 구두설명을 한다.

2) 관능검사장의 환경

관능검사는 소음, 온도, 습도, 조명 등과 같은 물리적 환경과 냄새나 옆에 사람이 있다는 인식 등에 의해서 영향을 받는다. 실내온도는 20~25℃, 습도는 50~60%로 유지하고, 태양광선과 인공조명을 함께 사용하며, 탁상광도가 30~50촉광 정도 되도록 한다. 실내의 벽, 천장, 바닥, 탁자 등은 적당히 밝고 안정된 색으로 하고, 환기시

설을 설치하여 냄새가 최대한 빨리 제거되도록 한다. 또한 공간은 최소한 10~15평 정도 되어야 하고, 패널 인원은 10~20명 정도가 적당하며 특별한 경우 40명을 초과할 수 있다.

3) 관능검사방법

(1) 차이식별검사(difference & discrimination test)

시료 간의 관능적인 차이가 있는지 조사하기 위한 검사로 일-이점검사, 이점대비검사, 삼점검사, 순위법, 평점법 등이 있다.

① 일-이점검사(duo-trio test)

표준시료를 제시하여 맛을 보게 하고 두 개의 시료를 평가하여 두 개의 시료 중 어느 시료가 표준시료와 동일한지를 평가한다.

② 이점대비검사(paired comparison test)

두 개의 시료(A, B) 간에 차이가 있는지를 알아보는 검사이다. 두 개의 시료를 제공하고, 두 개의 시료가 동일한지 다른지를 알아본다.

③ 삼점검사(triangle test)

차이식별검사에서 가장 많이 선호하는 검사이다. 특성이 다른 두 개의 시료 차이를 평가할 때 사용한다. 세 개의 시료 중 두 개는 같은 시료를 제공하고, 한 개는 다르게 제공하여 세 개 중 다른 한 가지를 식별하게 한다.

④ 순위법(ranking test)

세 개 이상의 시료 중에서 주어진 특성의 순위를 결정하는 검사로 주어진 특성에 대하여 맛을 보아 강도의 순위를 결정한다.

⑤ 평점법(rating test)

정해진 특성의 강도에 대하여 점수를 표기하는 방법으로 척도법(scaling test) 또는 채점법(scoring test)이라고도 한다. 시료의 특성이 어느 정도로 다른지를 평가하기 위해 특성의 정도가 표시된 척도를 사용하여 평가한다.

(2) 묘사분석(descriptive analysis)

시료의 관능적 특성을 용어로 묘사하고, 그 특성의 정도를 척도를 사용하여 정량화하는 방법이다.

① 묘사향미분석(descriptive flavor analysis)

제품에서 느껴지는 관능적 특성을 느끼는 순서대로 서술하는 방법으로 시료의 향미 특성을 분석하여 각 특성이 나타나는 순서를 정하고, 그 강도를 측정하여 향미가 재현될 수 있도록 묘사하는 방법이다. 시각, 청각, 미각, 후각, 촉각 순서로 감지되는 모든 관능적 묘사를 말한다.

② 정량적 묘사분석(quantitative descriptive analysis)

제품 특성의 철저한 묘사를 개발하고 그 강도를 정량화하는 방법이다.

(3) 기호검사(affective test)

소비자의 기호나 선호도를 평가하는 방법으로 새로운 식품개발이나 품질개선에 이용된다. 이점선호법, 순위선호법, 기호척도법 등이 있다.

① 이점선호법(paired preference)

두 개의 시료 중 더 좋아하는 것을 골라내는 방법이다.

② 순위선호법(ranking preference)

세 개 이상의 시료를 좋아하는 순서로 나열한다.

③ 기호척도법(hedonic scale)

주어진 시료를 얼마나 좋아하는지 그 강도를 측정하기 위한 방법이다. 5, 7, 9점 척도를 이용한다.

표 16-4 》 관능평가의 평점법의 예

○○의 관능평가

이 름 :　　　　　　　　　　　　　　　　날 짜 :

1. 이 00의 외관은 :

　　□　　　□　　　□　　　□　　　　　□　　　□　　　□　　　　　□
　　대단히　　　　　　　　　　　　　　좋지도　　　　　　　　　　대단히
　　싫다　　　　　　　　　　　　　　싫지도 않다　　　　　　　　　좋다

2. 이 00의 색은 :

　　□　　　□　　　□　　　□　　　　　□　　　□　　　□　　　　　□
　　대단히　　　　　　　　　　　　　　좋지도　　　　　　　　　　대단히
　　싫다　　　　　　　　　　　　　　싫지도 않다　　　　　　　　　좋다

3. 이 00의 향미는 :

　　□　　　□　　　□　　　□　　　　　□　　　□　　　□　　　　　□
　　대단히　　　　　　　　　　　　　　좋지도　　　　　　　　　　대단히
　　싫다　　　　　　　　　　　　　　싫지도 않다　　　　　　　　　좋다

4. 이 00의 맛은 :

　　□　　　□　　　□　　　□　　　　　□　　　□　　　□　　　　　□
　　대단히　　　　　　　　　　　　　　좋지도　　　　　　　　　　대단히
　　싫다　　　　　　　　　　　　　　싫지도 않다　　　　　　　　　좋다

5. 이 00의 씹힘성은 :

　　□　　　□　　　□　　　□　　　　　□　　　□　　　□　　　　　□
　　대단히　　　　　　　　　　　　　　좋지도　　　　　　　　　　대단히
　　싫다　　　　　　　　　　　　　　싫지도 않다　　　　　　　　　좋다

6. 이 00에 대해 전반적으로 어떻게 느끼십니까?

　　□　　　□　　　□　　　□　　　　　□　　　□　　　□　　　　　□
　　대단히　　　　　　　　　　　　　　좋지도　　　　　　　　　　대단히
　　싫다　　　　　　　　　　　　　　싫지도 않다　　　　　　　　　좋다

345

참·고·문·헌

■ 참고도서

김기숙, 김향숙, 오명숙, 황인경. 조리과학 이론과 실험실습. 수학사, pp. 241-265, 2000

김성곤, 조남지, 김영호. 제과제빵과학. 비앤씨월드, 1999

문수재, 손경희. 식품학 및 조리원리. 수학사, pp. 113-142, 2001

미국소맥협회. 밀가루의 품질과 이용. 2000

배영희, 박혜원, 박희옥, 정혜정, 최은정, 채인숙. 조리응용을 위한 식품과 조리과학. 교문사, pp. 111-122, 2003

송재철, 박현정. 최신 식품가공저장학. 효일, 1998

송재철. 최신식품학. 교문사, 1998

송재철, 박현정. 최신식품가공학. 유림문화사, 2006

송주은, 현영희, 변진원. 최신조리원리. 백산출판사, 2001

신말식, 김완수, 이경애, 김미정, 윤혜현, 김성란. 식품과 조리과학. 라이프사이언스, 2001

안명수. 식품화학. 신광출판사, 2004

양일선, 이보숙, 차진아, 한경수, 채인숙, 이진미. 단체급식. 교문사, 2008

염진철, 엄영호, 김상태, 허정. 전문조리용어해설. 백산출판사, 2008

월간제과제빵. 제과제빵 이론특강. 비앤씨월드, 1999

윤계순, 이명희, 민성희, 정혜정, 김지향, 박옥진. 새로 쓴 식품학 및 조리원리. 수학사, 2008

윤숙경. 우리말 조리사전. 신광출판사, p. 165, 1996

이경애, 변광의, 구화숙, 김미정, 김미라, 윤혜현, 송효남. 식품학. 파워북, 2008

이주희, 김미리, 민혜선, 이영은, 송은승, 권순자, 김미정, 송효남. 과학으로 풀어 쓴 식품과 조리원리. 교문사, 2008

이혜수. 조리과학. 교문사, pp. 169-210, 1998

이효지. 한국음식의 맛과 멋. 신광출판사, p. 59, 2005

하숙정. 양식조리기능사. 수도출판문화사, 1991

한국영양학회. 한국인 영양섭취기준. 국진기획, 2005

한국영양학회 식품 영양소 함량 자료집. 한아름기획, 2009
한복려, 한복진. 종가집 시어머니 장 담그는 법. 둥지, 1995
한성욱. 가축의 품종. 선진문화사, 1996
한춘섭, 이순옥, 김은미, 장현유, 박순애, 정영상, 김오진. 행복한 버섯요리. 문예마당, pp. 21-41, 2006

▣ 참고논문

김은미, 조신호, 정낙원, 최영진, 원선임, 차경희, 김현숙, 이효지. 17세기 이전 주식류의 문헌적 고찰. 한국식품조리과학회지 22(3) : 314-336, 2006

노정해, 한찬규. 돼지고기 급여가 납에 중독된 흰쥐의 해독과정에 미치는 영향. 한국동물자원과학회지 49(3) : 415-428, 2007

문수재, 김정연, 정영주, 정용삼. 한국인의 상용식품내 요오드 함량. 한국영양학회지 31(2) : 206-212, 1998

문태정, 김기준, 박성민, 김현정, 박종진, 화현각, 정상미, 이미영, 구자항, 임지순. 과실류 및 채소류 중 아황산염류 함유량 조사연구. 한국식품저장유통학회지 13(4) : 432-437, 2006

박금순. 홍화첨가와 저장기간에 따른 유과의 품질 특성. 동아시아식생활학회지 14(5) : 463-471, 2004

안선정, 이귀주. 냉장 저장 중 사과슬라이스의 갈변에 미치는 갈변저해제의 효과. 한국식품조리과학회지 21(1) : 24-32, 2005

양호철, 정경모, 화광성, 송병춘, 임현철, 나환식, 문희, 허남칠. 매생이(Capsosiphon fulvescens)의 이화학적 성분. 한국식품과학회지 37(6) : 912-917, 2005

오승희, 김덕진. 꽁치 자연동결건조(과메기) 중 지방함량과 지방산 조성 변화. 한국식품영양학회지 8(3) : 239-252, 1995

오승희, 김덕진, 최경호. 과메기 재조시 건조조건에 따른 꽁치 근육의 성분 변화1. 일반성분 및 지질조성변화. 한국식품영양과학회지 27(3) : 386-392, 1998

유승석, 화민석. Mirepoix au maigre함량 수준에 따른 포도씨유 드레싱의 수용도 변화. 한국식품조리과학회지 23(5) : 685-695, 2007

이귀주, 안선정. 가열온도에 따른 당용액의 캐러멜 생성물의 Polyphenol Oxidase에 대한 저해효과. 한국식품영양과학회지 30(6) : 1041-1046, 2001

이응호. 젓갈의 식품학적 특징 및 제조기술 동향. 한국식품조리과학회 1995년도 추계 학술심포지움 및 정기총회. 한국식품조리과학회 학술대회논문집. pp. 405-417, 1995

이찬. 쌀 전분의 노화특성에 관한 연구. 한국식품영양학회 16(2) : 105-110, 2003

이철호, 김선영. 한국 전통음료에 관한 문헌적 고찰 : 전통음료의 종류와 제조방법. 한국식생활문화학회지 6(1) : 43-54, 1991

최영희, 윤은경, 화미경. 제조조건을 달리한 유과의 품질 비교. 동아시아식생활학회지 10(1) : 55-61, 2000

한귀정, 이혜연, 박희정, 박영희, 조용식. 우리 쌀 밥맛 향상을 위한 취반기술 개발 연구-제1보 소비자의 쌀구매 및 밥 소비에 관한 실태조사-. 한국식품조리학회지 23(4) : 452-460, 2005

한재숙, 조학래, 조호성. 저염 명란 젓갈의 품질지표 설정을 위한 연구. 한국식품조리학회지 21(4) : 440-446, 2005

한찬규, 노정해, 이복희. 돼지고기가 공장근로자들의 신기능지표와 혈청 생화학치에 미치는 영향. 한국축산식품학회지 28(1) : 91-98, 2008

홍상필, 황재관, 김동수. 키토산의 기능성과 올리고당의 생산기술. 식품과학과 산업 30(1) : 44-52, 1997

■ 외국논문

Adrian Bailey. Cooks Ingredients. Readers Digest, 1990

Bennion M, Scheule B. Introductory foods. 11th ed. Prentice Hall, pp. 287-335, 2000

Bennion M, Scheule B. Introductory foods. 12th ed. Prentice Hall, 2003

Brown A. Understanding food: Principles and preparation. Thomson Wadsworth, 2008

Chang IY, Hwang IK. A study of physicochemical analysis and sensory evaluation for cooked rices made by several cooking methods(II) - Especially for warm and cool cooked rices. Korean J. Soc. Food Sci. Nutr 4(2) : 51-56, 1988

Charcuterie. CIA Courseguide, 2002

Fish Identification and Fabrication. CIA Courseguide, 2002

Harold McGee. On Food And Cooking, the Science and Lore of the Kitchen. NY : Scribner, 2004

Hideo, T. Eicosapentaenoic acid and docasahexaenoic acid in marine animal lipids. Japan Eiyogaku Zasshi 42(2) : 81, 1984

Kang IH. A customs of Korean dietary life. Samyoungsa Publishing Company, 1984

Kim MR. Korean traditional convenience beverage and cookery science. Korean J. Soc. Food Cookery Sci. 17(6) : 657-700, 2001

Kim SK., Lee AR., Lee SK., Kim KJ., Cheon KC. Firming rated of cooked rice differing in moisture contents. J. Food Sci. Technol. 28(5) : 877-881, 1996

Kim YD., Ha UG., Song YC., Cho JH., Yang EI., Lee JK. Palatability evaluation and physical characteristics of cooked rice. Korean J. Crop Sci. 50(1) : 24-28, 2005

Kweon MR., Han J., Ahn SY. Effect of storage conditions of the sensory characteristics of cooked rice. Korean J. Food Sci. Technol. 31(1) : 45-53, 1999

Lee SW. Korea food culture history. Kyomunsa Publishing Company, 1984

Lee YJ. Comparison of the importance and performance (IPA) of the quality of Korean traditional commercial beverages. Korean J. Soc. Food Cookery Sci. 21(5) : 693-702, 2005

Levensky S., Ingram GG., Labensky SR. Webster's new world dictionary of culinary arts. 2nd ed. Prentice Hall, 2001

McWilliams M. Food Fundamentals. 9th ed. Prentice Hall, 2008

Meat Identification & Fabrication Courseguide. CIA Courseguide, 2002

Park SK., Ko YD., Choi OJ., Shon MY., Seo KI. Changes in retrogradation degree of nonwaxy rice cooked at different pressure and stored in electric rice cooker. Korean J. Food Sci. Technol. 29(4) : 705-709, 1997

Peter S. Murano. Understanding food science and technology. Thomson Wadsworth, 2003

Sharon Tyler Herbst. Food Lovers Companion. 3rd ed. Barrons Cooking Guide, 2001

Shin WC., Song JC. Sensory characteristics and volatile compounds of cooked rice according to the various cook method. Korean J. Food and Nutr. 12(2) : 142-149, 1999

Skill. CIA Courseguide, 2002

The Culinary Institute of America. The New Professional Chef. 7th. Van Nostrand Reinhold, 2002

Uhei, N., Sumiko, K., and Kunitoshi, S. Effect of Pacific saury(Coloabis saira) on serum cholesterol and component fatty acid in humans. Ei-yogaku Zasshi 48(5) : 233, 1990

■ 인터넷참고

두산백과사전(EnCyber & EnCyber.com)

미국육류협회(http://www.usmef.co.kr/)

축산물등급판정소(http://www.apgs.co.kr/02_class/02_4.asp)

축산물등급판정소(http://www.apgs.co.kr/index.asp)

한국생선회협회(http://www.whe100.org/kafa.php?id=singsing)

http://www.cookingforengineers.com/forums/viewtopic.php?t=1551&sid=d2fa43bb5ec956100332435a7ddbd303

http://ko.wikipedia.org/wiki/%EB%82%AB%ED%86%A0#.EC.95.84.EB.A7.88.EB.82.AB.ED.86.A0

저자소개

안선정

현) 신한대학교 외식조리전공 교수

김은미

현) 김포대학교 호텔조리과 교수

이은정

현) 한경국립대학교 식품영양학전공 교수

조리원리

2009년 2월 28일 초　판　1쇄 발행
2012년 1월 20일 초　판　4쇄 발행
2024년 8월 31일 수정판 10쇄 발행

지은이 안선정·김은미·이은정
펴낸이 진욱상
펴낸곳 백산출판사
교　정 성인숙
본문디자인 강정자
표지디자인 오정은

등　록 1974년 1월 9일 제406-1974-000001호
주　소 경기도 파주시 회동길 370 백산빌딩 3층
전　화 02-914-1621(代)
팩　스 031-955-9911
이메일 edit@ibaeksan.kr
홈페이지 www.ibaeksan.kr

ISBN 978-89-6183-161-1　93590
값 22,000원